"十四五"国家重点出版物出版规划项目

国家出版基金项目
NATIONAL PUBLICATION FOUNDATION

知史丛书

抗战中的科学
与科学家

崛起

王公 著

ARISE

SCIENCE AND SCIENTISTS
IN THE WAR OF RESISTANCE
AGAINST JAPANESE AGGRESSION

广西科学技术出版社
·南宁·

图书在版编目（CIP）数据

奋起：抗战中的科学与科学家 / 王公著. -- 南宁：
广西科学技术出版社，2025.8. -- ISBN 978-7-5551
-2628-7

Ⅰ. N092

中国国家版本馆CIP数据核字第2025FU6571号

FENQI——KANGZHAN ZHONG DE KEXUE YU KEXUEJIA

奋起——抗战中的科学与科学家

王　公　著

策　　划：黄敏娴　岑　刚
统　　筹：卢　颖　岳建峰
责任编辑：黄玉洁　冯雨云　阁世景　安丽燊　韦丽娜
责任校对：吴书丽　冯　靖　　　营销编辑：刘珈沂
封面设计：梁　良　　　　　　　责任印制：陆　弟

出版人：岑　刚　　　　　　　出版发行：广西科学技术出版社
社　　址：广西南宁市东葛路66号　邮政编码：530023
网　　址：http://www.gxkjs.com　电　　话：0771-5827326

经　　销：全国各地新华书店
印　　刷：广西民族印刷包装集团有限公司
开　　本：787mm×1092mm　1/16　印　　张：23.75
字　　数：353千字
版　　次：2025年8月第1版
印　　次：2025年8月第1次印刷
书　　号：ISBN 978-7-5551-2628-7
定　　价：88.00元

ZHILIAO

格物以为学，伦类通达谓之真知

2023 年 5 月王公参观国家海洋博物馆，在碧海战舰前定格难忘瞬间

作者简介

　　王公，副研究员，中国科学院自然科学史研究所中国近现代科技史研究室副主任，中国科学家精神宣讲团成员。哈尔滨工业大学学士，清华大学博士，美国匹兹堡大学、英国剑桥大学李约瑟研究所访问学者。主要研究方向为中国近现代科技史、中华人民共和国科技史，关注重点为抗战科技史、中国电子信息科学技术与工程史、科学技术与社会的互动关系等。出版《奋起——抗战中的科学与科学家》《抗战时期营养保障体系的创建与中国营养学的建制化研究》《中国共产党科技政策思想研究》等专著、合著八部，发表学术论文十余篇，主持国家社会科学基金项目、国家自然科学基金项目等多项课题。

序

王公博士的新作《奋起——抗战中的科学与科学家》即将在中国人民抗日战争暨世界反法西斯战争胜利80周年前夕出版，这真是一件值得祝贺的事情。

时间过得真快，当年王公在清华大学科学技术与社会研究所攻读研究生时，我们选定了"抗战中的科技史"作为他的博士论文主题，一晃10多年过去了。在这期间，王公的博士论文《抗战时期营养保障体系的创建与中国营养学的建制化研究》获评清华大学优秀博士学位论文，并入选首批"清华大学优秀博士学位论文丛书"，于2020年由清华大学出版社出版。毕业后，王公在中国科学院自然科学史研究所工作。他在博士论文工作的基础上进一步将该选题拓展开来，并获得了国家社会科学基金的资助。多年来，通过他在学术期刊上持续发表的论文和出版的各类著作，我们可以清晰地看到他在抗战科技史研究领域所取得的丰硕成果。可以说，本书正是他基于与同道近年来的研究成果完成的一项具有重要意义和学术价值的工作。

众所周知，中国人民抗日战争是世界反法西斯战争的重要组成部分。围绕20世纪第二次世界大战中科学界的广泛动员及其在诸多领域中取得的一系列成果所展开的历史研究，亦已成为20世纪世界科技史研究的热门话题。通过对战时科学家以多种不同方式拿起科学武器投入战斗的实践进行研究，人们对新时期的战争形态及其特征有了更加深刻的认识。与此同时，战争这一特殊环境所造就的科学史研究，也使人们对不同历史语境下科学的发展路径，特别是科学与社会互动的内在机制,有更为深刻的理解。由此促成了"科学技术与社会"(Science Technology and Society,STS)这一新兴研究领域在 20 世纪下半叶的兴起和发展。

与欧美学界对第二次世界大战科技史的研究及其所取得的成就相比,中国抗战科技史研究的起步要晚一些。近年来,随着人们对科教兴国认识的提升和世界对中国发展的关注,中国近现代科学技术史研究迎来了日益繁荣的局面。抗战科技史研究作为中国近现代科技史研究中的一个重要环节,近年来随着新史料的发现和披露,也是硕果累累。这些研究成果弥补了国际学界对世界反法西斯战争中国战场科技工作认识不足的缺憾,同时也对科学在中华文明传统延长线上的发展路径进行了深入的挖掘和探索。

在充分吸收前人研究成果的基础上,王公结合自身挖掘和整理的大量第一手史料文献,力求全面、系统地展示抗战时期中国科学与科学家的整体状况和风貌。在日本发动侵华战争的 1931 年,中国的科学技术事业整体处于较为落后的阶段,无论是科研人员规模还是工作条件,中国科学界都远逊于同期发达国家。然而,中国虽弱但中国科学家的抵抗意志却丝毫不弱!国难当头,他们拿起了科学这一武器,与全国民众一起顽强抵抗日本侵略者!与国际反法西斯科学共同体的同行一样,他们广泛地动员和组织起来,无论是在前线还是在后方,无论是在正面战场还是在广大的敌后抗日根据地,都可以看到他们将科学的手段运用于抵抗侵略者的战争中。而且,无论战争处于何等艰难的阶段,中国科学家始终未曾放弃在这片土地上发展科学,他们在坚持不懈的科学研究中秉持着造福人类的崇高理想与坚定信念。

本书的特色之一是将 STS 的研究方法贯穿于抗战科学技术的历史研究中。抗战中的科技史,从根本上说就是一部科学技术与社会的互动史。近代以来,中国科学技术落后的严峻现实,不仅放缓了中华文明在现代世界中的发展步伐,而且令中国的大好河山一次又一次遭受侵略者的野蛮践踏。"九一八"事变后,伴随着有识之士发出的"唯科学可以救中国"的呐喊，中国社会自上而下展开了一场空前广泛的科学动员。如果说第二次世界大战让人们领悟到这场战争的胜利依靠的是科学，那么在战争中学习科学并最终赢得了抗战胜利的中国人民，无疑也在抗战中更深刻地领悟到科学的真谛，并以艰苦卓绝的努力，推动中国近代科学的发展。

本书的另一重要特色是内容架构展现了作者宽广的学术视野。以往谈到战争，人们更多关注的是交战双方在战场上的对垒。与之相应的战时科技史研究，往往聚焦军事技术的研发及尖端武器装备的制作和利用。然而，现代战争的胜败，往往取决于更加广泛且复杂的因素。在中国抗日战场上，尽管侵略者在战争初期拥有显著的武器装备优势，但当面对中国人民不屈不挠的抵抗意志时，这种优势便在这片广袤土地上遇到了持久、顽强且不可战胜的抵抗力量。由于条件有限，中国科学家在抗战中未能像他们的欧美同行那样，研发出足以扭转战局的新型武器和装备，但无论是在艰苦鏖战的前线还是群情激昂的后方，中国科学家因陋就简、因地制宜所取得的种种成就，同样也让世人看到了科学技术在中国战场上所创造的奇迹和辉煌！英国著名科学家李约瑟在考察了中国抗战前线和大后方后，作为生物化学和营养学专家的他对中国同行在该领域中所取得的成就称赞不已。在两军对峙的严峻战场中，中国科学家将现代科学原理与传统养生文化有机结合，不仅极大地缓解了物资不足所造成的非战斗减员问题，而且引导大后方民众以有限的资源应对艰难的局面。抗战时期的中国科学家，无论是在前线还是后方，无论是在理论研究还是在技术应用，他们在"坚持到底就是胜利"这一坚强的信念下，在广泛的领域中展开独具特色的创造性工作，为赢得抗战的全面胜利提供了支持和保障。

今天人们谈起战争与科学，往往更加注重科学在战争中的应用。本书则着重展现抗战时期中国科学家在极端艰苦的条件下，仍坚持开展基础理论研究和培养科学人才的卓越贡献。数学家苏步青在贵州湄潭那盏微弱的油灯下完成了《射影曲面概论》；物理学家王淦昌发表了令后人惊叹的《关于探测中微子的一个建议》；中国恐龙研究奠基人杨钟健在重庆北碚，完成了第一具由中国人自己发掘、研究、装架的恐龙化石——"许氏禄丰龙"的骨骼形态复原；建筑学家梁思成在四川李庄扬子江畔，利用战火中辗转保存下来的宝贵资料开启了《中国建筑史》的撰写，实现了以科学观点书写中国建筑史的夙愿；而辗转内迁的各大高等院校师生，其课业即便是在战火中也不曾有一刻间断，在抗战中走出校门的那一代精英，实为几代人敬仰和骄傲。即便面临巨大的战争威胁，也仍有这样一批科学志士为了能让科学的种子在中国大地上生根发芽而顽强地坚守在科研岗位上。今天我们更能感受到那一代科学家的远见卓识，这种坚守不仅展现了中国科学家投身抗战的另一道风景，更为当下建设科技强国所面临的挑战提供了深刻的历史镜鉴与智慧启迪。

本书作为王公近年来在抗战科技史研究领域取得的又一重要学术成果，我欣闻本书获得国家出版基金资助，这既是对他长期潜心研究的充分肯定，也彰显了本书的学术价值与社会意义。愿本书的出版，能够向社会公众更全面生动地展现中国科学家的抗战与抗战中的科学，愿前人在那段艰苦卓绝的历史中铸就的科研精神与学术成就，能为一代又一代人所延续！

杨舰　清华大学人文学院教授

2025 年 7 月

前　言

习近平总书记指出，抗日战争"是近代以来中国人民反抗外敌入侵持续时间最长、规模最大、牺牲最多的民族解放斗争，也是第一次取得完全胜利的民族解放斗争。这个伟大胜利，是中华民族从近代以来陷入深重危机走向伟大复兴的历史转折点、也是世界反法西斯战争胜利的重要组成部分，是中国人民的胜利、也是世界人民的胜利"。

在第二次世界大战中，科学家以科学作为武器投身于反法西斯战争，并在当时特殊的历史环境下推进科学的发展，这一直是世界近现代科学史研究的一个重要主题。西方学者就这一主题展开过一系列的讨论，并取得了丰硕的成果。美国历史学者瓦尔特·米利斯（Walter Millis）曾在其著作《武器与人：美国军事史研究》（*Arms and Men: A Study in American Military History*）中指出："在第二次世界大战中，科学家、工程师和技术专家比历史上任何时期都更直接地参与到战争中，雷达、导弹、原子弹的研制都揭示了这一问题……第二次世界大战和原子弹开启了新的时代，科技影响着社会的各个方面，也受社会各个方面的影响。"

然而，西方学界对于第二次世界大战时期科技与战争的相关研究大都只关注美国、英国、苏联、德国、日本等科技发达国家，鲜有涉及中国等科技后进国家。抗战时期的中国，尽管科技发展总体尚处在一个不尽如人意的水平，但是这并不能阻止中国科学家像他们反法西斯阵营中的同人一样，以捍卫祖国的不屈意志和促进科学进步的高度热情，在艰苦卓绝的环境中持续推进科学事业。

近年来，抗战史研究逐渐成为近现代史研究的热点。总体而言，相关研究主要集中在军事战略、政治、外交等层面，有关抗日战争时期的科学的研究则相对薄弱。重庆市委宣传部和西南大学于2011年联合成立"重庆中国抗战大后方研究中心"，集中力量进行抗战史研究，并取得了一系列的成果，其中尤以章开沅先生担任总主编的《中国抗战大后方历史文化丛书》最具代表性。这套丛书分为档案资料和学术著作两个系列，涉及中国抗战大后方的政治、经济、工业、文化、教育等众多方面。与此同时，团结出版社策划出版了《抗日战争与中华民族复兴》丛书，这套丛书由海峡两岸历史学者共同编撰，中国社会科学院近代史研究所原所长、中国抗日战争史学会原会长步平教授担任总主编之一。这套丛书一共有20卷，以"抗日战争与中华民族复兴"为研究主旨。该丛书在宏观把握抗日战争与中华民族复兴关系的基础上，采取专题研究的形式，从抗日战争与经济、教育、文化的复兴，抗日战争与现代化进程，抗日战争与社会变迁，抗日战争与工业发展，海外华侨的抗日斗争等20个方面展开研究。虽然这两套丛书目前都没有单独设立科学技术史分册，但极大地推进和丰富了抗日战争史及中国近现代史研究。

除了这两套丛书，中国近现代史研究中也有一些关注抗战时期的科技、教育、文化等领域的研究论文，代表性研究有余子侠的《抗战时期高校内迁及其历史意义》（《近代史研究》1995年第6期），侯德础、张勤的《高校内迁与战时西南科技文化事业》（《抗日战争研究》1998年第2期），张瑾、张新华的《抗日战争时期大后方科技进步述评》（《抗日战争研究》1993年第4期），潘洵、李桂芳的《抗战时期大后方科技社团的发展及其影响》[《西南大学学报（社会科学版）》2010年第5期]，黄正林的《抗战时期陕甘宁边区粮食问题研究》（《抗日战争研究》2015年第1期），高翔的《1928—1935年国军陆军制式武器的选定》（《抗日战争研究》2018年第2期）等。以上研究从特定角度阐述了战时科技、教育、文化的历史发展及其与抗日战争之间的关系。从总体上看，抗战时期中国的科技、教育、文化既受到战争的影响，也反过来服务于战时中国的需求。

截至 2024 年底，中国近现代科技史界关于抗战时期的研究论文有 50 篇左右，尚无关于抗战时期科学与科学家的综合性研究，已有研究大都从学科史、人物史、机构史、教育史和工业史等角度展开。笔者曾做过《二战时期中国的科技动员一例——清华大学抗战时期的特种研究事业》（《中国科技史杂志》2023 年第 4 期）、《李约瑟与抗战中的中国营养学》（《自然科学史研究》2021 年第 2 期）、《抗战营养保障体系的建立与中国营养学的建制化》（《自然辩证法通讯》2019 年第 8 期）等相关研究。科学史学者张剑做过《另一种抗战：抗战期间以秉志为核心的中国科学社同仁在上海》（《中国科技史杂志》2012 年第 2 期）的相关研究，徐丁丁做过《抗日战争时期中央防疫处的青霉素试制工作》（《中国科技史杂志》2013 年第 3 期）的相关研究，闫书昌做过《抗战时期中美心理学家合作开展情报伞兵突击队心理测评》（《中国科技史杂志》2015 年第 3 期）的相关研究，周玉凤做过《抗战时期大学地质系课程的传承与变革》（《自然科学史研究》2016 年第 4 期）的相关研究，雷丽芳等做过《抗战时期后方冶金燃料的研究——以经济部矿冶研究所为例》（《中国科技史杂志》2016 年第 3 期）的相关研究。

实际上，老一辈科学史家早已提出建议，呼吁开展"抗战时的中国科学"课题研究，研究当时的浙江大学、国立西南联合大学等院校，以及竺可桢、叶企孙、王淦昌、吴大猷等杰出科学家。"没有他们，就没有中国科学的今天。"[①]抗日战争是关乎中华民族生死存亡的重大历史事件，中国战场是世界反法西斯战争的东方主战场。抗战爆发后，中国的学者是如何产生"科学救国"思想的？海内外的中国科学家是

---

① 刘钝：《时穷节乃现——读〈竺可桢全集〉第二卷有感》，《科学时报》2004 年 10 月 14 日 B3 版。

怎样动员起来,走向科学抗战道路的?他们开展了哪些战时科学研究,取得了哪些关键的成果,如何以科技力量支撑抗战?抗战炮火中的中西方学界又有着怎样的交流和互动?经历过抗战的中国科学产生了哪些变化?这些议题不仅关乎那场伟大的正义之战历史的完整叙事,更有助于我们更好地从根脉上理解当下的科技及其未来的发展。

值此中国人民抗日战争胜利暨世界反法西斯战争胜利 80 周年之际,让我们一同回顾中国科学家以科学为武器支援抗战,在抗战中保留科学火种,并进一步推动科学发展的光辉历史。这段历史将向我们展现中国科学家如何以科学为武器投身伟大抗日战争的史实,以及近代科学知识如何在抗战炮火洗礼中与中国的社会紧密结合的历史进程。正如中国人民抗日战争是世界反法西斯战争的重要组成部分,抗战时期中国科学家的科研工作也成为构建世界反法西斯科学共同体伟大事业的重要组成部分。从这个意义上看,本书将是对以往抗战史研究的一个重要补充。中国人民抗日战争的伟大胜利,将永远铭刻在中华民族史册上!永远铭刻在人类正义事业史册上!

第一章

背景：抗战前中国科学的发展概况

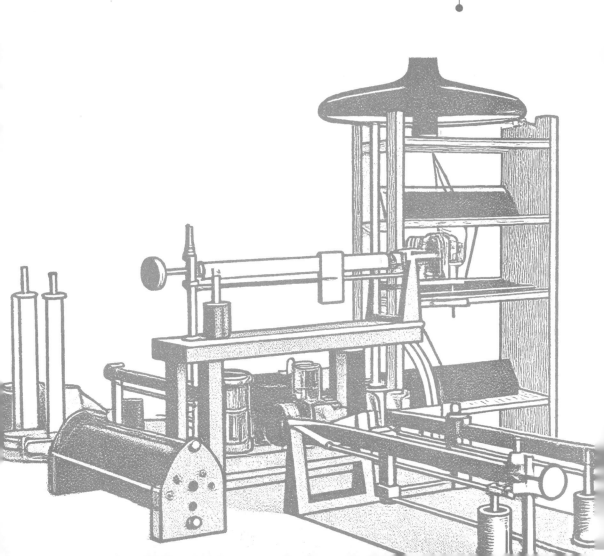

习近平总书记指出："科技是国家强盛之基，创新是民族进步之魂。"中华文明源远流长、博大精深，是中华民族独特的精神标识，是当代中国文化的根基，是维系全世界华人的精神纽带，也是中国文化创新发展的源泉。

中国拥有悠久辉煌的科学技术传统，但从明末清初开始，由于内外多重因素，未能及时跟上西方科技革命的步伐，近代科技发展相对落后。

第一节　近代科学进入中国的三个阶段

一、中国悠久的科技传统

自古以来，科学技术就以一种不可逆转、不可抗拒的力量推动着人类社会向前发展。中国是世界上历史最悠久的国家之一，疆域辽阔、民族众多，文化源远流长、博大精深、绚烂多彩，中华文化在世界文化体系中占有重要地位。中华民族是世界上古老而伟大的民族，创造了5000多年绵延不断的灿烂文明，为人类文明进步作出了不可磨灭的贡献，并在古代科学发展史上创造了光辉灿烂的重大成就。中国古代科学技术从远古时期开始原始积累，春秋战国时期奠定基础，秦汉时期形成体系，魏晋南北朝时期得到充实提高，隋唐五代时期持续发展，至宋元时期达到顶峰，呈现"两个高潮、一个高峰"的发展特点。中国古代科学技术发展的第一个高潮是百家争鸣、百工争妍的春秋战国时期（公元前770—公元前221年）。

春秋战国时期铁器的使用和推广，为农业和手工业提供了更高效的工具。牛耕和铁制农具的使用，加快了农田开发和精耕细作传统的形成；手工业分化出了冶铁业、煮盐业和漆器业等新行业，生产分工明确，工艺技术逐步规范化。诸子百家开始研讨天人关系、世界本原、天何不坠、地何不陷等问题，早期的科学抽象思维也由此产生。中国古代科学技术发展的第二个高潮是南北交汇、中外兼容的隋唐五代时期（581—960年）。隋朝修建了闻名于世的南北大运河。唐朝，天文学家组织了大规模的大地测量，在世界上首次运用科学方法测量了子午线的长度；中国第一部国家药典《新修本草》颁行，杰出医学家孙思邈编著了医学巨著《千金方》；雕版印刷和火药也已问世。同时，隋唐时期中外科学技术交流得到了前所未有的发展，为世界文明的发展作出了贡献。中国古代科学技术发展的顶峰是社会民族进一步融合、经济持续发展的宋元时期（960—1368年）。宋元时期指南针用于航海，火药火器用于战争，毕昇发明活字印刷术，筹算数学发展达到最高峰，集机械制造、天文历算、冶金铸造、建筑工程等多方面科技成果于一体的水运仪象台问世，中国古代最为精确的历法《授时历》编订完成，医学分科更加精细，妇产科、小儿科、法医学等不同医学流派诞生。宋元时期还出现了一大批科技著作，如《木经》《营造法式》《王祯农书》《梓人遗制》《武经总要》等。

中国古代科学技术经过"两个高潮、一个高峰"的发展，科学技术和生产力发展处于世界领先地位。中华民族在农学、医学、天文学、算学等学科形成了中国传统的科学知识体系。农学讲究天时地利、精耕细作、集约经营，有《齐民要术》《农书》《农政全书》等经典著作；医学讲究经络脉象、辨证施治、方剂配伍，有《黄帝内经》《神农本草经》《伤寒杂病论》《千金方》《本草纲目》等重要成果；天文学研究依托于精确的观测仪器、长期的观测记录和独特的星区划分，有《甘石星经》《开元占经》《大衍历》《授时历》等皇皇巨著；算学注重实用性，筹算记数方法独特，以算数、代数为主，有《周髀算经》《九章算术》《海岛算经》《张丘建算经》《夏侯阳算经》《五经算术》《缉古算经》《缀术》等科学经典。中国古代在冶金、陶瓷、造纸、纺织、建筑等技术领域中也取得了独特的创新成就。中国的科学技术成果，尤其是"四大发明"传播到西方后，对欧洲科学革命和工业革命起到巨大的推动作用。意大利数学家杰罗姆·卡丹（Jerome Cardan）早在1550年就指出，中国对世界具有影响的"三大发明"是指南针、印刷术和火药，认为"整个古代没有能与之相匹敌的发明"。1620年，英国哲学家培根（Francis Bacon）在《新工具》(*Novum Organum*) 一书中提到："活字印刷术、火药、指南针这三种发明已经在世界范围内把事物的全部面貌和情况都改变了。"1861年，马克思（Karl Heinrich Marx）在《机械、自然力和科学的运用》(*Machines, Natural Forces and the Application of Science*) 中写到："火药、指南针、印刷术——这是预告资产阶级社会到来的三大发明。火药把骑士阶层炸得粉碎，指南针打开了世界市场并建立了殖民地，而印刷术则变成新教的工具，总的来说变成科学复兴的手段，变成对精神发展创造必要前提的最强大的杠杆。"

明朝时期，中国出现了一批集大成的科技典籍，例如《本草纲目》(共52卷约190万字，李时珍)、《农政全书》(共12目60卷，徐光启)、《徐霞客游记》(约60万字，徐弘祖)、《武备志》(共240卷200余万字，茅元仪)、《天工开物》(共3卷18篇，附123幅图，宋应星) 等。科学史家席泽宗认为，这一现象说明中国古代的科技发展在宋元时期到达高峰后，明末中国科学已经开始向近代科学转型。遗憾的是，这个转型由于中国当时的社会环境和西方列强的入侵而未能持续。

二、西方近现代科技发展与中国的落后

14—19世纪，西方经历文艺复兴并迎来了两次科学技术革命。文艺复兴是指14世纪在意大利各城市兴起，并扩展到西欧各国，于16世纪在欧洲盛行的一场思想文化运动，其核心思想是人文主义。恩格斯（Friedrich Engels）评价："这是一次人类从来没有经历过的最伟大的、进步的变革，是一个需要巨人而且产生了巨人——在思维能力、热情和性格

方面，在多才多艺和学识渊博方面的巨人的时代。"

1543 年，病榻之上的哥白尼（Nicolaus Copernicus）在临终前见证了其著作《天体运行论》（*De Revolutionibus Orbium Coelestium*）的出版，这一著作的日心说理论拉开了第一次科学革命的大幕。此后，开普勒（Johannes Kepler）、牛顿（Isaac Newton）、拉瓦锡（Antoine Lavoisier）、哈维（William Harvey）等科学家沿着哥白尼开创的新道路，将第一次科学革命一次又一次推向高潮。一种新的研究范式，即将实验与数学相结合的科学方法出现了，科学研究的纲领转向通过实验探究宇宙万物之间的数学关系。

第一次科学革命为人类提供了新的自然观和方法论，而一个世纪后，以英国为中心的第一次技术革命，即工业革命通过技术创新大大推动了生产力的发展。随着蒸汽机的发明与应用，蒸汽动力取代了传统的自然动力，家庭手工业的主导地位也被大工厂替代，社会结构及人们的思想和生活方式也发生了巨大的变化。总体上，第一次科学革命和第一次技术革命是相对独立的两个过程，二者分别沿着知识体系和技术体系两个维度展开，许多技术发明都来源于工匠的实践经验，科学和技术尚未真正结合。英国在 17 世纪末成为第一次科学革命的中心，并于 18—19 世纪引领了第一次技术革命，在 100 多年的时间里一直保持世界领先地位。

第一次科学革命与第一次技术革命相对独立开展，随着科学技术的不断发展，二者开始逐渐交织和关联。19 世纪中叶开始的第二次科学与技术革命将自然科学的新发展同工业生产紧密地结合起来，科学在推动生产力发展方面发挥了更为重要的作用，它与技术的结合使第二次科技革命取得了巨大的成果。以电磁学为基础的理论知识大大推动了电力工业的发展，内燃机、电信、化工等领域也发生重大变革，人类开始进入电气化时代，生产力水平再次大幅度提升。德国与美国共同引领了第二次科学技术革命，成为 19 世纪末 20 世纪初科技和工业极为发达的国家。

习近平总书记曾以西方国家科技革命为例指出，"历史经验表明，科技革命总是能够深刻改变世界发展格局"，"一些国家抓住科技革命的难得机遇，实现了经济实力、科技实力、国防实力迅速增强，综合国力快速提升"。

在西方科技飞速发展的16—19世纪，中国社会在内外矛盾交织与冲突中迎来了"西学东渐"。广义的"西学东渐"是指从明朝后期至近代，西方学术思想向中国传播的历史过程。这一时期，以来华西人、出洋华人、书刊及新式教育等为媒介，以中国香港地区、中国内地通商口岸等为重要窗口，西方的数学、哲学、天文、物理、化学、医学、生物学、地理、政治学、社会学、经济学、法学、应用科技、史学、文学、艺术等大量传入中国，对中国的学术、思想、政治和社会经济产生了重大影响。

1584年9月13日，耶稣会传教士、学者利玛窦（Matteo Ricci）到达广东肇庆，经过和中国知识分子的交流，利玛窦认为中国人非常博学，对医学、自然科学、数学、天文学都十分精通。中国人以不同于西方人的方法正确计算日食、月食。在利玛窦看来，中国古代的科学知识体系与西方科技革命时期的科学传统不同，且在实际应用层面十分有效。然而16年后，利玛窦在南京讲"我已用对中国人来说新奇的欧洲科学知识震惊了整个中国哲学界"，说明中国的古代科学知识体系相对欧洲近代科学来说，具有一定的滞后性。

利玛窦、汤若望（Johann Adam Schall von Bell）、南怀仁（Ferdinand Verbiest）、邓玉函（Johann Schreck）等传教士把当时西方的科学知识传入中国。南怀仁在1678年给全体耶稣会传教士的信中写到："在这个国家，用数学和天文学装饰起来的基督教易于接近那些官员。"这表明传教士在中国的终极目的是传播西方宗教和文化，并非真正帮助中国发展近代科学。总体上，传教士在16—18世纪传入的科学知识由于各种原因未能对中国社会发展产生根本性的影响。有研究表明，清朝的康熙皇帝曾经对西方科学技术很有兴趣，请了西方传教士给他讲西学，内容包括天文学、数学、地理学、动物学、解剖学、音乐等，其中讲解天文学的书就有 100 多本。但康熙皇帝学习西学主要是为了塑造博学多能的自我形象，从而赢得汉族大臣的尊重，进而达到控制汉人的目的。① 一般士人则在多重社会和文化冲突的影响下，提出"西学中源"说，抗拒并排斥西学。

2014 年 3 月，国家主席习近平到德国访问，时任德国总理的默克尔将 1735 年德国传教士绘制的一幅中国地图赠送给习近平。在 2014 年 5 月召开的两院院士大会上，习近平总书记讲道："我一直在思考，为什么从明末清初开始，我国科技渐渐落伍了。……1708 年，清朝政府组织传教士们绘制中国地图，后用 10 年时间绘制了科学水平空前的《皇舆全览图》，走在了世界前列。但是，这样一个重要成果长期被作为密件收藏内府，社会上根本看不见，没有对经济社会发展起到什么作用。反倒是参加测绘的西方传教士把资料带回了西方整理发表，使西方在相当长一个时期内对我国地理的了解要超过中国人。这说明了一个什么问题呢？就是科学技术必须同社会发展相结合，学得再多，束之高阁，只是一种猎奇，只是一种雅兴，甚至当作奇技淫巧，那就不可能对现实社会产生作用。"

第一次鸦片战争后，中国社会对西方科学技术的接受从主动走向了被动。西方入侵者带来了坚船利炮的威胁和工业文明的诱惑，两者同时冲击着中国人的思维。容闳是中国近代史上首位毕业于美国耶鲁大学的留学生，他 1847 年到美国留学，1854 年毕业于耶鲁大学，并取得文学学士学位。容闳是中国留学生事业的先驱，被誉为"中国留学生之父"。容闳曾指出："以西方之学术，灌输于中国，使中国日趋于文明富强之境。借西方文明之学术以改良东方之文化，必可使此老大帝国，一变而为少年新中国。"第一次鸦片战争后，一批觉醒的中国人开始探索向西方学习的问题。1842 年魏源在其著作《海国图志》中提出"师夷长技以制夷"这一著名主张。19 世纪 60—90 年代，洋务派以"师夷长技以自强"为口号掀

---

① 韩琦：《通天之学：耶稣会士和天文学在中国的传播》，生活·读书·新知三联书店，2018，第 99 页。

起了学习和引进西方科学技术的高潮，通过兴办近代军事工业、创建海军、兴办近代民用工业等手段，引进西方的军事装备、机器和科学技术。

洋务运动时期，曾国藩、李鸿章等人采纳了容闳的建议。1872 年 8 月 11 日至 1875 年秋，清政府分 4 批派遣 120 名幼童赴美留学[1]。1875—1897 年，清政府又相继派遣 4 批 80 余名学生赴欧洲留学，多数学习海军、工程技术，少数学习法律、外交和语言文学。这些学生留学的目的明确，即注重学以致用。留学生在英国和法国的海军学校或工程学院学习理论知识后，必须进入工厂或兵船实习，留学监督可随时带领学生赴工厂、炮台、军舰实习。甲午战争后，留学日本的潮流兴起。以 1896 年清政府驻日本公使裕庚招募 13 名学生留学日本为开端，1902 年留日中国学生达 727 人，1906 年猛增至 7283 人[2]，形成"到此时为止的世界史上最大规模的学生出洋运动"[3]。1907 年，清政府与日本签订"五校特约"，趋重实业教育，尝试调整专业方向。

洋务运动时期，洋务派创办了福建船政学堂、天津北洋水师学堂等新式教育机构。1868 年，江南机器制造总局创办翻译馆，徐寿、徐建寅父子与英国传教士傅兰雅（John Fryer）一起翻译了大量西方科技书籍。这是近代科学进入中国的第一个阶段，中国对西方科学技术的学习和吸收主要停留在器物和技术层面，带有强烈的功利主义色彩。

1895 年，甲午战争中国的惨败宣告了洋务运动的失败。这深刻表明，若仅将西方科学技术定位在"器""用"层面，而不从制度、精神、文化等层面系统学习其背后的制度机制和思想方法，彻底改变对科学技术的认识，则不仅无法实现"制夷"的目的，反而会在一轮又一轮科技竞争中

---

[1] 舒新城编《近代中国留学史》，上海文化出版社，1989，第 219 页。

[2]《1906 年至 1921 年留学日本学生人数统计表》，载陈学恂、田正平编《中国近代教育史资料汇编·留学教育》，上海教育出版社，1991，第 689 页。

[3] 费正清编《剑桥中国晚清史（1800—1911 年）下卷》，中国社会科学院历史研究所编译室译，中国社会科学出版社，1985，第 393 页。

进一步拉大中国与西方的差距。

科学史家席泽宗认为：中国没有产生近代科学主要是社会原因，即当时的社会政治条件不成熟。中国古代的科技在宋元时期达到高峰后，在明朝时期已经开始出现从经验科学向近代理论科学的转型。按照这一发展趋势，中国传统科学已经复苏，并有可能转变为近代科学。明末这一时期的科学相当注重数学化或定量化的描述，而这又是近代实验科学萌芽的标志。然而遗憾的是，在这样的条件下，中国走上了与英国完全不同的道路。①

19 世纪末 20 世纪初，科举制是中国教育制度的主体，尽管洋务运动时期设立了若干新型学校，也曾派少量人员出国留学，但从全局上看，科举制的政治和社会根基并未被真正动摇。科举制和官僚体制在制度上把官僚化了的学者与手艺人、工匠和工程师隔离开来，加剧了科学与技术的分离。甲午战争后，中国对西方近代科学的学习进入第二个阶段，即从器物层面转向制度层面。1898 年 6 月 11 日，光绪皇帝颁布《明定国是诏》，宣布变法维新。1902 年颁布《钦定学堂章程》，1904 年颁布《奏定学堂章程》，1905 年废除科举制度，这些改革为全新的科学教育扫除了障碍，标志着中国近代教育体系的开端。② 1908 年《钦定宪法大纲》的颁布使各种科技学会获得合法地位，其中，中国药学会（1907 年）和中国地学会（1908 年）是最早成立的正规学术团体。教育制度变革后，近代科学知识体系取代了中国传统的经学知识体系。诸如"科学""协会""动员""确定""对象""说明""原则""规范""目的""重点""年度""方案""执行""预算""申请""系统""传统"等一系列近代科学知识体系下的词汇频繁出现在新文章中，直至今日，这些词汇仍是行文中的必备用语。

---

① 科中国：《近代科学与传统文化无太多关系——访中国科学院院士、中国科学院自然科学史研究所前所长席泽宗》，《今日中国论坛》2005 年第 1 期。

② 刘兵、鲍鸥、游战洪等主编《新编科学技术史教程》，山东科学技术出版社，2022，第 421 页。

"科学"一词早在"西学东渐"前就在中国出现了，散见于中国古代文献中的"科学"，其含义多指"科举之学"或"分科之学"，最早使用"科学"一词之人可追溯至唐末的罗衮。近代，维新派康有为最先将日语中的"科学"引入中国，梁启超在日本编辑出版的《清议报》上最早使用"science"意义上的"科学"陈述个人见解。王国维应是国内率先使用"science"意义上的"科学"表达个人思想者。1905 年废除科举制度后，严复等人在自己的著作中大量使用"科学"一词，随后在梁启超、蔡元培等学者的示范下，"科学"这个新词在中国很快就取代了有着悠久历史的"格致"，成为英文"science"的固定翻译词。"格致"是儒学"修身八条目"中的"格物致知"，如果用它来指涉科学知识，科学知识便被赋予了建构儒家伦理纲常的功能。"科学"逐渐替代"格致"，意味着儒家伦理和科学知识之间逐渐划清界限。

这一时期，中国的知识分子阶层也发生了变化，产生了丁文江、翁文灏、任鸿隽、胡明复、李四光、秉志等中国第一代科学家。随着西方科学知识的传播，传统的儒家伦理纲常受到越来越多的攻击，一些思想先进的中国人要求基于科学常识重构中国传统的伦理道德规范。戊戌维新运动和辛亥革命时期的科学观念虽然在很大程度上仍未完全脱离"中学为体、西学为用"的藩篱，但是为新文化运动和五四运动时期弘扬科学方法和科学精神提供了社会文化的土壤。由此，开启了近代科学进入中国的第三个阶段。

三、新文化运动与科学精神和科学方法的传播

1915 年新文化运动的基本口号是拥护"德先生"和"赛先生"，即"民主"和"科学"，由此掀起了思想解放的新潮流。

1915 年 1 月，一本名为《科学》的崭新杂志悄然出现在上海街头。杂志封面中央的"科学"二字非常醒目。翻开内页，西式标点、横排版

式令人耳目一新，重磅文章《说中国无科学之原因》更是发出了"科学救国"的呐喊。鲜为人知的是，这篇文章的作者是年仅29岁的任鸿隽。更不为人知的是，这本在上海出版的杂志的编辑部在遥远的美国，编辑是一群20多岁的中国留学生。

1914年6月的一天，任鸿隽和几位中国留学生聚集在美国康奈尔大学大同俱乐部闲谈。他们谈到世界正在风云变色，在国外的同学能够做点什么来为祖国效力呢？于是有人提出，中国所缺乏的莫过于科学，他们为什么不能刊行一种杂志来向中国介绍科学呢？

任鸿隽，1886年出生，早年在日本留学，留学期间加入同盟会。他致力于学习应用化学，目的是掌握制造炸弹的技术，推翻清王朝的统治。辛亥革命后，他曾担任临时大总统孙中山的秘书，后于1912年赴美国留学。美国的繁华让任鸿隽大开眼界，"高楼奇云，蒸汽迷雾，铁路蜿蜒，名城巨镇，类如贯珠"。惊叹之余，任鸿隽不由自主地想到了祖国。"回首祖国，若在天外。恶声频闻，曙光不见，辄恐国魂长辞，无由招揽。"如何才能让积贫积弱的中国强盛起来？他认为美国等发达国家之所以强大，是先进的科学技术带来的，因此必须唤醒国人学习西方先进的科学技术，以科学来救中国。任鸿隽、秉志、胡明复、赵元任、周仁等人决定发行股票为杂志社筹集资金，康奈尔大学的中国留学生非常踊跃认领股票，这让他们很快就筹集到400美元经费，以"提倡科学、鼓吹实业、审定名词、传播知识"为宗旨的《科学》杂志社就此宣告成立。接下来的整个暑假，为《科学》撰写稿件成了康奈尔大学中国留学生的首要工作。中国第一位现代数学博士胡明复一个人就撰写了10篇文章。社长任鸿隽成为"科学通论"专栏作家，连续撰写了《说中国无科学之原因》《科学精神论》等文章。留学生的生活清贫拮据，他们筹集到的经费仅仅能够支付前几期杂志的印刷发行费用，根本无力支付任何稿酬。中国现代语言学奠基人赵元任回忆称，他们用从奖学金中特别节省下来的钱支持这个刊物。有一段时间，他由于长期为节省开支而简化午餐结构，导致营养不良。任鸿隽也称他们写文章，做事务，不但不图物质回报，有时还自掏腰包补贴费用。在《科学》杂志第一期的《发刊词》上，任鸿隽大声疾呼："继兹以往，代兴于神州学术之林，而为芸芸众生所托命者，其唯科学乎，其唯科学乎！"两个月后，即1915年3月，17岁的高等科一年级学生叶企孙在北京清华学校阅览室发现了这本全新的《科学》杂志，当即爱不释手。当晚，叶企孙便在日记中记录了他看到的内容，"科学""文明"的概念也被深深地刻在他的脑海。

1915年10月25日，在《科学》杂志编辑部的基础上，以"联络同志，研究学术，以共图中国科学之发达"为宗旨的"中国科学社"正式成立。这是当时影响力最大的全国性、综合性科学学术团体。虽然创办时只有35位成员，但正是他们与后来者把近代科学的一门门学科引入中国。当时，各个领域有成就的科学家几乎都与中国科学社和《科学》杂志有关联。

《科学》杂志诞生8个月后，即1915年9月15日，上海出现了一本名为《青年杂志》的刊物。这本刊物的创始人就是36岁的陈独秀。《青年杂志》自1916年9月第二卷第一号起改名为《新青年》(图1-1)。

图1-1　1915年出版的《科学》与《青年杂志》(《新青年》)

《青年杂志》第一卷第一号的封面有两幅图画，上面的图画是一排青年人坐在一张长桌前面，这些青年人三三两两地在讨论着，跟中国传统书院先生在上面讲、学生在下面端坐听讲的学习方式完全不一样，这是一种非常活泼的形式，即学术讨论会。他们面前有笔和纸，他们会快速记录讨论得出的一些内容和想法。下面的图画是一个人物，人物图像下方写着"卡内基"，即安德鲁·卡内基（Andrew Carnegie），他是美国"钢铁大王"、卡内基梅隆大学（1900 年建校）创始人之一。《青年杂志》第一卷第一号里的《艰苦力行之成功者：卡内基传》，解释了为什么要将卡内基的画像放在封面。1915 年的中国暮气沉沉，大部分人都浑浑噩噩地生活着，陈独秀疾呼，中国青年要像卡内基这样通过自己的艰苦努力创造出一番事业来。《青年杂志》的第一篇文章为《敬告青年》，在这篇文章里，陈独秀向青年提出了六点期望："自主的而非奴隶的""进步的而非保守的""进取的而非退隐的""世界的而非锁国的""实利的而非虚文的""科学的而非想象的"。可以看到，在《青年杂志》中，"科学"第一次出现在第六点期望的标题中，要求青年人的思维方式应该是"科学"的，而不是"想象"的。科学的思维方式是什么样的呢？科学的思维方式的核心是讲求理性，因此，陈独秀希望青年用理性的方法思考问题。但实际上"科学"的第一次出现是在第五点的内容里面。当时，世界科学中心已经转移到了德国，陈独秀认为正是科学研究的兴盛为德国带来了物质繁荣和强大的国力。因此，陈独秀希望青年要有科学的思维方法，即第六点期望"科学的而非想象的"，要用科学的思想和方法看待问题。陈独秀指出，"近代欧洲之所以优越他族者，科学之兴，其功不在人权说下，若舟车之有两轮焉"，"国人而欲脱蒙昧时代，羞为浅化之民也，则急起直追，当以科学与人权并重"。对科学的淡漠和轻视，给各行业、各领域带来了弊端，正如陈独秀所言："士不知科学，故袭阴阳家符瑞五行之说，惑世诬民；地气风水之谈，乞灵枯骨。农不知科学，故无择种去虫之术。工不知科学，故货弃于地，战斗生事之所需，一一仰给于异国。商不知科学，故惟识罔取近利，未来之胜算，无容心焉。医不知科学，既不解人身之构造，复不事药性之分析，菌毒传染，更无闻焉；惟知附会五行生克寒热阴阳之说，袭古方以投药饵，其术殆与矢人同科；其想象之最神奇者，莫如'气'之一说，其说且通于力士羽流之术，试遍索宇宙间，诚不知此'气'之果为何物也！"最后他发出号召："宇宙间之事理无穷，科学领土内之膏腴待辟者，正自广阔。青年勉乎哉！"《青年杂志》的创办拉开了近代中国第一次思想解放运动——新文化运动的序幕。

实际上，同一时期与科学相关的杂志有很多，但大部分杂志主要是直接传播科学知识。例如《科学》杂志，其第一期的文章包括《心理学与物质科学之区别》《水力与汽力及其比较》《中美农业异同论》《生物学概论》等，其内容以传播具体的科学知识为主，旨在通过传播科学知识教化并唤醒民众。和这些杂志相比较，《新青年》中直接讲述科学知识的文章很少，有统计数据显示大概只有十几篇，"科学"也从不单独出现，总是与社会人物、事件相关联。《新青年》中的每一篇文章都深刻地运用并传播科学思想和科学方法，提倡用怀疑、批判的精神去重新审视封建思想和传统文化，用实证、理性的方法进行现代学术研究。1917 年，24 岁的毛泽东以笔名"二十八画生"在《新青年》第三卷第二号发表了《体育之研究》，这篇文章以近代科学的眼光，就体育的概念、目的、作用，体育与德育、智育的关系，以及体育锻炼的原则和方法等问题做了详细的讨论。文章还用辩证的思想强调，生而强者如果滥用其强，即使是至强者，最终也许会转为至弱；而弱者如果勤自锻炼，增益其所不能，久之也会变而为强。可见文章不仅仅在谈体育，也在谈民族和国家的未来发展。

《新青年》杂志所宣扬的科学精神在中国大地上产生了深远的影响，为中国近现代的科学事业奠定了科学思想和科学方法的基础。陈独秀在1919 年 1 月出版的《新青年》第六卷第一号《本志罪案之答辩书》中，第一次提到了"赛先生"，原因是《新青年》作为一本进步的杂志，受到了传统势力的大肆攻击。陈独秀说："本志同人本来无罪，只因为拥护那'德莫克拉西（Democracy）'和'赛因斯（Science）'两位先生。"他提出："我们现在认定，只有这两位先生可以救治中国政治上、道德上、学术上、思想上一切的黑暗。"从此，"德先生"和"赛先生"两面大旗在中国被高高地举起来了。一方面，正是《新青年》高举"民主"与"科学"两面旗帜，科学因此成为五四运动的重要动力和五四精神的重要组成部分；另一方面，也正是通过五四运动，科学在中国的大地上得到了进一步的宣扬和推广。从此，科学的态度被带入文化领域，尤其是精神文化领域。通过新文化运动，人们在价值观层面对科学的认识发生了变化。从洋务运动时期形成的聚焦器物创新、提倡"中学为体、西学为用"的主流价值观，开始向聚焦精神、方法、文化和制度创新的科学价值观转变。

当时，中国的先进知识分子虽然一致崇尚科学并强调科学精神，但是并没有找到关于社会运动和社会发展的科学真理，仍然以资产阶级民主主义为救国方案。当第一次世界大战以极端的形式进一步暴露资本主义制度固有的不可调和的矛盾后，中国先进知识分子对救国方案的探索再次走到了十字路口。1917 年，俄国十月革命的一声炮响，给中国送来了马克思主义的科学真理。马克思和恩格斯十分重视科学技术在社会发展中的作用，他们把科学视为"历史有力的杠杆"，认为科学是"最高意义上的革命力量"。细胞学说、能量守恒与转化定律、生物进化论这三大自然科学的发现，为马克思主义的自然观提供了坚实的自然科学基础。马克思关于自然科学的观点，是马克思主义思想体系的重要组成部分。

1920 年 8 月，中国共产党的早期组织在上海《新青年》编辑部正式成立。上海共产党早期组织成立后，利用《新青年》等刊物宣传马克思主义理论，介绍俄国十月革命，并创办了《共产党》月刊，制定《中国共产党宣言》，同时创办外国语学校，建立中国社会主义青年团，出版发行通俗刊物《劳动界》周刊。1920 年 11 月，上海共产党早期组织领导成立了上海机器工会，并推动北京、山东、湖北、湖南、广东等地的建党工作，为中国共产党的正式成立奠定了坚实的基础。从 1920 年 9 月第八卷第一号起，《新青年》杂志就成为上海共产主义小组的机关刊物，它与当时秘密发行的《共产党》月刊互相配合，为中国共产党的成立做了理论上的准备。1923年6月，《新青年》改为季刊，由瞿秋白担任主编，《新青年》正式成为中国共产党的理论性机关刊物。

1922年8月，旅欧的周恩来在《少年》杂志上发表文章，提出："一旦革命告成，政权落到劳动阶级的手里，那时候乃得言共产主义发达实业的方法……由此乃能使产业集中，大规模生产得以实现，科学为全人类效力，而人类才得脱去物质上的束缚，发展自如。"由此可以看出，中国共产党关于科技事业的最初的理想信念，就是要用科学为中国人民谋幸福，为中华民族谋复兴。

第二节　从科学教育走向科学研究

一、科学研究在高等教育中的发展

科举制度废除后，中国的教育模式从传统的经学教育转向以西方近代科学知识为主的新式教育。当时，一批中国学子的知识体系发生了变化，从对中国古代传统经学知识体系的学习走向对近代西方科学知识体系的学习。

生于1889年的翁文灏，6岁入私塾，读《千字文》《幼学琼林》《论语》《孟子》，1902年在鄞县（今宁波市鄞州区）应试，中秀才。1906年考入上海震旦学院，所修课程有法文、算学、物理、博物、哲学、史地等。

生于1891年的胡适，4岁入私塾，读《孝经》《论语》《孟子》《大学》《诗经》《书经》《易经》《礼记》。1904年考入上海梅溪学堂，所修课程有国文、算学和英文等。

生于 1892 年的郭沫若，6 岁入家塾，读《三字经》，后来白天读经、晚上读诗，1902 年学习经义策论。1903 年受形势影响，所用课本大多为上海出版的蒙学教科书，所修课程有地理、东西洋史、国文、笔算数学等。

生于 1893 年的毛泽东，1902 年春入南岸私塾，读《三字经》《幼学琼林》《论语》《孟子》《中庸》《大学》，1910 年考入湘乡县（今湘乡市）公立东山高等小学堂。

科学史家樊洪业认为中国的现代科学，就知识体系而言，不是源于中国的传统文化，而是西方科学传播的结果。[①]

中国的高等教育也发生了巨大的变化。1912 年 10 月颁布的《大学令》中的第一条就明确规定："大学以教授高深学术、养成硕学闳材、应国家需要为宗旨。"这一宗旨的确立，使大学有了一个重要方向上的转变，即要转向高深学术研究。时任教育总长的蔡元培在颁布的《大学令》及据此制定的《大学规程》中，对大学研究院制度做了初步设计。《大学令》第一条就阐明了中国大学教育的目标包括学术研究，与洋务运动时期京师大学堂在中国经史之学基础上培养具有一定西学素养的人才的目的截然不同。1913 年 1 月，教育部颁布的《大学规程》规定："大学院为大学教授与学生极深研究之所。"[②]大学院按照专门研究的科目来命名，例如史学院、植物学院等；大学院的导师为各门学科的饱学之士，每门学科的主任教授是该门大学院的院长，有聘请教授的权力；不设讲座，由导师在每学期开始的时候提出研究条目。此后，教育部又规定了大学院院生的研究方法。

身为教育总长，蔡元培构想的大学院是为大学本科毕业学生继续深造而设计的研究生院，学生和教师可以在这里共同开展研究。《大学令》

[①] 樊洪业：《从"格致"到"科学"》，《自然辩证法通讯》1988 年第 3 期。
[②]《教育部公布大学规程令》，载中国第二历史档案馆编《中华民国史档案资料汇编·第三辑·教育》，江苏古籍出版社，1991，第 140-141 页。

和《大学规程》中对大学教育目标的阐释和大学院的相关规定是蔡元培建立现代大学研究制度的基本思路和主张，也是中国现代大学研究体制的雏形。同时，蔡元培在全国临时教育会议上说："然日本国体与我不同，不可不兼采欧美相宜之法。"[1]蔡元培认为中国现代大学研究体制要吸收日本和欧美的优点，建立更符合中国自身情况的制度。但是民国初建，政局动荡不安，这一系列教育法规公布后，蔡元培因为不满袁世凯专制，愤然辞职，只担任了短短半年的教育总长。此后，在不到两年的时间里，担任教育总长的人员频繁变动，导致许多政令和法规未能有效实施。

1912年5月起，国立北京大学（简称"北大"）慢慢恢复授课。返校的各科学生开始复课，理科只有4人回校，因人数太少，理科曾停办过一段时间。1913年暑假后，理科招数学、理论物理、化学各一班。在物理一科前面加上"理论"二字，是因为实验课程较少、实验配置严重不足，反映了物理学科教育在草创时期的困境（图1-2）。

图1-2　1916年，北京大学理科物理、化学实验室[2]

对近代大学而言，合格的教师与学生的出现并非一蹴而就。1913年，北大理科才开始培养第一届正规的本科生。到1916年，数学系学生叶志、

---

① 蔡元培：《蔡元培在全国临时教育会议上开会词》，载中国第二历史档案馆编《中华民国史档案资料汇编·第三辑·教育》，江苏古籍出版社，1991，第626-629页。

② 《国立北京大学分科规程》，北京大学档案馆藏，档案号：BD1916005。

商契衡 2 人毕业，物理系孙国封、丁绪宝、刘彭翊、陈凤池、郑振壎 5 人毕业，化学系张泽垚、阎道元、何永誉、李兆灏、陶怀琳、黄德溥、王兆同、朱文稚、季顺昌、顾德珍①10 人毕业。这 17 个人是中国第一批数学、物理、化学本科毕业生。

北大理科教育完成了拓荒期，并产生开展比本科学习更高层次的研究工作的需求。1917 年 1 月 4 日，蔡元培就任北京大学校长。同年 1 月 9 日，他在演讲中说道："大学者，研究高深学问者也。"抱着这种信念，蔡元培对北大进行了一系列改革，包括广延积学而热心的教员、调整学科、充实文理科等。他拟办研究所，认为这对教员、毕业生及在校高年级学生均有好处。关于大学创办研究所的理由，蔡元培指出："一、大学无研究院，则教员易陷于抄发讲义、不求进步之陋习。盖科学的研究，搜集材料，设备仪器，购置参考图书，或非私人之力所能胜。若大学无此设备，则除一二杰出之教员外，其普通者，将专己守残，不复为进一步之探求，或在各校兼课，至每星期任三十余时之教课者亦有之，为学生模范之教员尚且如此，则学风可知矣。二……苟吾国大学，自立研究院，则凡毕业生之有志深造者，或留母校，或转他校，均可为初步之专攻。俟成绩卓著，而偶有一种问题，非至某国之某某大学研究院参证者，为一度短期之留学；其成效易睹，经费较省，而且以四千年文化自命之古国，亦稍减倚赖之耻也。三……惟大学既设研究院以后，高年级生之富于学问兴趣，而并不以学位有无为意者，可采德制精神，由研究所导师以严格的试验，定允许其入所与否，此亦奖进学者之一法。"作为蔡元培对北大进行改革的重要内容之一，理科研究所于 1917 年 11 月创建。②

在将大学办成研究学问的场所的理念下，蔡元培与同人在北大理科研究所创办之初，围绕研究所的创建及其运行规程，进行了广泛而细致的

---

① 《北京大学文理工三科毕业学生名单》，《教育公报》1916 年 7 月第 8 期。
② 李英杰、杨舰：《民国初期科学研究在高等教育中的体制化开端——北京大学理科研究所的创建》，《自然科学史研究》2017 年第 4 期。

规划。1920 年 7 月，为了使研究所能够取得更好的发展，蔡元培根据创办研究所的经验，公布了《北京大学研究所简章》布告。在这份布告中蔡元培表明："研究所仿德、美两国大学之 Seminar 办法，为专攻一种专门知识之所。"[1]

北大理科研究所作为中国大学中最早出现的研究机构，在制度建设和研究活动开展方面均取得了有益的成果，展现了新体制下科学研究的活力。北大理科研究所在发展过程中出现的最大问题，莫过于与研究人员高远的志向相比，研究所的条件有限，只能在极其艰苦的条件下发展，其实际运行达不到制度设计的水平。当时中国严峻的政治、经济形势使研究所在实验室建设等方面面临无法逾越的鸿沟。

二、国立科研机构的创建

1927 年，北伐战争胜利和南京国民政府成立，为科学研究事业的发展提供了较为安稳的政治环境。国立中央研究院等研究机构先后成立，推动了中国科学研究体制化的进程。

1927 年 4 月，在国民政府定都南京前夕举行的中国国民党中央执行委员会第七十四次会议中，李煜瀛（即李石曾）提出"设立中央研究院案"。同年 5 月 9 日，中国国民党中央执行委员会第九十次会议议决设立中央研究院筹备处，并推定蔡元培、李煜瀛、张人杰等 6 人为筹备委员。

1928 年 4 月，国民政府任命蔡元培为国立中央研究院院长，同年 6 月 9 日举行第一次院务会议，宣告中央研究院正式成立。1928 年 11 月 9 日，国民政府公布了《国立中央研究院组织法》。该法规一直沿用至 1935 年，其第一条就明确规定"中央研究院直隶于国民政府，为中华民国最

---

[1]《北京大学研究所简章》，载中国蔡元培研究会编《蔡元培全集·第十八卷（续编）》，浙江教育出版社，1998，第 344-345 页。

高学术研究机关"。从性质上看，中央研究院最初被定为"中华民国最高科学研究机关"，1928 年修正为"中华民国最高学术研究机关"。这是因为中央研究院的研究工作是由各个具体的研究所负责，而其研究范围涵盖了自然科学和社会科学两大方面，包括数学、天文、气象、物理、历史、语言等，将其性质由"科学研究机关"改为"学术研究机关"则是为了表明要在更广泛的领域内开展研究工作。《国立中央研究院组织法》定位中央研究院"实行科学研究，及指导、联络、奖励学术之研究"。对此，蔡元培对"指导""联络""奖励"分别做了解释："指导"即如果有人拿着专门问题向中央研究院咨询，那么中央研究院就要负起指导的责任；"联络"则是对国内外有相同志向的研究机构而言；"奖励"的对象是"对于学术界有重要发明或贡献的本国学者"。这说明从创设之日起，中央研究院不但有研究的职能，而且要担负起作为国家最高学术研究机构应当担负的责任。[1]

1928 年 1 月，中央研究院最早设立的理化实业研究所在上海购入霞飞路 899 号的房屋作为临时所址。上海是中国近代工业的中心，相较中央研究院本部的所在地南京而言，上海的自来水、电力和煤气等基础设施条件较好。理化实业研究所于 1928 年 7 月进一步拆分为物理、化学和工程 3 个研究所。[2]

在研究计划上，作为国家设立的学术研究机构，中央研究院的研究方向反映了国家对学术研究事业的需求。1928 年，中央研究院物理研究所在发表的研究计划中，设定了 4 个研究项目。一是关于地磁、重力加速度和大气测量的研究，研究具有地域性，这也是与中国的气象和矿山开发相关的研究。在此之前，由于外国人已经在中国进行了各种各样的测定，

---

[1] 李英杰：《近代科学研究在中国大学中的体制化进程（1917—1929）》，博士学位论文，清华大学，2016。

[2]《国立中央研究院物理研究所十七年度报告》，载国立中央研究院文书处编《国立中央研究院总报告·第一册》，国立中央研究院总办事处，1928，第 72 页。

有可能对经济领域产生不良影响，因此中国必须迅速开展相关研究。二是无线电信的研究。对于科学技术尚不发达的中国而言，无线工学的研究只能依赖于他国。拥有广阔领土的中国，此时即使出现异常问题，各地也不能互相联系，也就不能求得各地的协调发展。要解决这个问题，必须早日解决无线工学研究和人才培养的问题。三是原材料的物理性质检验的研究。对资源开发和国际贸易而言，这至关重要。四是以上各个方面中与国防紧密相关的一些问题的研究。在无线工学和大气的研究中，涉及许多对国防至关重要的问题。对这些国防问题的研究，不能依赖他人，必须依靠自己的力量加以解决。[①]

化学研究所同样拟定了当时正在进行的研究及未来研究的大概方向：一是中国食材与药材的成分研究。因为中国食材和药材原料丰富，在卫生、医学、工业各领域都极有研究价值。此时，化学研究所已经在中国酒类分析上有了一些研究成果，如赵燏黄撰写的《绍兴酒酿造法之调查及卫生化学的研究》。二是油漆类的研究。因为中国大量生产油漆，油漆在工业生产中具有重要地位。三是特殊金属盐类的制备与研究。四是有机化合物新合成法的研究。这一项是化学研究所当时准备进行的工作。五是其他工业原料的分析。除化学研究所自行研究外，也接受其他机关的委托进行调查。六是用国产原料制造化学工业品的研究。因为大量输入国外工业成品，导致中国资金外流，这类研究能够抵制外洋的输入。[②]

中央研究院各所的研究工作有一个最大的共同之处，即不仅注重西方科学新知的介绍与传播，还特别注意本土化科学研究，以及对传统文献的整理。

在 1927 年 5 月南京国民政府议决设立中央研究院筹备处时，李煜

---

①《国立中央研究院物理研究所十七年度报告》，载国立中央研究院文书处编《国立中央研究院总报告·第一册》，国立中央研究院总办事处，1928，第89-90 页。

② 同①，第 95 页。

瀛提出设立地方研究院的构想。1929 年 9 月，国立北平研究院正式成立，李煜瀛任院长，李书华任副院长。

根据国立北平研究院的组织规程，北平研究院被定义为"国立学术研究机关"，其任务是"实行科学研究，促进学术进步"。由此可见，作为地方研究机构，北平研究院没有被赋予像中央研究院那样的"指导、联络、奖励"学术研究的职能，而是突出强调"实行科学研究"。

这一时期，许多大学也开始朝着研究的体制化方向发展。根据 1933 年度全国高等教育统计，截至 1932 年，中国拥有国立大学 13 所、公立大学 7 所、私立大学 20 所[①]。 1928—1930 年，全国大学教员人数和大学学生人数也有明显上升，1928 年大学教员人数为 4567 人，1930 年这一数字上升到 6212 人；本科及专修科学生人数亦是如此，由 1928 年的 21786 人上升到 1930 年的 33847 人[②]。

学术研究机构的设立，使毕业生有了进一步深造的场所，同时带动大学纷纷设立研究所。1929 年，随着国立清华大学（简称"清华"）首届本科生和国学院最后一届学生的毕业，清华正式成立研究院，首先设立物理研究所和外语研究院。校长罗家伦在《呈教育部文》中指出："本大学于本年七月间，经评议会议决，遵照本大学规程第二章第四条之规定，自十八年度起，开办研究院。查照本大学已有之设备，先行成立外国语研究院及物理研究所，并制定研究院规程，公布实施。……此外，化学、生物两系研究院亦在积极筹备。生物馆，刻在建筑中，十九年秋当可落成。化学馆之建筑，亦在拟议中，不久可有具体计划。其他各系，现有设备均甚

---

①《全国各大学校址校长及院系名称一览》，载教育部统计室编《二十二年度全国高等教育统计》，商务印书馆，1936，第 46-47 页。
②《民国以来国内大学教育概况表》，载教育部高等教育司编《全国高等教育统计（中华民国十七年八月至二十年七月）》，教育部高等教育司，1932，第 34 页。

充实，其研究当相机陆续设立，俾使大学毕业生得有深造之机会。"[1]

1931 年，新公布的《国立清华大学规程》和由大学评议会修正后的《国立清华大学研究院章程》对研究院有了更加明确的要求。章程中规定：研究院是校一级的机构，院长由校长兼任，直接归校长领导；研究院按照本大学所设学系分别设立研究所，其主任由系主任兼任。随后，清华陆续成立了化学、生物等近 10 个研究所并公开招收研究生。

此外，中山大学、中央大学、北洋工学院等高校也先后成立了各类研究所（表 1-1），这标志着中国高等教育中的科学从理论教育阶段走向研究阶段。原本中国的科学技术有望沿着这个脉络继续发展，但不幸的是，战火打破了这个期望。

表 1-1　1936 年大学研究所设立情况统计 [2]

大学	研究所
国立清华大学	文学研究所、理科研究所、法科研究所
国立北京大学	文学研究所、理科研究所、法科研究所
国立中山大学	文学研究所、教育研究所、法科研究所
国立中央大学	理科研究所、农科研究所
国立北洋工学院	工科研究所
私立南开大学	商科研究所、理科研究所
私立燕京大学	理科研究所、法科研究所、文科研究所
私立东吴大学	法科研究所
私立金陵大学	理科研究所、农科研究所、文科研究所
私立岭南大学	理科研究所

---

[1] 罗家伦：《呈教育部文》，载清华大学校史研究室编《清华大学史料选编·第二卷（下）·国立清华大学时期（1928—1937）》，清华大学出版社，1991，第 561-562 页。

[2] 中国第二历史档案馆编《中华民国史档案资料汇编·第五辑·第一编·教育（二）》，江苏古籍出版社，1994，第 1385-1386 页。

第二章

战火：抗战爆发与科学救国

20 世纪 30 年代，随着中国的国立科研机构和主要高校相继走上科学研究之路，中国的科技发展本应向前继续迈进，迎来一个新的发展阶段。然而，日本法西斯的侵略打破了无数中国科学家苦心经营的事业，面对日寇的铁蹄、沦丧的国土、流离失所的同胞，中国的学者不得不振作起来，重新思考科学和民族的未来。

第一节　"九一八"事变与科学救国的思潮 [①]

1931 年"九一八"事变爆发，东北地区沦陷于日寇铁蹄之下，广袤的森林煤矿和漫山遍野的大豆高粱落入日寇手中。此后，日本侵略者不断蚕食华北地区，在那个"华北之大，已经安放不下一张平静书桌"的年代，全国各界掀起了抗日救亡的浪潮。著名学者胡适、顾毓琇、丁文江、傅斯年、翁文灏等，掀起了一场"科学与救国"的讨论，彰显出国难中知识分子自觉捍卫国家独立的精神。

一、胡适："求学而后可以救国"

1932 年 12 月初，胡适在长沙中山堂发表了题为《我们所应走的路》的重要演讲。在演讲中，胡适开宗明义地抛出"国难当前，我们究竟应该走哪条路"的问题，并明确回答"求学而后可以救国"。在胡适看

[①] 此部分内容在与清华大学杨舰教授、张立和同学的多次讨论中完成。

来，中国外侮深重的原因，乃是科学不如人。他引用了法国科学家巴斯德（Louis Pasteur）的案例证明科学可以救国：1870年，法国在普法战争中的失败令巴斯德十分气愤，屈辱中他意识到挽救国运的唯一方式是科学研究。于是他集中全力探索细菌学，并取得了"物必先有微生物，然后腐化"的发现。这一发现被应用于法国的制酒、养蚕与畜牧业，不仅解决了长期困扰这三大行业的难题，还使50亿法郎的赔款，由巴斯德一个人替国家偿还，法国由此走向振兴。基于此，胡适提出了他的主张：唯科学可以救国。胡适认为"救国不是摇旗呐喊能够行的，是要多少多少的人，投身于学术事业，苦心孤诣，实事求是地去努力才行""把自己铸造成器，方才可以希望有益于社会""在世界混乱的时候，有少数的人，不为时势转移，从根本上去做学问，不算什么羞耻的事""我们的责任是研究学术以贡献国家和社会""没有科学，打仗、革命都是不行的"。

直观来看，胡适所谓的救国"科学"代指具体的科学知识，更进一步来看，它还蕴含科学文化的意味。以科学谋求国家的生存与独立，这是五四运动以来以胡适为代表的一批知识分子所极力倡导的，他们希望中国人能像巴斯德那样，在遭受艰难境遇时向科学要答案。但是，作为思想家的胡适，对科学的宣扬与倡导仍停留于宽泛的纲领层面，因此科学界开启了一场更为深入的"我们需要怎样的科学"的讨论。

二、顾毓琇："我们需要怎样的科学"

1933年1月1日，在胡适发表演讲一个月后，时任清华大学工学院院长的顾毓琇在《独立评论》上发表了《我们需要怎样的科学》。文章在赞赏胡适"唯科学可以救国"这一观点的同时，进一步追问"我们所需要的是怎样的科学"。

在顾毓琇看来，科学事业包罗万象，而面对眼前的危机必须认清需要怎样的科学。他认为当今世界的科学，已经为中国提供了足够的知识；

中国在生死存亡之际，不必追求新的发明，而以国家目前的实力，也无力支持纯粹的科学研究。"研究科学本来是人类智慧的探险，只有努力，没有作用，超出空间，亦不顾时间。而'救国'的问题便是既有目标，又要效果，并且要顾到空间、时间的迫切的要求。"由此，顾毓琇提出"要希望中国富强，要解决中国的生产问题，要中国的物质进步"，"我们目前最需要的不是科学的新发明，而是已有的科学发明的应用"。顾毓琇认为当前最能救国家于水火的是应用的科学，因此，他不希望每个人都去做发明家巴斯德，相反，他希望多数青年能够学习应用科学家巴斯德，学他造酒、养蚕、为牛羊治病。

关于如何应用科学，顾毓琇也给出了他的见解。他说："我们不必斤斤于中国人自己重新去发明一切已知的科学真理和事实。巴斯德的微菌，不是法国人专利的，就像牛顿的力学，不是为英国人发明的一样。甚至于瓦特的蒸汽机，爱迪生的电灯泡，虽然多少是专利品，但是我们亦尽可以仿造。"举步维艰之时，对顾毓琇来说，或许通过"模仿"的方式来应用科学是最为直接和高效的救国途径。顾毓琇务实的眼光，不仅体现出他挽救国难的迫切愿望，更显示出艰难时局中他对发展科学的独到见解。

三、中国知识界关于"科学救国"的讨论

胡适的演讲和顾毓琇的文章引起了科学界的反响。北京协和医学院生化科主任吴宪认为，西方人是因为衣食住行都发展到了理想的状态，所以才转向研究科学。但这种科学与国计民生相去甚远，因此，他提出当前中国不忙于做此种科学研究，但应用科学的研究则刻不容缓。

清华大学心理学系教授周先庚、讲师张民觉也先后发表多篇文章，强调心理学，特别是心理技术在国防、工业、军事等方面的应用价值。与科学家们的讨论相呼应，带有官方立场的国立中央研究院也发出了"科学研究事业应注重于应用方面"的声音。一时间，主张发展应用科学的

声音可谓此起彼伏。

清华理学院教授萨本栋对如何发展应用科学，提出了不同的看法。在清华大学实用科学研究会的演讲中，萨本栋通过定义区分了纯粹科学、应用科学与实用科学，他认为所谓实用科学即有用技术。尽管他肯定了实用科学在机械教育与产品制造方面的价值，但他对纯粹科学的提倡则显得更为突出。针对时人因国家危难而放弃纯粹科学的做法，萨本栋坚决表示不认同，"因为现代的国防利器是许多纯粹科学家、应用科学家及实用科学的人辛苦研究，经过长久的时间与屡次的改良才成功的。这些东西的基础都是建在以前人们所认为未能应用的纯粹科学之上"。带着这样的见解，萨本栋劝诫"现在立志于学应用或实用科学的人，应当特别注意自己在纯粹科学方面的基础是否稳固"。

萨本栋的观点得到了清华理学院同人的回应。曾担任过理学院院长和物理系主任的吴有训，通过对学术独立的追求，展现出他对纯粹科学的肯定。他认为争取独立，对于某一学科而言，应当是"不但能造就一般需要的专门学生，且能对该科领域之一部或数部，成就有意义的研究，结果为国际同行所公认……所以有意义的研究工作，是决定一个学科独立的关键"。吴有训所说的"有意义的研究"即指纯粹科学、理论科学方面的研究。概而论之，为了实现国家独立、学术独立的目标，他认为必须加强对纯粹科学的研究力度。在《清华大学理学院概况》一文中，吴有训亦表达了相同的见解。

与清华理学院教授们的观点遥相呼应，时任中央研究院气象研究所所长的竺可桢在《国风》期刊中发表了《航空救国和科学研究》一文，针对国人疾呼购买飞机以挽救时局的主张，竺可桢表达了自己的见地。他分析了达·芬奇（Leonardo da Vinci）制造飞机失败的原因，认为这在很大程度上缘于人们对空气浮力的有限了解，彼时的科学尚处于萌芽阶段。而到了 20 世纪初，当科学发展到一定程度，莱特兄弟（Wright Brother）适逢其时，其制造飞机的成功可谓水到渠成。在历史的对比中，竺可桢强调的是科学研究的重要性。此外，竺可桢还在文章中谈到欧美国家发展航空事业的空气浮力定律与风管试验。基于此，他总结到："要讲飞机救国，就得迎头赶上，要迎头赶上，就非去研究大气力学和风管不可……要谋飞机的行动安全，非有敏捷精确的天气报告不可，这又要靠地质学家、化学家、冶金学家和气象学家的研究。"概言之，飞机救国的根基在科学，诚如其在文末所言："飞机救国，必须从研究科学入手。"

日军在鲸吞东三省后，开始进一步蚕食华北领土，国难日渐深重。面对危局，越来越多的声音希望全国上下组织起来，一致抗日。科学界也逐渐走向组织化。

1935 年 6 月，在中央研究院总干事丁文江推动下，中央研究院首届评议会选举会召开，选举产生蔡元培、丁燮林、李四光、竺可桢、汪敬熙等 11 位当然评议员，以及叶企孙、吴宪、侯德榜、林可胜、胡先骕、翁文灏等 30 位聘任评议员，丁文江兼任评议会秘书。丁文江在 1935 年《中央研究院的使命》中指出："研究院的工作当然应当相当地偏重'应用'。"作为中央研究院的领导核心，丁文江的科学观无疑影响了研究院乃至全国科学界对科学发展路线的选择。

1935 年 9 月，中央研究院首届评议会第一次年会按计划召开。1936 年 4 月，第二次年会召开。这一年年初，丁文江因煤气中毒不幸去世，翁文灏被推选为新的评议会秘书。

第二次年会共收到 13 件提案。其中，由翁文灏提议，陶孟和、丁燮林附议的提案《中国科学研究应对于国家及社会实际急需之问题特为注重案》（第一案），与由胡先骕提议，秉志、张其昀、谢家声、王家楫附议的提案《请由中央研究院与国内各研究机关商洽积极从事与国防及生产有关之科学研究案》（第二案）经评议会审议通过后，合并为《我国科学研究应特别注重于国家及社会实际急需问题案》。在第一案中，以翁文灏为代表的科学家深入阐述了在当时特殊时期，注重发展国家及社会急需问题的理由。在国家艰难的特殊时期，他们认为应当采取特别策略予以应对。翁文灏回顾了第一次世界大战时的情形，他说当时参战的欧洲各国，无不积极动员全国科学力量，致力于开发战时急需的原料及替代品，同时还全力探索提高生产效率的途径。以欧洲各国的组织化经验为鉴，他认为身处同样境遇的中国也理应如此。此外，翁文灏还提出了三项重要的办法原则：一是由中央研究院通告所属各研究机关，优先研究国家和社会需要最迫切的问题；二是对于急需的问题，应由评议会报送中央研究院，再由中央研究院分配至相关学术机关；三是各机关对于研究情况及所得结果，随时向评议会报告。从翁文灏等人的表态中，可以看出他们深知科学研究对国家发展的重要性，也深知自己身上的责任与使命，他们愿意在特殊时期为国家所用，积极组织起来，共同应对国难。第二案由胡先骕等人提出，他们同样强调在国事危急之秋，科学家应各展所长，为国家生死存亡而努力。该案也援引第一次世界大战的事例佐证其主张："欧西各国每当战事一开，科学家皆全体动员，从事应付当前之需要。"与第一案相同，该案亦关注机关之间的协调问题："宜由中央研究院与政府各部院参谋部兵工署资源委员会切实商讨，条举目前国防及生产有关最切要之问题，再与国内各研究机关接洽，使之分头从事研究。"不难看出，胡先骕等人与翁文灏等科学家的立场相同，也倡导组织化的科学，进而更好地服务战时国家所需。

评议会的提案得到顾毓琇的首肯。顾毓琇慷慨陈词，认为当前的种种艰难环境，都迫切要求全国的学者团结起来，共同应对挑战。他还详细探讨了如何完成这一光荣使命：明确需要，不以中央研究院已有的研究范围为限制，中央研究院与政府对接国家需求等。顾毓琇殷切期望中央研究院和全国学术机关能够齐心协力，共同投身科学救国的伟大事业之中。总而言之，正如他在同年发表的文章《民族自卫与军备自给》中所言，在危急关头，包括专门人才在内应实行"全国人力物力的总动员"。

无论是中央研究院评议会上翁文灏、胡先骕等人提出的议案，还是会后顾毓琇进行的讨论，都表明国家危难已经深刻影响到中国科学的发展走向。身处国难危局，科学家群体放下了个人的自由探索与研究旨趣，协力共进以纾国家之困！

第二节　战时科学研究的开端

1931 年"九一八"事变揭开了第二次世界大战东方战场的序幕。"九一八"事变后，日本的侵略势力逐步向华北地区蔓延，这促使中华民族的觉醒和团结达到空前高度。

一、抗战特种研究机构的出现

为了抵抗日本对华北地区"渐进蚕食"式的侵略，中国的科学家开始行动起来。1934 年 3 月 21 日，清华大学评议会修正通过了特种研究计划，拟定在应用化学、水力试验工作及航空讲座、国际关系、国势清查统计 4 个方向开展特种研究，以积极应对抗战时期中国的国情与战略需求。同年 7 月 7 日，校评议会议决，将 1933—1934 年度留美经费未支部分的 6 万美元，充作特种研究及增置理工特别设备之用，包括增加国情课程，充实航空讲座设备、水工研究、工业化学设备等。

清华之所以计划在上述 4 个领域开展特种研究，一方面缘于"九一八"事变后知识分子日渐增强的社会责任感，另一方面缘于当时清华自身具备的条件。1931 年，梅贻琦出任清华校长，提出通识教育既是专门研究的基础，也是满足社会需求的重要方面。此外，清华大学于 1929 年和 1932 年分别成立了理学院和工学院，理学院设有数学、物理、化学、生物、地理、心理等系，工学院设有土木工程、机械工程、电机工程 3 个系。至 1934 年，清华大学已经培养出一批理科毕业生，同时工科学生也进入高年级，考虑到这些学生的深造需求和研究工作的推进，相关研究所的建设也被提上日程。这些因素共同构成清华在 1934 年着手进行特种研究的重要条件。

然而，清华大学首先开展的却不是计划内的 4 个方向的特种研究，而是其并不具备优势的农业研究。20 世纪 30 年代，受连年战事影响，中国农业发展陷入危机，农村经济濒临破产，华北地区更是面临巨大压力，复兴农村成为当时政府工作的重点之一。而要谋农村之复兴，主要途径是促进农业发展，于是对传统农业进行改进成为当务之急。1934 年，时任国民政府教育部部长王世杰指令清华大学成立农学院，并请行政院划拨圆明园部分荒地作为清华大学农学院农场。但考虑到清华自身在农业方面的基础条件，校方决定先着手建立农业研究所，并以校内 100 亩①地作为农场。此举主要有两个目的：一是开展深入的农业研究，以解决当时农业面临的现实问题；二是培养造就一批既能从事农业科研，又能开展农业教学的高级人才。

清华农业研究所成立之初设立了植物病害组和昆虫学组（也称虫害组）两个研究部门。植物病害组聘请了金陵大学农学院教授戴芳澜担任组长，戴芳澜曾是清华留美预备学堂的学生，在康奈尔大学取得农学学士学位后，又在哥伦比亚大学取得植物病理学、真菌学硕士学位。接到清华的邀约后，他先去美国纽约植物园和康奈尔大学研究院研修了一年才到清华大学上任。虫害组的组长是清华大学生物学系教授刘崇乐，他也是清华庚款留美生，1926 年在康奈尔大学取得昆虫学博士学位后归国。清华农业研究所成立时主要以清华生物系的人员为班底，受戴芳澜的邀请，金陵大学农学院的周家炽、王清和等人也来到清华农业研究所工作。

1935 年华北事变爆发，中华民族的危机达到了前所未有的严重程度。1936 年 5 月，经国民政府行政院秘书长翁文灏介绍，蒋介石接见清华大学校长梅贻琦、工学院院长顾毓琇、机械工程系主任庄前鼎。梅贻琦等

---

① 1 亩 ≈ 666.67 平方米

人提出了航空发展新计划，蒋介石首肯并手谕南昌航空机械学校与清华合作办理。同年 11 月，清华在南昌成立航空工程研究所（简称"航空研究所"），顾毓琇任所长，庄前鼎任副所长。清华因为是国内较早开展航空教育的高校之一，有进行研究的条件，所以能成立航空研究所。著名航空专家冯·卡门（Theodore von kármán）1929 年访问清华时，即建议清华开展航空工程教学与科研工作。1932 年夏，清华机械工程学系成立时，该系下设飞机与汽车工程组，并做好了将来与政府合作扩展研究的准备。1935 年秋，机械工程学系成立了航空机械工程组，为四年级学生增设了航空工程专门课程。该组还建立了航空馆与飞机库房，并在清华校内设计了中国第一具自制的风洞。1936 年 2 月，冯·卡门推荐其学生——流体力学专家华敦德（Frank Wattendorf）到清华协助开展航空研究工作。航空研究所成立后在南昌建造了 15 英尺^①口径的风洞，这是当时世界上最大的风洞之一。1937 年底，华敦德返美参加第十四届国际应用力学大会，介绍了清华南昌 15 英尺风洞的设计理论等内容。1938 年 3 月，即将建成的风洞被日军轰炸。1939 年，华敦德在美国《飞机工程与航空航天技术》（*Aircraft Engineering and Aerospace Technology*）杂志上发表长文介绍清华南昌 15 英尺风洞，杂志编辑特意加按语，对风洞被炸表示惋惜。

华北事变后，清华拟在长沙新建校舍，并加快特种研究事业的发展。1936 年 2 月 27 日，清华正式设立特种研究事业委员会，叶企孙任主席，委员由梅贻琦、陈岱孙、施嘉炀、李继侗、李辑祥、戴芳澜、庄前鼎、任之恭、陈达、吴有训担任。在 1936 年 12 月 9 日的清华大学评议会上，特种研究事业委员会暂时拟定了在长沙开展农业研究、金属学研究、应用化学研究、应用电学研究、粮食调查、农村调查 6 项研究计划。随后，经梅贻琦与国民政府资源委员会及湖南省政府主席何键多次商定，决定由清华大学在长沙筹建理工研究所，注重金属学及应用电学研究，尤其对应用方面的问题予以特别研究，并拟定由资源委员会每年补助研究经费 8 万元，

① 1 英尺 =0.3048 米 =30.48 厘米

补助期限暂定为 3 年（1937 年 7 月至 1940 年 6 月）。

二、中国共产党领导的早期科技活动

早在新文化运动和五四运动时期，中国共产党人就举起了科学大旗，积极宣传并运用科学思想和科学方法。中国共产党高度重视科学，其领导的具体科学事业就是在革命战争年代逐步发展和壮大起来的。

（一）无线电通信

1927 年，国民党反动派相继发动了多场反革命政变，大肆屠杀共产党员、国民党左派及革命群众。1927 年 4 月中国共产党第五次全国代表大会召开时，全国党员人数将近 6 万人，然而大革命失败后的短短几个月内，党员人数锐减至 1 万多人。在这样的危急时刻，中国共产党亟须建立自己的通信线路来保障信息传递的安全。为此，中共中央委托李强承担研究无线电收发报机的任务。

李强本名曾培宏（图 2-1），1905 年出生于江苏常熟，1923 年就读于南洋路矿专科学校（现上海东华大学）土木科。1924 年 5 月，他经南洋路矿专科学校中文教员、国民党中央执行委员、上海执行部负责人叶楚伧介绍加入国民党。1925 年 3 月，李强与自己的老师、国民党右派叶楚伧渐行渐远并最终决裂，叶楚伧登报声明把李强开除出国民党。在五卅运动中，李强在恽代英等共产党员的领导下走上了革命道路，成为一名共产党领导下的职业革命者。他作为南洋路矿专科学校的代表，参加上海学生联合会的活动，并当选为执行委员、军事委员会委员。1925 年 6 月，李强加入共青团，并被共青团上海地委书记贺昌派到曹家渡开展青年工人运动；8 月，经曹家渡支部书记陈竹山介绍，不满 20 岁的李强由共青团员转为共产党员。1926 年 2 月，李强调任共青团上海浦东部委书记，后受中共江浙区委派遣，李强回家乡组建了中共常熟特别支部并担任支部书记。1926 年，中共中央决定在上海领导工人发动武装起义，由中共中央军委书记兼江浙区委军委书记周恩来任总指挥。中国共产党看中了工科出身的高才生李强，安排他筹备武器弹药。如此重大的任务并没有难倒李强，他在书店买了几本制作炸药的英文书，又在旧书摊上买了一些兵工方面的参考书，再从化工仪器公司买来苯酚、硝酸和硫酸等材料。他将这些材料按一定比例混合，经过反复试验，便成功研制出了黄色炸药。原本李强还打算制造手榴弹，但是因条件限制而被迫放弃。1927 年中国共产党领导的上海工人第三次武装起义取得胜利。虽然李强没有直接参加这次起义，但他在起义前试制的炸药、起爆药及购置的手榴弹全部派上用场，这也为他后来在延安领导军工生产埋下了伏笔。

图 2-1　李强

在"四一二"反革命政变的白色恐怖下，中国共产党在国民党统治区的组织全面转入秘密状态。李强参加了中共中央转移的善后工作，他迅速销毁文件，转移材料和枪支弹药，同敌人巧妙展开周旋。1927 年 11 月，中共中央召开中央临时政治局扩大会议，决定在中央组织局下设立特务科，即中央特科。中央特科下设总务科、情报科、行动科和交通科（后调整为无线电通讯科）4 科。因为李强制作过炸药，又与各方面人士接触较多，周恩来将李强调任交通科科长。1928 年 6—7 月，中国共产党第六次全国代表大会在莫斯科举行，会议作出一项重要的决定：彻底扭转被动落后、效率低下的通信方式，在上海建立无线电台，加强中共中央和各根据地的通信联络。

这时，工科出身、自学自研能力和动手能力极强的李强，成为周恩来心中负责无线电工作的不二人选。1928年秋，周恩来把研制无线电收发报机的任务交给李强，又把学习无线电报务的任务交给了时任上海法租界地方党支部书记的张沈川，李强和张沈川因此成为中共无线电台的创始人。李强学习的是土木工程，并不了解无线电知识，但接受任务后，他依靠自学的知识和秘密购得的器材，在深夜偷偷进行实验。一方面，李强依靠扎实的英文、数学和物理学基础，废寝忘食地阅读《无线电基本原理》等书籍，快速积累理论知识。另一方面，他以无线电爱好者的名义同洋行商人交朋友，从他们那里购买无线电器材、工具和线路图。李强还从生产收发报机的大华仪器公司"借"出无线电收发报机，并连夜进行拆解、研究，画出草图再购买零件。有的零件如紫铜线圈，在市面上买不到，他就自己动手做。李强一点点搜集资料，一点点积累知识，一点点拼凑元器件。李强、张沈川在上海福康里9号租了一幢石库门3层楼房作为秘密台址，他们按照书上介绍的电台线路图，拿着购买和拆下的零件，夜以继日地组装。他们的所有工作都要在敌人眼皮底下秘密进行，风险极大，稍不留意就会招致大祸。经过数月攻关，第一台收发两用无线电台终于在1929年11月研制成功。1929年底，中共中央在香港设立秘密电台；1930年1月，沪、港两地第一封电报收发成功。从上海石库门到香港，再到各个苏区，红色无线电波横空出世，划破了夜空，打破了国民党反动派的封锁，使中国共产党的通信方式从早期交通员人力通信，跨越到20世纪初先进的无线电通信。电台的建立被誉为"党的通信史上划时代的革命"。[①]由此可见，中国共产党就是在最黑暗的白色恐怖之下，开始了具体的科学技术实践活动。

---

① 孙伟：《中央苏区时期无线电研究》，江西人民出版社，2022，第17–20页。

（二）卫生防疫

土地革命时期，中央苏区位于赣南、闽西地区，当地经济条件比较落后，卫生条件差，军民普遍缺乏卫生常识。加之战火不断，苏区军民屡遭严重疫病侵袭。天花、疟疾、痢疾、疥疮等疾病在苏区盛行，严重威胁苏区军民的生命健康，极大地削弱了部队的战斗力，使苏区的生产工作遭受很大损失。为了提升群众的卫生防疫意识，同时保障军队的战斗力，中国共产党通过多种方式宣传普及医疗卫生知识，并开展卫生防疫工作。

1931 年，中国工农红军军医学校（简称"红军军医学校"）的创办是中央苏区进行医疗卫生研究的开端。1931 年初，受中国共产党委派，拥有丰富从医经验的贺诚到达中央苏区。他在了解红军战士伤病缺乏护理救治的情况后，产生了创办军医学校的想法。1931 年，中国工农红军在中国共产党的领导下粉碎了国民党的第三次"围剿"，中央苏区内外斗争形势有所缓和。1931 年 11 月 7—20 日，中国共产党在江西瑞金召开中华苏维埃第一次全国代表大会，毛泽东当选为中华苏维埃共和国临时中央政府（简称"中华苏维埃政府"）主席。在这次大会之后，贺诚负责的中央革命军事委员会总军医处向中共中央提出创办军医学校的建议并得到批准。1931 年 11 月 20 日，中国共产党历史上的第一所军医学校——中国工农红军军医学校在江西瑞金成立。1932 年 2 月 22 日，红军军医学校在江西于都举行了首届开学典礼，红军总司令朱德、总参谋长叶剑英和总政治部主任王稼祥出席了开学典礼，朱德在讲话中指出，"中国工农红军已有很大发展，但医务人员缺乏，必须培养自己的红色医生"。贺诚宣布了毛泽东为红军军医学校制定的培养"政治坚定、技术优良"的红色医生的办学方针。在中国共产党和红军领导人的关怀指导下，由贺诚担任校长的红军军医学校正式开学。

在红军军医学校开办的同时，1931 年 2 月江西省苏维埃政府发布了《选派活泼青年女子入看护学校》的通告，随即开设了一所女子看护学校，让学员学习看护技术，为看护工作储备人才，学生名额为 100 名，学员年龄为 15 ～ 22 岁。1932 年 1 月，中华苏维埃政府决定在福建长汀开办一所看护学校，选拔江西和闽西各 30 名学员学习内外科诊治、看护、急救等卫生常识。在苏区，医疗技能的传授主要以中国工农红军卫生学校为中心进行，该校 1932 年成立于江西兴国县茶岭镇（今兴国县茶岭村），专门为红军培养医护技术人员和干部。当时中央苏区的医疗和护理技术传授涵盖军医、护士、药剂、卫生保健等专业。

1932 年中央革命军事委员会总军医处改为中央革命军事委员会总卫生部，负责统一领导红军医疗卫生工作。中华苏维埃政府设立卫生管理局，负责地方医疗工作，如管理地方医院预防和控制疾病、考察并监督医生和药剂师、检查药品药材的营业等。1933 年，中华苏维埃政府在江西瑞金叶坪乡成立了中央红色医院（后改为中华苏维埃国家医院），傅连暲任院长。该院医疗设备与医疗水平在苏区堪称一流，院内有正规的手术室、药房和化验室，手术器械也相当完备，能做一般外科手术和某些腹部手术。中央红色医院因其设备先进、医务人员技术水平高，成为中央苏区规模最大、医疗水平最高的医院。作为中央苏区治疗红色伤病员、免费为群众看病的综合性医院和医学技术中心，中央红色医院为推动苏区医疗卫生事业的发展发挥了重要作用，是苏维埃卫生战线的坚强卫士。该医院一成立，就深受苏区军民好评，大家都高兴地说"我们有了自己的医院"。

为适应抗战的需要，各军团和各军区也分别设立后方医院和野战医院。1931 年鄂豫皖苏区设立了中国工农红军第四方面军（简称"红四方面军"医院附属医务学校，招收学员学习药学、医学和护理等课程。1931 年 11 月，鄂豫皖苏区成立红四方面军后方总医院，其规模和建制已相当完备，以总院为主，附属 1 个中医院、1 个红色医务训练班，在苏区各地还设 6 个分院和皖西北中心医院。1932 年初，湘鄂西军医部成立，部队和后方医院都有了进一步发展，苏区的生物制品生产能力提升，能生产牛痘疫苗等制剂。①

　　同一时期，中央内务人民委员部设立了卫生管理局，负责预防和治疗瘟疫与传染病，管理公共卫生，检查车船、公共食堂及民众住宅的清洁等工作。同时，在乡一级苏维埃政府设不脱产的卫生委员会，村设卫生小组，在城市、机关和部队也建立了各级卫生组织。这些卫生组织的工作人员不辞辛劳地深入田间地头、乡村农家、学校课堂宣传卫生防疫知识，人手不够时还动员卫生学校的学生参与工作。为保护和提高部队的战斗力、诊治群众疾病，中央苏区政府广泛开展群众性卫生医疗科普活动。这类科普活动主要分为两个方面：一是面向普通群众普及医疗知识，二是面向医务工作者传授专业技能。对于广大群众的卫生医疗知识教育，苏区政府主要利用报纸、图书等媒介进行传播教育。当时中央苏区有大小报刊约 34 种，其中《红色中华》的发行量最大，最多时可达 4 万份。

　　1932 年 1 月 12 日，中华苏维埃共和国临时中央政府人民委员会召开第四次常委会讨论防疫问题，决定举行全苏区防疫卫生运动②。次日，苏区中央局代理书记、中华苏维埃共和国临时中央政府副主席项英发表《大家起来做防疫的卫生运动》，动员各级政府、红军、群众团体领导群众卫生运动。苏区医务工作者在报刊上发表大量医疗科普类文章，传播和普及卫生常识。《红色中华》发表了大量医药卫生常识的科普类文章，如《我们要怎样来预防瘟疫》《催泪毒瓦斯防御法》《向疟疾做无情斗争》《天花预防法》《冻疮速愈法》《鼠疫预防法》《加紧卫生消灭霍乱》等。1931 年创刊的《健康报》积极推广战伤新疗法，介绍医疗卫生新技术，普及卫生防疫常识。

　　1933 年 3 月，中央革命军事委员会总卫生部还主办了《红色卫生》

----

① 中国人民解放军历史资料丛书编审委员会：《院校·回忆史料》，解放军出版社，1995，第 51 页。
② 刘春梅主编《20 世纪 50 年代北京市卫生治理研究》，研究出版社，2021，第 22 页。

杂志。同时，苏区还通过出版科普图书传播医学卫生常识。1932—1934年，中央革命军事委员会总卫生部编印了《医学常识》《四种病》《卫生常识》等图书。此外，各类红军卫生学校在这一时期出版了许多医药科普图书，包括《病理学》《简明药物学》《体功学问答》《最新创伤疗法》《简明细菌学》《中药之研究》《卫生运动纲要》《卫生学》《西药学》《实用外科药物学》《皮肤花柳病》《处方学》《眼科》《耳科》《妇科》等40余种。1933年，担任红四方面军总指挥的徐向前编写了《简略卫生常识》，提出8项卫生注意事项。中央苏区政府一般采取开办学校的方式向医务工作者传授医疗技能。

毛泽东在1933年撰写的《长冈乡调查》中指出："发动广大群众的卫生运动，减少疾病以至消灭疾病，是每个乡苏维埃的责任"，并称这些疾病为"苏区中一大仇敌"。中央内务人民委员部与军委总部联合编印的《卫生常识》明确提出"为减少苏区革命群众的疾病与痛苦，加强我们的战斗力量，必须使一般工农劳苦群众了解普通卫生知识，加强卫生工作"。

1933年，川陕苏区设立了一所卫生学校，共招收中医班、西医班、看护班学员120人，主要学习传染病预防、解剖学、药性概论、伤寒论浅注等中西医课程。各类培训缓解了苏区医务人员缺乏的问题。[①]

1933年9月，中央内务人民委员部卫生管理局、中央革命军事委员会总卫生部、中国工农红军卫生学校及附属医院共同发起成立中华苏维埃共和国卫生研究会，并发表《发起组织卫生研究会征求会员宣言》。该宣言指出，中华苏维埃共和国卫生研究会"准备广泛地征求全国卫生人员加入，大规模地作医药上卫生上的研究，提高每个卫生人员的研究热忱与为苏维埃服务的积极性，在粉碎旧的社会制度所给予的恶果，开展苏维埃政权下为着劳动大众的健康的医疗卫生事业，保障红色战士的健康，根本地摧毁资产阶级的统治"。《中华苏维埃共和国卫生研究会简章》共13条，

---

① 王康友主编《科学技术普及简史》，中国科学技术出版社，2021，第107页。

其中第二条规定："本会员以研究卫生医药等学术，提高红色卫生人员技术，保障工农劳苦群众及红色战士的发展为宗旨。"章程规定，研究会会员"有贡献意见、搜集材料、互相研究之义务"；研究会应"经常举行关于各种重要问题的学术演讲，并出版理论的与实际问题的小册子与各种教材"；会员如有学术心得及发明，应随时通知常委会，会员的新发明由常委会呈请政府奖励。[①]

（三）农业科技

为了更好地提高生产力和战斗力，在发展卫生事业的同时，中央苏区也加强了对农业科技的普及和推广。苏区根据地的农业生产采用传统的劳作方式，普遍存在劳动力缺乏，技术落后，肥料、种子、牲畜、水利等多方面不能满足需要的问题，直接影响了农业的发展。要使苏区有限的人力和土地得到充分利用，就必须不断提高生产技术水平。为了切实提高农业生产力，苏区政府把农业技术推广作为苏区政府工作的重要内容。中央临时政府主席毛泽东在《中华苏维埃共和国中央执行委员会与人民委员会对第二次全国苏维埃代表大会的报告》中强调："为着促进农业的目的，而在每乡每区组织一个小范围的苏维埃农事试验场，并且设立农业研究学校与农产品展览所，则是迫切的需要。"中央农业学校是苏区较早开设的农业科技传播学校，农业学校设立本科、预科和教员研究班，开设有政治常识、科学常识、农业知识等课程，附设农事试验场和农产品展览所，其任务是指导农业病虫害防治、推广良种良法、报告农业试验结果、编制苏区农事日历等。农业学校教学的主要内容有植物生理常识、植物病理常识和气候常识，简易测量，各种农业作物栽培及育种方法，病虫害的预防和消灭方法。鄂豫皖苏区曾在1931年夏开办了一所初级农业技术学校，招收学员学习选种育种、栽种施肥、灭虫管理、收割保管、病虫害防治、气象知识等课程。此类农业科技普及活动将教学、研究和推广紧密结合起

---

① 赣南医学院苏区卫生研究中心编《中央苏区卫生工作史料汇编（第一册）》，解放军出版社，2012，第271页。

来，使苏区的稻谷、棉花、油茶、大豆等作物产量都有了大幅度提高，缓解了苏区的粮食困难状况，有效地支援了苏区的革命战争。[①]

在苏区，面对国民党反动派的封锁，红军一度面临严重的食盐短缺，为此，苏区政府鼓励各地研究熬制硝盐。红军利用《红色中华》等报刊介绍熬制硝盐的经验。中央国民经济人民委员部印发了关于怎样熬制硝盐的小册子，并积极培养这方面的人才进行实践探索，提高了食盐的生产量和质量。

（四）军事技术

革命战争年代，中央苏区根据地因地制宜发展了工业和军事技术。因根据地多处在贫瘠的山区，其工业发展主要依赖手工作坊，缺乏机器设备，基础十分薄弱。然而，在战争环境下仅靠技术落后的手工业作坊很难满足军需和民用需求。为了保障苏区根据地军需装备的供应，打破敌人对苏区的封锁，中华苏维埃政府把解决工业技术和设备问题作为重点任务，在一些军工企业中设立了技术研究委员会。技术研究委员会由技术指导人员、老工人、青年技术人员和职校毕业生组成，专门对本企业的生产技术进行研究改进。同时，苏区也兴建了一大批简单的修械所、枪械局，通过修械所招收当地群众学习军工技术和传播军工知识，并在此基础上把它们合并扩建为具有一定规模的兵工厂。兵工厂在苏区各根据地的陆续建立，标志着苏区军事工业技术的发展。与此同时，军事科技工作也在军事指挥机关、红军学校和红军各军团中开展。红军大学、红军特科学校、红军通信学校设立了专门的技术研究会，研究会针对战斗中遇到的实际问题和苏区的条件进行一些具体技术问题的研究，并取得诸如石木工事构筑技术、急行军与运输技巧、独轮车装运方法、简易防空防毒法等适用于红军运动战术的科技成果，为增强苏区军事战斗力提供了有力保障。因作战需要，

---

① 王康友主编《科学技术普及简史》，中国科学技术出版社，2012，第108-109页。

中国共产党迫切需要研制自己的枪、炮等武器和弹药。1931 年 10 月，中央红军兵工厂（又称官田中央兵工厂）在江西兴国县莲塘乡（今兴国县兴莲乡）官田村成立，红一军团后勤供给处副处长吴汉杰任厂长。吴汉杰以共产党员工人为骨干，带领工厂修理步枪、驳壳枪、机枪及迫击炮，甚至能够自己造步枪，并研制出堪比国民党军队制造的子弹的新型弹头。中央红军"兵工厂从无到有，从小到大，为前方部队配制 4 万多支步枪、40 多万发子弹，修理 2000 多挺机枪、100 多门迫击炮、2 门山炮，造出 6 万多枚手雷、5000 多个地雷"，极大地扩充了红军军需物资储备，为前线反"围剿"斗争打下了坚实基础。[①]

1933 年 9 月，国民党军队对中央苏区进行第五次大规模军事"围剿"。蒋介石采取"步步为营、碉堡推进"的战术，在苏区周围筑起几万个碉堡，企图一步步包围苏区，以便寻找红军主力决战，一举歼之。作为中央苏区东北翼的赣东北苏区，范围本就不大，敌人又在其四周修建了五六千个堡垒，依托堡垒推进，使苏区范围一天天缩小。因此，打破敌人的碉堡封锁，成了反"围剿"的当务之急。为解决这一问题，赣东北省、闽浙赣省苏维埃政府主席方志敏找到了学过电机和机械技术的刘鼎。

刘鼎原名阚思俊，四川南溪（今宜宾市南溪区）人，1920 年考入浙江省立高等工业学校电机科学习，1924 年赴德国勤工俭学，先后在柏林大学、哥廷根大学就读（图 2-2）。1924 年冬，经朱德等人介绍，刘鼎加入中国共产党，并担任中共旅欧总支德国支部的青年团书记。1926 年，刘鼎离开德国前往苏联莫斯科东方大学学习马克思列宁主义基础理论。随后，他进入苏联空军机械学校，系统学习《飞机机械学》《航空史》《气流学》等航空知识；次年，任莫斯科东方大学党总支委员、军事班党支部书记，政治常识课教员兼军事翻译。1929 年，刘鼎奉调回国，任中央特科第二科（情报科）副科长、科长，从事情报调查工作。1931 年 10 月，刘

---

① 褚君浩、崔海英、熊璐峰等：《科技探索发展之魂》，上海人民出版社，2021，第 83 页。

鼎被捕，先关押在上海龙华监狱，后监押在南京监狱，次年9月被保释出狱。刘鼎自南京出狱后，化名戴良，从上海出发前往中央苏区。他途经闽浙赣苏区，因蒋介石发动对苏区的第四次大规模军事"围剿"，通往中央苏区的交通被封锁。经方志敏劝留并征得中共中央同意，他遂留下担任闽浙赣苏区政治部组织部部长兼红军第五分校政委。①

图 2-2　刘鼎

当时敌人的碉堡在一步步向苏区迫近。敌人的碉堡很多，尽管建筑很不坚固，但用步枪打不掉它们。方志敏想请刘鼎去兵工厂指导，造出能打破敌人堡垒的小钢炮。刘鼎知道制造小钢炮的重要意义，但他仅在苏联见过火炮，并未学习过火炮制造的相关理论，甚至不了解火炮的结构。对于刘鼎的顾虑，方志敏回答得相当干脆："你还见过，我们其他同志都没有亲眼看见过（火炮）。请你努力去干吧。"刘鼎到达兵工厂后才得知，当时闽浙赣苏区兵工厂里负责制造迫击炮弹药的刘技师，是唯一接触过火炮的技术人员，但他也不懂火炮制造技术。不过，刘技师对迫击炮的结构比较了解，刘鼎和他反复研究，决定使用类似迫击炮的螺杆结构，来控制平射炮的俯仰角和左右射角。对平射炮而言，最关键的部件是身管和复进

---

① 李滔、陆洪洲编《中国兵工企业史》，兵器工业出版社，2003，第214页。

机构。兵工厂的铁匠师傅向刘鼎保证，他们能锻造出炮筒毛坯。在第一件毛坯出炉后，刘鼎提出应该对毛坯进行切削观察，确定锻件内部的金相组织情况。通过初步检验，铁匠制造的锻钢能满足切削来复线的需要。由于柱状锻钢件的外直径较小，平射炮的口径只能限制在 35 毫米左右。当时兵工厂没有机械动力驱动的机床，刘鼎就请技术最好的钳工王师傅制作螺丝冲子，通过手工锤击的方式制造来复线。第一支身管制造完成后，刘鼎又安排技术人员在炮管中装填炸药，进行火药高压试验。由此可以看出，刘鼎虽不是军工专业的毕业生，但已经深谙质量控制的重要性，并在实践中逐渐掌握了军工技术。解决身管制造问题后，刘鼎开始着手设计平射炮的复进机构。当时制式的平射炮已普遍采用液气式复进机，但考虑到苏区的现实状况，刘鼎还是在平射炮上选择了制造难度较低的弹簧式复进机。当时苏区最大直径的钢丝是 1.2 毫米的 18 号钢丝。为了最大限度提升弹簧压力，刘鼎与工人们一起将 3 股钢丝扭在一起，再盘成螺旋状。由于缺乏热处理设备，制造弹簧全凭人力。兵工厂缺乏刨床，刘鼎又和工人们反复试验，最终设计出了矩形的炮鞍架，解决了身管、弹簧和炮架结合的问题。在试制平射炮的同时，弹药设计工作也在紧锣密鼓地进行中。为保证射击距离，刘鼎坚持采用药筒结构，这可难倒了军工战士。当时，所有的红军兵工厂都没有制造黄铜弹壳的能力，更不用说制造直径达 35 毫米的炮弹药筒。但刘鼎经过了解，确认兵工厂有铸造青铜铸件的能力，于是他和工人们一起设计了铜壁较厚的青铜铸造药筒。在试射时，虽然药筒的破裂率较高，但考虑到射程要求，最终仍保留这一设计。由于 35 毫米炮弹容积有限，为了保证爆炸威力，刘鼎最初考虑在弹头内装填库存的胶状硝化甘油。但经过反复试验，他发现硝化甘油的灵敏度太高，导致膛内爆炸事故频发，因此只能请锻工师傅打造长弹头，在其中装入黑火药。在刘鼎到闽浙赣兵工厂前，工厂生产迫击炮炮弹的质量得不到保证，曾多次导致炮兵被炸伤。因此，刘鼎在设计炮弹时，特别强调安全性。他和工人们一起在弹头保险上设计了专门的保险栓，在装填前拆除，有效保证了运输中的弹药安全[1]。

考虑到闽浙赣苏区的炮兵部队此前只装备过迫击炮，而且战斗任务很重，刘鼎并未抽调炮兵战士参与平射炮的试制，而是从他熟悉的红军大学五分校调来了一班学生。这批学生在兵工厂几乎全程参与了平射炮的试制工作。通过学习和实践，学生们对平射炮的结构及性能有了全面的认识，而且他们文化水平较高、组织纪律性很强，最后成为闽浙赣苏区水平最高的炮兵部队。由于试制时间极为仓促，刘鼎并未在平射炮上设计瞄准具，但学生们在试射中，仅凭肉眼就能通过炮膛确定身管指向，因此仍达到了相当高的射击精度。就在兵工厂的技术人员认为研制已经成功时，学生们却提出了新的想法，他们希望能在实战中对平射炮进行最后的检验。为保证安全，刘鼎和学生炮手们在某天夜里携带一门火炮秘密潜伏到距兵工厂最近的敌人碉堡附近。经过仔细瞄准，学生炮手们连续对碉堡发射了3枚炮弹，在野战条件下，火炮各部件运作相当顺畅，但遗憾的是，并未出现大家想象中碉堡在烟雾中崩塌的场景。第二天，刘鼎正带着技术人员和学生炮手们研究炮弹的设计漏洞时，有民众跑到红军指挥部，报告昨夜碉堡中的敌人被打死好几个，敌方因此跑到附近村庄中抢棺材的情况。这个情报证明了35毫米平射炮的可靠性。多年后，刘鼎回想他们当时的心情是"全班高兴，全厂高兴"[2]。随后，刘鼎便成了35毫米平射炮部队的指挥员，多次指挥平射炮参与战斗，开创了中国共产党在战场上使用自主研发的火炮作战的先河。

三、研制防毒面具防御日军毒气战

毒气作为一种大规模杀伤性武器被应用于第一次世界大战，面对毒气战的巨大危害，1925年6月17日，国际联盟在日内瓦召开的"管制武

---

① 白孟宸：《红色军工传奇》，航空工业出版社，2020，第94页。
② 同①，第95页。

器、军火和战争工具国际贸易会议"通过《禁止在战争中使用窒息性、毒性或其他气体和细菌作战方法的议定书》（即《日内瓦议定书》），日本是首批 37 个签署国之一。然而，日本法西斯将毒气化学作为备战侵华的秘密武器。1927 年起，日本用两年时间将广岛县大久野岛建成日本规模最大的化学毒剂和化学武器生产基地[1]。为解决毒气原料缺乏与长途运输的困难，至 1933 年日本已斥资 1.9 亿日元在朝鲜和中国东北建设化学工厂，生产专供侵略战争的化学战剂[2]。

1931 年 9 月 18 日，"九一八"事变爆发。同年 11 月，日军将数十门装载芥子气的化学炮弹运至东北，以备进攻锦州，屠杀中国民众。1932 年 1 月 28 日，日军进犯上海，公然背弃国际公法，在战场施放毒气与烟幕[3]。与国际上紧张的毒气化学备战形势极不相称的是，面对日本毒气战，中国缺乏有效的防御手段，作为基本防护的防毒面具的生产体系仍未建立，国防化学发展更属空白。日本在上海应用毒气战后，从南京实业部中央工业试验所到上海各界，各方均投入赶制防毒面具的联合行动中。上海交通大学教授林继庸与天厨味精厂总经理吴蕴初（承制活性炭，负责总装）联合大中华橡胶厂（承制橡胶软管、面罩等）、康元制罐厂（承制药罐）、科学制罐厂（承制眼镜框），紧急制造一批防毒面具支援国民革命军第十九路军抗战。随着国人开始自制防毒面具支援抗战，防毒面具遂被中国学界、军界、政界乃至民众关注。

早在 20 世纪 20 年代，中国学界就开始关注毒气战及毒气防护。1923 年，著名药物化学家赵承嘏在国立东南大学担任化学部教授，开设了工业化学课程，他专门讲授"欧战时代之毒气及其防护"，介绍了第一次世界大战期间欧洲战场所使用毒气的种类、危害及防护办法。

---

[1] 张建军主编《日本侵华史研究》，南京出版社，2017，第 133 页。
[2] 周尚：《抗战与防毒》，商务印书馆，1938，第 30 页。
[3] 徐亮、陈红民：《〈陈诚先生日记〉中的淞沪会战》，《军事历史研究》2016 年第 2 期。

1923 年，上海交通大学专门邀请德国柏林大学化学家汤姆斯教授到上海演讲，题为《毒气及其预防法》，同济大学校长阮尚介亲自担任翻译，上海交通大学教授殷文友特意将此次演讲录发表在《南洋周刊》上。

1927 年，在美国取得化学博士学位回国不久的萨本铁，根据在国外掌握的最新的毒气化学理论与防毒措施，写成《毒气化合物》一文，分三期载于《清华周刊》"学术研究"专栏。此文的深切用意，如其"绪论"所述："列强于欧战结束后，于毒气化合物仍研究不遗余力；惟此类出版物极少，以关于国际秘密也。兹姑将所知者述之成书，冀达下列之目的：一警告当局诸公，列强欲亡吾国，易如反掌！不息内争以御外侮，瓜分当不远期！二提醒青年学者，欲实行救国，须努力研究科学！而富我民生，强我民族，保我民权，在在均须化学！三希望国内科学家，有大规模之组织，对于国防问题，切实研究！"萨本铁不仅给国内带来西方近十年毒气化合物飞速发展的消息，更向国内的当政者、青年学者和科学家发出开展国防问题与化学研究的警示。[①] 1928 年萨本铁在清华大学化学系任教，在高等有机化学课程中专门讲授煤膏燃料化学，讲述制备化学战剂的基本方法，为国内开辟国防化学研究的新方向。1931 年萨本铁领导化学系学生翻译了《毒气化学概要》（*Outline of Noxious Gases Chemistry*），其中对各种毒气构成的化学原理和制备方法的系统分析，特别对于防毒面具中活性炭、苛性石灰等吸附剂的制备方法和构成比例，以及制造化学烟幕的性质、标准公式和新公式等中国面临的迫切难题，给出了较为系统且详尽的论述。

1931 年，河南中山大学（现河南大学）的曹少华在《河南中山大学理科季刊》上面发表文章《毒瓦斯》（毒瓦斯，即毒气），文章指出：轰动一时的欧战，是科学家研究和发明的总表演，其中最出色的可以说是潜水艇和毒气。文章讲述了毒气战的历史，毒气弹的类型和使用方法，以及毒

---

① 萨本铁：《毒气化合物》，《清华周刊》1927 年第 1 期、第 2 期、第 4 期。

气的危害和防护措施。文章最后提出："在这科学突飞发展的当口，战争上亦将尽属于科学范围。不懂科学的国家定要吃亏的。所以我们不要把毒瓦斯当作洪水猛兽，噤不敢谈。须本着研究的精神，迎头赶上去。"

中央大学化学教师曹自晏听闻日军将毒气炮用于进攻锦州之事后感到十分愤慨，遂发表题为《国难中吾人对于毒气性质及防御法应用之知识》的演讲，大声疾呼："此次暴日乘我国内战未息，洪水肆虐，灾民遍野，救死拯亡不暇之时，突出重兵，抢占我东三省！屠戮我人民！炮毁我军储！盗劫我国宝！穷凶极恶！甚于野兽，为亘古未有之暴行。"他强调战时军民应该对毒气性质及其防御办法有所了解。

1931 年 12 月，浙江大学（简称"浙大"）工学院化学工程学会举办特别讲座，邀请化学家孟心如讲授"军用毒气及其防护"。孟心如介绍了毒气战争的历史，重点讲解军用毒气的化学组成、破坏性和防毒面罩的结构等内容。

1932 年，北京大学化学系教授曾昭抡提出建议："中国军队中每个士兵至少应受过二三个月防毒训练，每个公民应设法购买一具防毒面具。"曾昭抡于 1926 年在麻省理工学院化学化工系取得博士学位后回国，曾在中央大学化学系和化工科任教。在此期间，他主持开设的国防化学课程，应为中国近代高校首创的国防化学课程。课程包括炸药化学、炸药制备、炸药分析、毒气化学 4 门。其中毒气化学主要讲授"各种化学战争物品、防毒面具，及吸收剂之概述"。1931 年，曾昭抡担任北京大学化学系主任时，提出要加强国防化学研究，经过曾昭抡的精心筹划，北大化学系已具备了实验条件。军事化学课"详述欧战中及欧战后之毒气攻击与防御，并论烟雾之应用"，军事化学实验课则"练习制造欧战中施用之各种毒气及烟雾与防御剂"。曾昭抡深知，凶残的日军是一定要在中国战场使用毒气的，为了防御不得不早做准备。[①]

----

① 曾昭抡：《我们的防毒问题怎么样》，《科学》1936 年第 6 期。

1932 年"一·二八"淞沪抗战中日军频施毒气，将国防化学推至中国生存战略的核心。同年夏，国民政府教育部召开化学讨论会，根据专家建议发起成立中国化学会，特设国防化学委员会，北平、广州、上海、厦门分会也相继成立。学校方面，要求国立大学设立"国防化学讲座"进行专门研究，中山大学、北平大学、浙江大学先后设立该讲座。1932 年，江苏省立第八师范学校的华汝成将国外相关资料汇编成《毒气战争与防御法》一书并出版，《科学》杂志先后刊出有关活性炭用于防毒的性质、原理及制备方法的论文。当制造防毒面具迅速上升为中国抗击日本侵略最迫切的需求时，国内科学界对毒气化学知识的传播，无疑为该需求提供了必要的技术支撑。

"一·二八"淞沪抗战结束后，国民政府因困于经费，既未统管军民防毒面具制造，也未能设厂制造，上海的民营防毒面具制造也不得不停止。1933 年 1 月，日军攻陷山海关，华北危急，平津危急。当时在北平的清华、北大等高校的师生随即发起救亡运动。其中，制造防毒面具是以科学支援抗日、集中进行国防研究工作的重要组成部分。

1933 年 1 月，面对前线对军用防毒面具的急迫需求，清华大学在毒气化学理论基础上开始制造防毒面具的实践。新成立的清华大学机械工程系主持防毒面具、药罐、眼镜部分的总装工作，由机械工程系主任庄前鼎、教授王士倬负责；化学系负责制备活性炭等防毒药品，由化学系教授李运华负责。同年 1 月中旬开始购置冲床、压力机，经过两个星期，样品试制成功。随即承接军事委员会北平分会 5000 副、宣化各界救国联合会400 副订单，开始大规模地集中制造防毒面具。此前由女生担任缝纫、男生担任眼镜及装配工作，完成面具数百副；开始大规模制造后，雇用工人及缝纫工四五十人，每日生产面具数百副。历时一个半月，完成 6500 余副面具的制造。[1]

---

[1]《机械系试制防毒面具文书》，清华大学档案馆藏，全宗号 1，目录号 2：1，案卷号 217。

　　清华制造的面具仿制的是当时的主流——德国滤净式防毒面具，由面套、眼镜、入气口、药罐及吸收剂等构成。原料选用方面，面套质地有橡胶、帆布或皮革，但是国民政府从意大利购置的防毒面具，在中国北方寒冷的气候条件下会开裂失效。鉴于中国橡胶生产紧缺的实际情况，清华制成在两层帆布中间涂以橡胶的"橡皮布"，同样可达到阻隔毒气且不与毒气发生化学反应的良好效果。眼镜为外层玻璃、内层明角，或二层玻璃、中隔明角，不易破碎且兼顾良好的透光性。入气口用上等镀锌铁皮或铜皮，药罐用上等白铁或镀锌铁皮，面套与药罐用橡皮管连接，线缝处均涂橡胶以防漏气。药罐置于挂袋内，重量不完全施于头部，以便于行动。防毒面具药剂包括活性炭与苛性石灰，活性炭用以吸收毒气，最佳原料为椰壳，胡桃等坚果的壳次之；苛性石灰主要用以中和酸性毒气和氧化毒气，以补助活性炭的吸收能力。制造面具需要的机器包括缝制面套与装置软皮的缝纫机，制造药罐与眼镜圈的冲床，制作构件钢模具的车床，装配眼镜、药罐及螺旋头的小号手动压力机，焊接药罐和螺旋头的焊锡炉。制备防毒药剂则通过炭化炉去除椰壳和坚果壳中的挥发性物质，使其在低温下炭化，进而置入活化炉，视情况或采用低温空气活化（350～450℃），或采用蒸汽活化（800～1000℃），制成活性炭。干燥炉将苛性石灰中的水分含量从34%降至8%，以备装入药罐。用椰壳制备活性炭是制造防毒面具的核心技术，清华大学第一阶段的"试验成绩与德国相仿"。此后仍继续研制活性炭，已制成的活性炭先行保管，为下一阶段制造防毒面具储备了日臻成熟的技术和即可装置的实物。[①]

　　评估防毒面具的防护效力，需综合检验其物理效果和防毒药剂的有效性。通过让志愿者佩戴防毒面具模拟现场试验，检测制成面具与面部、眼镜与眼睛的密贴性与舒适度。把定量活性炭装于玻璃管内，以便饱和氯化苦（即三氯硝基甲烷）蒸气通过，再经电炉石英管将毒气分解，最后通

---

①《机械系试制防毒面具文书》，清华大学档案馆藏，全宗号1，目录号2：1，案卷号217。

入碘化钾－淀粉液中，检测活性炭的有效防护时间。正是通过科学的程序和严格的检验，清华在基本无经验可循的条件下赶制出防毒面具，获得了前线将士的一致认可，并填补了意大利进口产品无法在中国北方使用的空白。

非常时期的中国经济困难，清华大学制造的防毒面具既要保证技术可行，又需将成本缩减到最低，才可能批量生产。1934 年前后，德、法两国防毒面具受政府限价，每副面具价格分别为 18 马克、30 ～ 40 法郎。1937 年前后，"上海市面上出售的防毒面具，价格在 13 元以上。远远超出绝大多数人的购买力"。清华大学首次制造的防毒面具在技术方面因地制宜、因陋就简，将单副面具成本压至最低。根据预算，每副防毒面具销售价格在 2.5 ～ 3 元，批量制造价格在 2 ～ 2.5 元，购置生产设备需 2000 余元。2.5 元的销售价格已尽可能地把防毒面具控制在抗战时期军政界可承受的范围内。为支援抗战，清华大学一方面从本就拮据的学校经常费中垫付制造款，另一方面对经费不足的订购者如宣化各界救国联合会减免其欠款 200 余元。①

1933 年 4 月，清华大学赶制防毒面具的任务结束后，防毒面具的宣传和研究并未停止。庄前鼎撰文《毒气战争》普及防毒知识，特别指出："现距世界大战之期甚为迫切，而反观国内当局无预备毒气防御设备之决心。则一旦国际发生战争，唯有闻风而遁，任人宰割而已。"此时清华大学不仅积累了防毒面具制造经验，机械工程系的发展更使其得以从机械构造方面优化前次防毒面具的结构与生产工艺。

1936 年 12 月，绥远（今属内蒙古自治区）傅作义部队向清华大学提出订购防毒面具 1 万副的需求，标志着该校进入防毒面具制造的新阶段。清华机械工程系教授汪一彪、化学系教授张大煜分别负责机械结构设计部

①《机械系试制防毒面具文书》，清华大学档案馆藏，全宗号 1，目录号 2：1，案卷号 217。

分与化学滤毒技术部分，校庶务主任毕正宣负责筹备各种材料，工学院院长顾毓琇统筹全局。这次生产的防毒面具较第一阶段的多有改进。一是防毒面具从结构方面增加了出气口，修正了第一阶段面具呼出气体只能流经药罐的缺陷。呼气过药罐会降低药物吸附效能，而且呼出的二氧化碳聚积在面具内，导致佩戴者气闷、疲劳，出气口的设置则有效解决了以上问题。二是眼镜部分，原来玻璃镜片内外均覆明角片，但明角易磨损导致透光性下降。为便于前线行军，现在眼镜内加入直径较小的明角片，用粗铁丝压住，可随时取出更换；对于外层固定的明角片则涂化学药品，使其遇气体时不会起雾。三是与药罐相接的入气口部分，原来仅一层橡皮膜直接贴于铁筒上，现在铁筒外增加一层布，再增加橡皮膜使其折回紧贴于布上，使入气口部分更加严密且美观。防毒面具主体结构间的金属连接件的模具制作高度依赖经验积累，机械工程系汪一彪教授根据实践给出适用的经验规则，其适用性远超出书本理论知识。模具由两个部分组成，一为可上下运动的冲孔具（俗名"冲子"），二为固定的模子；或一为连于压机下的阳模，二为固定的阴模。通常上部冲子因日久磨损而多采用软质，易于修理；下部模子为硬质，因其较难制造以堪经久耐用。汪一彪指出，防毒面具的构造并不复杂，机械部分无特殊之处。国难日深之时，他呼吁政府、机构与国民积极投入制造防毒面具的准备工作。化学系教授张大煜提出的核桃壳制活性炭法，使核桃壳活性炭吸附毒剂的有效时间比椰壳活性炭的延长一倍，原料获取的便利性与防毒效果俱佳。[①]

从 1933 年日军攻陷山海关到 1937 年"七七事变"后北平沦陷，清华大学通过两次大规模制造防毒面具的实践，综合国产化制造方法、防毒效果、适宜国人面部特征等因素，其防毒面具制造的整体技术日臻成熟。清华自制的防毒面具已超越当时少量进口的德国、意大利产品。防毒面具的制造得到了来自军界、政界、社会团体的支持。尤其是在战时严重缺乏制备活性炭的原料的情况下，南京实业部中央工业试验所捐椰壳 100

---

①汪一彪：《防毒面具之制造》，《清华周刊》1937 年第 12 期。

吨，并支援运费百余元；上海天厨味精厂捐供制作 3000 副面具的活性炭；1936 年 11 月，北平附近的易县、房山（今北京市房山区）等地筹得核桃壳数万斤[①]，使两次大规模制造防毒面具所需的活性炭得以保证。[②]

清华大学在制造防毒面具的过程中与抗日将士建立了密切联系，先后接受了军事委员会北平分会、绥远傅作义部委托制造共万余副防毒面具的需求，并且向抗日前线部队捐赠防毒面具 750 余副，包括翁照垣部队和宋哲元、孙殿英、何柱国、商震、王以哲、徐庭瑶统率诸军各 100 副，以及西苑驻兵司令部 50 副。清华多次组织师生赴前线慰问（图 2-3），其重要使命是"调查前方所最需要之物品，俾后援知所措手"。1933 年 2 月，庄前鼎、施嘉炀、浦薛凤赴绥远了解前线需求；1936 年 11 月，朱自清等携防毒面具赴绥远慰劳前线将士，绥远省政府主席傅作义希望清华"从科学方面帮忙，如（制造）防毒设备等"。正是对抗日前方需求的了解和获得前线使用防毒面具的反馈，清华大学防毒面具的结构和制造技术得以不断改进。在制造防毒面具的同时，清华还积极试验用锌块改制锌粉（发烟剂原料）的方法制造烟幕弹。1933 年 2 月，陆军独立工兵第一团第七营请求清华大学援助发烟剂，以用烟幕掩护工兵在敌前作业。前线的紧急需求再次加速了清华的国防科研进程，不久后清华成功研制出可行的廉价锌粉制造法。在军民之间，科学技术与抗日御侮、凝聚民族精神的高度统一由此可见一斑。[③]

---

① 1 斤 =500 克

②《机械系试制防毒面具文书》，清华大学档案馆藏，全宗号 1，目录号 2：1，案卷号 217。

③ 褚士荃：《廉价锌粉的制造法》，《清华周刊》1933 年第 10 期。

图2-3　朱自清、任之恭等清华师生组成"绥远抗战前线服务团"，慰问抗战官兵
（左三为朱自清，左五为任之恭，右一为《大公报》记者范长江）

清华大学先后制造防毒面具万余副，这些防毒面具经历了战火的检验，使佩戴面具的前线将士免受日寇毒气，保障了军队战斗力，并逐步唤起国人积极投入抗日防毒气战争的意识。总体上，在"九一八"事变后至"七七事变"前这一时期，中国学界研制防毒面具的探索和实践源于科学救国的理念，是一种自发的以科学支援抗战需求的活动。当然，在此过程中，学界研制防毒面具的工作不仅满足了抗战前线的紧迫需求，也得到了国内军界、政界和社会团体的关注和支持。

四、走向抗日前线的爱国师生

1931年9月18日，日本关东军蓄意制造并发动了"九一八"事变，成为日本帝国主义侵华的开端。"九一八"事变后，中国人民在白山黑水间奋起抵抗，成为中国人民抗日战争的起点，同时揭开了世界反法西斯战争的序幕。1935年日本帝国主义迫使国民党当局接受"何梅协定"，华北危急、平津危急。在民族危亡的时刻，1935年8月1日，中国共产党起草了《为抗日救国告全体同胞书》（《八一宣言》），号召全国人民团结起来，停止内战，一致抗日救国。同年 12 月 9 日，在中国共产党的领导和号召下，"一二·九"运动爆发，掀起了全国抗日救亡的新高潮，这次运动的主力军是正在学习现代科学技术的爱国青年学生。当时北平的师生积极投身抗日救亡运动，在后方开展了募捐、慰问、研制防毒面具和烟幕弹等活动，有一些学生投笔从戎，直接奔赴抗日前线。

全民族抗战爆发后，1937 年 8 月，中共中央在陕北召开了洛川会议。会议提出要在敌后建立抗日根据地，发动独立自主的游击战争。1937 年底建立第一个敌后抗日根据地——晋察冀抗日根据地，张学渊（化名张珍）、熊大缜（化名熊大正）、汪德熙（化名汪怀常）、张方、林风、阎裕昌（化名门本中）（图 2-4）、葛庭燧（化名何普）、钱伟长等一大批学习现代科学技术的青年教师和学生，在叶企孙等知名科学家的支持下来到抗日根据地，用科学服务抗战。

图 2-4　阎裕昌（化名门本中）

张珍，河北定县（今定州市）人，1928 年在潞河中学加入中国共产党，先后就读于燕京大学化学系和辅仁大学化学系，毕业后留校任教。1937 年全民族抗战爆发后，他即回到家乡冀中抗日，不久被吕正操任命为人民自卫军第二团参谋长。随着冀中抗日根据地的壮大，1938 年 5 月，冀中人民自卫军和河北游击队合编为国民革命军第八路军（简称"八路军")第三纵队,同时成立冀中军区(领导机关设司令部、政治部、供给部和卫生部)。吕正操派张珍到北平、天津、保定等地区动员城市知识分子来冀中抗日,张珍随即到保定河北省立医学院、北平清华大学、天津南开大学(简称"南开")等地寻找关系建立地下联络通道。1938 年 4 月,熊大缜通过同学孙鲁介绍结识了张珍,随即来到冀中。

　　熊大缜,1935 年毕业于清华大学物理系,在清华大学物理系教授叶企孙的指导下,从事红外线照相等方面的研究。熊大缜到冀中后,先任冀中军区印刷所所长,为了用现代科技服务抗日需求,他多次冒着生命危险潜入已经成为敌占区的北平和天津秘密购买军火、无线电通信器材等军需物资。1938 年 7 月,冀中军区供给部正式成立后,熊大缜担任部长。有一次,在冀中坚持抗战的八路军在饶阳、安平一带的滹沱河上发现了三条货船,船上装载的是阎锡山军队丢在冀中的一批氯酸钾、赤磷等制造炸药的原料和漆包线、电线、电缆、钢材等物资,以及锉刀、锯条、各种砂轮和钻头等工具。熊大缜想用它们来制造烈性炸药,去炸毁日军平汉线、津浦线上的火车头,同时破坏敌军的交通运输线。但氯酸钾化学性质活泼,熊大缜在试制过程中遇到了困难,甚至还发生了多次爆炸事故。于是熊大缜向身处天津的叶企孙求助,叶企孙想到清华化学系也曾发生过氯酸钾爆炸事故,他猜测清华化学系的毕业生汪德熙可能知道稳定氯酸钾的方法,便介绍汪德熙到冀中根据地去和熊大缜一起研究烈性炸药。

　　汪德熙到冀中后,熊大缜成立了冀中军区供给部技术研究社。技术研究社设在一个院子里。一开始用来进行研究的设备极为简陋:在院子里的草棚子下面砌一个火炉,炉上面放一个用镀锌铁皮做的用水加热的"套锅";另有一些铁砧、铁锤和供隔离用的木板。熊大缜和汪德熙在研制氯酸钾炸药的过程中又遇到三个新的问题:一是制造氯酸钾混合炸药需要添加 TNT(三硝基甲苯),但抗日根据地极度匮乏;二是氯酸钾混合炸药用雷管引爆才能更大地发挥威力;三是要炸毁行驶中的日军火车头,还需要将普通雷管改装成电雷管起爆。为此,熊大缜又先后两次派汪德熙去天津向叶企孙求援。由于往冀中运输制造 TNT 的化学原料很困难，叶企孙动员清华大学研究生林风到天津租界秘密研制 TNT，并将其制成条块状与肥皂混合在一起运到冀中。叶企孙先后给冀中运送雷管及制造雷管需要的药品、铜壳、白金丝、起爆器等必需物品，还动员清华大学物理系技艺超群的实验员阎裕昌等人到冀中负责改装电雷管的工作。为了解决从敌占区购买军工物资和秘密运输的问题，叶企孙和熊大缜还请正在燕京大学物理系攻读研究生的葛庭燧和家在北平城里的钱伟长帮忙，并安排清华生物系练习生张瑞清往返平津与冀中，负责带路、送物等事宜。经过多次试验，这些青年终于成功试制氯酸钾混合炸药与电雷管，并且成功进行爆炸实验。

1938 年 9 月的一天，在得知一列日本军车要经过平汉铁路的消息后，这些青年学生带着工兵埋伏在保定以南、望都以北的方顺桥铁路。他们把 12 个大炸药筒埋在了一根铁轨下面，插好雷管后，把连接雷管的电线拉到离铁路约 200 米的玉米地里。眼看已经进入后半夜，突然，与铁路平行的公路上开过来一辆日军的军用卡车。根据以往的侦察，他们知道这辆卡车是探路的，便把它放了过去。不久，铁路上驶来一列火车，这是敌人为了安全安排的轧道车，目的是检查铁轨是否正常，汪德熙又没有按下手中的起爆器。大约过了 10 分钟，一列军用火车开了过来。当火车头行驶到埋炸药的地方时，汪德熙猛地按下了电键，"轰"的一声，日军的火车头被炸翻了，后面的几节车皮也跟着出了轨。

随后，在中国共产党的领导下，技术人员和士兵一起用这样的炸药前后炸毁敌军军运火车头 30 多台。有一次炸日本的军车时，一下子就炸死了 50 个敌人。吕正操称赞说："这些知识分子确实在冀中军工生产中起了很大作用。"1939 年 4 月，聂荣臻批准晋察冀军区成立军事工业部。

1940 年 3 月，晋察冀军事工业部的技术人员大胆创新，在完县（今顺平县）神南镇用当地盛产的陶土缸试制硫酸成功，创造了"缸塔法"硫酸生产新工艺，实现了重大技术突破。1940 年 6 月 30 日，八路军副总司令员彭德怀、副总参谋长左权得知晋察冀军区能够生产工业硫酸、硝酸后，即刻打电报给司令员聂荣臻表示祝贺："你们已能自造硫酸、硝酸，这是我们工业建设上一大进步，也是解决工业建设特别是兵工工业建设之主要关键。总部亦曾实验自造硫酸，但未成功。现晋东南硫黄产地为敌占领已无来源，自造不可能，边区产硫黄且已能自造（硫酸），希大量扩充以能供给全华北各工业部门，首先是（兵工）工业部门之需要为目标，在质量方面加强改进……"[1]1940 年 5 月，大岸沟化学厂正式成立，为了保密，当时对外称化学厂为"醋厂"。同年冬，化学厂被命名为晋察冀军区军事工业部化学一厂。张方在回忆录中说，当时所有人的脸上、手上都会大面积脱皮。虽然化学厂给大家发了护肤的油脂，但对于吸入酸雾导致的呼吸系统疾病，却没有特效药。不少工作者因长期在酸性环境中工作，患上肺病，咳嗽之声不绝于耳，但他们仍然抱病工作，到死也没有离开自己的岗位。

在这些科技人员的努力下，1940 年，根据地在硫酸、硝酸和乙醚等一系列化工原料的生产上取得了突破；1941 年掌握了硝化棉、单基无烟火药的压片制造技术；1942 年攻克了蒸锌炼铜的技术难题，为自制全新子弹打下了物质基础。根据地逐步形成了较为完整的武器弹药生产体系。当时主要的原材料除钢材外，其他都能立足根据地自产。1942 年 5 月，阎裕昌为掩护工厂转移，不幸被日寇所俘。凶残的敌人用铁丝穿透他的锁骨游街，他一路高呼："日本帝国主义一定失败，日本鬼子是中国人民的死敌！"最后，残暴的日寇割下了他的舌头，用活埋的方式杀害了他，阎裕昌壮烈牺牲，时年 46 岁。

---

[1] 辽宁美术出版社、晋察冀边区革命纪念馆编《人民战争必胜——抗日战争中的晋察冀》，辽宁美术出版社，2017，第 324 页。

第三节　知识分子的长征

1937年"七七事变"后，全民族抗战爆发。随着日军侵略的深入，中国的知识分子不得不迁往内地，一些高校在战时合并办学，成立了国立西南联合大学（简称"西南联大"）、国立西北联合大学等战时学校，烽火中弦歌不绝。

一、从长沙到昆明：国立西南联合大学的创建

1937年7月7日，"七七事变"爆发。同年7月28日，日军开始大规模进攻天津，日本侵略者把始终高举抗日救亡爱国大旗的南开大学师生视为眼中钉，称南开大学为"反日机关总部""排日集中点"，日军飞机对南开大学进行了4个小时的集中轰炸，之后还把军车开进南开大学，往没有炸毁的楼房浇上汽油进行焚烧，南开大学沦为一片废墟，校内重达6500公斤的校钟被日军抬走。南开大学成为全民族抗战爆发后第一所罹难的中国高等学府。

1937年8月28日，国民政府教育部分别授函南开大学校长张伯苓、清华大学校长梅贻琦和北京大学校长蒋梦麟，任命3位校长为长沙临时大学筹备委员会委员，同时决定合并组建长沙临时大学；9月10日，国民政府教育部宣布国立长沙临时大学成立；10月，经过长途跋涉的1600多名师生陆续抵达长沙；10月25日，国立长沙临时大学开学，校本部位于长沙城东的韭菜园，租用了当时的圣经学院和涵德女校；11月1日，国立长沙临时大学正式开课，后来这一天被定为国立西南联合大学的校庆日。这所临时大学囊括了清华、北大、南开3所大学原有的院系，设立17个学系。据统计，截至当年11月20日，该校在校生共有1452人，其中清华学生631人、北大学生342人、南开学生147人，新招学生114人、借读生218人；教职员共有148人，其中清华教职员73人。

一个学期后，长沙也开始面临战争的威胁，1938 年 1 月，继续西迁的工作被提上日程。20 日，长沙临时大学常委会第四十三次会议决议提前放寒假，要求师生 3 月 15 日前抵达昆明报到。1938 年 2 月 19 日，全校师生在韭菜园的圣经学院召开了誓师大会；20 日正式开始西迁工作。西迁主要分三条路线：一是走海路，由长沙经粤汉铁路到广州渡海到海防，再转滇越铁路到昆明，每人补贴 20 元，体弱者和部分女生走这条路；二是走陆路，经体检身体素质合格、体力较好的师生，由长沙乘船到益阳，再从湘西徒步穿越贵州省，凭一双脚走到云南昆明；三是坐汽车到广西转越南火车到云南昆明。还有以南开大学化工系和应用化学所为代表的师生由天津先迁重庆大学借读，再迁到昆明回归西南联大。

步行的这支队伍，全名湘滇黔旅行团，当时不少师生建议改为步行团，但学校认为旅行团较符合实情。经过体检和选拔，有 284 名学生获得批准成为湘黔滇旅行团团员。湖南省政府主席张治中委派黄师岳担任团长，另有 3 位军官分任参谋长和大队长，随团还配有炊事员和医生；教师辅导团共有 11 人，黄钰生、曾昭抡、李继侗、闻一多和袁复礼组成指导委员会，黄钰生任主席。旅行团所有团员，每人配备长沙名产大型油纸伞一把，学生一律穿草绿色制服，扎绑腿，外罩黑色棉大衣，亦有自备竹制手杖者。旅行团计划于 1938 年 2 月 19 日出发，因天气状况，实际于 1938 年 2 月 20 日才成行。旅行团在湖南沅陵留宿 10 多天，之后旅行团努力交涉争取到一些卡车，部分团员乘坐卡车，穿越湘西，平安到达晃县（今新晃侗族自治县），之后开始连日的长途跋涉之旅。这是中国知识分子第一次大规模地走出校门与社会接触，出发前，学生和教师均不甚了解中国的西南风土人情及人文历史。为此，学校便把许多关于西南地区的图书资料拆箱，让有兴趣的教师和学生自行翻阅学习。湘黔滇旅行团每 10 人左右编成一队，队伍由队长负责。旅行途中或宿营休息时，辅导团老师便结合当地的地理山川、民风民俗进行现场教学。政治学系钱能欣将沿途所见所闻整理成文，出版了《西南三千五百里》一书，为后人了解这段历史留下了翔实可靠的文字记录。闻一多指导学生收集民歌、研究地方语言，李继侗介绍云南农村的情况，袁复礼则在湘黔一带讲述河流、地貌的构造和演变。学生们兴趣盎然，边走边学；教师们慷慨激昂，沿途指点江山阐发见解。师生们在这一路上不仅学习到了许多在课本上无法学到的知识，还积累了宝贵的实践经验。此次旅行全程共计 1750 公里，行程 68 天，旅行团到达昆明时已是 1938 年 4 月 28 日。[①]

1938 年 4 月 2 日，国民政府教育部电令国立长沙临时大学更名为国立西南联合大学；5 月 4 日，国立西南联合大学正式开课。西南联合大学的成立，为昆明这座四季如春的城市带来了生气，更可贵的是，从某种意义上讲，他们带来了思想和文化的启蒙。西南联大的师生们通过内迁活动向世人展示了"誓死不当亡国奴"的决心。西南联大的教育目标是将学生培养成德智体全面发展、有"为国家社会服务之健全品格"的高级人才。

在行政组织方面，由清华大学校长梅贻琦、北京大学校长蒋梦麟、南开大学校长张伯苓和西南联合大学秘书主任杨振声组成常务委员会，作为西南联大最高行政领导机构，研究讨论学校各项重大工作。原定主席由三校校长轮流担任，实际上常委会工作一直由清华大学校长梅贻琦主持。西南联大设有校务会议和教授会，没有评议会。常委会主席同时担任校务会和教授会的主席。三校在西南联大分别设立办事处，保留原有的行政和教学组织系统，负责处理各校自身事务；三校原有的研究院（所）仍由三校自办。

西南联大集三校之规模，却仅设 5 个学院：文学院（下设中文、外文、历史、哲学、心理学 5 系）、法商学院（下设政治、法律、经济、商学、社会学 5 系）、理学院（下设算学、物理、化学、生物、地质地理气象学 5 系）、工学院（下设土木、机械、电机、航空、化工、电讯 6 系）、

① 王运来、张玥等：《战时高校内迁与教育改革》，江苏人民出版社，2022，第 183 页。

师范学院（下设国文、英语、算学、史地、理化、教育6系）。此外，还有2个专修科、1个先修班。在课程设置上，西南联大实施通识教育，重视基础课教学。西南联大允许文理学生跨系、跨院，甚至跨文理工类选课；同时规定大一时，理工生必须修国文和中国通史，文法生必修一门理科科目，考试不及格者不能毕业。给一年级学生上基础课的大都是知名教授，青年教师一般只开设专题选修课。选修课比重很大，一般占总学分的60%以上。通识教育和选修制奠定了西南联大学生合理的知识结构，使其受到良好的人文精神熏陶。

理学院算学系的教授主要有杨武之、汪泽涵、姜立夫、许宝騄、郑之蕃、赵访熊、曾远荣、华罗庚、陈省身等。算学系的必修课和战前的基本相同，选修课较战前为多，内容也较新，授课教师多由新归国的青年教授担任。这些课程，有些属于数学领域的新课程，有些则是在原有课程中添加了反映20世纪40年代学术成果的新内容。为了适应工学院的需要，算学系抽调赵访熊等三四人，在工学院成立算学科，负责为工学院学生上课。应用数学课程开始得到重视，工学院的教学水平得到提高。当时赵访熊为工学院电机、航空系开设了电工数学、高等微分方程、运算微积分等课程，这些课程可谓是最早开设的应用数学课程。

物理系共有教授10余人，包括叶企孙、吴有训、周培源、赵忠尧、饶毓泰、吴大猷、孟昭英、霍秉权、王竹溪等。物理系的课程大都由各领域具有专长的教师讲授，课程内容较为充实。如周培源的广义相对论与流体力学课程，王竹溪的热力学和统计力学课程，以及霍秉权、赵忠尧和张文裕合开的原子核物理等课程。此外，还开设了大气物理、天文物理、量子化学、量子与原子光谱等新课程。这些大多是研究生课程，并供四年级学生选修。叶企孙的学生钱伟长曾说："我有很多老师，而叶企孙先生是对我影响最深的老师。"钱伟长回忆："叶老师有口吃，还带有上海口音，但讲课的逻辑性很强，层次分明，讲物理概念的发展和形成过程特别深入，引人入胜。"1939年春，叶企孙把物理系二年级热力学的讲课任务交给钱伟长。钱伟长在 1933 年就听过叶企孙讲授热力学课程，于是应承了下来。叶企孙把他的讲义交给了钱伟长，钱伟长发现叶企孙讲义中的基本原理虽然还是熟知的热力学的第一定律、第二定律，但所引的实例完全是有关金属学的热力学性质。而在他几年前学习热力学时，叶企孙所用的实例是气体定律方面的。这反映了 20 世纪 30 年代前期，气体状态问题、蒸汽动力问题是当时工业中的热点问题。但在 20 世纪 30 年代后期，由于第二次世界大战爆发，金属学发展很快，金属的热力学性质有了长足的发展，热力学的应用重点业已转向金属学方面。钱伟长很受感动，他深刻体会到做好一个大学老师的不易，尽管每年讲同一门课，但应该随着时代发展更新基本理论的应用范围，跟上科学发展的时代步伐，这成为钱伟长一辈子讲课的指导原则。[①]

在艰苦的教学条件下，西南联大化学系的发展并没有停滞，反而在原有基础上进一步发展。除开设必修课外，化学系又开设大量的选修课，其中属于理论性的专门化学课程有生物化学、胶体化学等，属于实用性的专门化学课程有高等无机化学、高等无机分析、分子光谱、溶液理论、应用热力学、热力学、量子力学、统计力学和动力学等，总计每年开设各类课程 20 门左右。选修课程大多是教师根据自己的兴趣和专长开设的。一些新课程有时有新的科研方向引领，其优势在于能将原先的某门课程细分为多个不同方向再进行讲述。化学系就曾将一门课分成多门。由于教师众多，有些课程按教师专长分成几门开设，如战前清华化学系的工业化学在西南联大分为有机工业化学和无机工业化学两门，高等理论化学也分为量子力学、统计力学等多门。

西南联大生物系开设了二年级学生必修的普通生物学和普通动物学，这是战前北大生物系的课程，清华生物系并未开设。后又新开设选修的化学生物学。从三年级开始，将学生分为动物组、植物组。分组后，学生

[①]沈鸿敏：《爱国主义教育家钱伟长》，山西人民出版社，2019，第 211 页。

除了修习两组共同的必修课程，无需再修其他组的课程，所余学分可自由选修。

地质地理气象学系共有教授、副教授 10 余人，包括冯景兰（兼系主任）、袁复礼、张席禔、洪绂、李宪之、赵九章等。这一时期，该系陆续增设了一些新课程，如地质组的光性矿物学、岩石发生史、脊椎化石、新生代地质、地质测量等课程，地理组的海洋学、海洋气候、地球物理、大气物理、高空气象、理论气象、中国天气等课程。各组必修和选修的课程都在 10 门以上。

工学院在实用性方向上发展得较为充分。1938 年，长沙临时大学西迁昆明时，工学院各系分别自长沙、南昌、重庆入滇。政府鉴于军事上的需要，于 1938 年 7 月指令西南联大加设航空工程学系，1939 年 2 月又令西南联大设立电讯专修科。至此，工学院在规模上已拥有五系一专修科。工学院院长一直由施嘉炀担任，他还兼任清华工学院院长，该院教授通常有 30 人左右。1938 年 8 月，教育部曾令该院充分利用原设备，增设电机、机械各一班，以扩大机电工程师之训练。因此，1939 年该院在校学生增至 781 人，其中一年级新生为 367 人。但不久后由于经费不足，学生人数逐渐下降，至 1945 年底，在校学生人数减至 581 人，包括一年级新生 215 人。9 年间，工学院共有 929 名学生毕业，专修毕业生 56 人。除少数毕业生公费出国留学外，大部分毕业生在资源委员会所属各厂及交通、兵工、航空等部门工作。西南联大工学院基本上是战前清华工学院的继续（北大无工学院，南开只有化工系），课程设置与战前的相较，仅有局部的变化。由于 20 世纪 30 年代末至 40 年代初科学技术发展，从国外留学归来的教授开设了几门内容较新、具有专门性的课程。抗战初期，土木系和机械系增加了几门军事工程的课程，如土木系施嘉炀的堡垒工程和机械系庄前鼎的兵器学等。

土木系讲授主要课程的教授有施嘉炀、蔡方荫、陶葆楷、王裕光、张泽熙、李谟炽、吴柳生、王龙甫、覃修典、阎振兴、李庆海、陈永龄、张有龄等 10 余人，系主任先后由施嘉炀、蔡方荫和陶葆楷担任。这时期土木系的课程可分为测量学、结构学、设计课程、军事工程等。与此相应，该系设有结构工程、水力工程、铁路道路工程、市镇卫生工程等多个教学组。但各组所学的课程绝大多数是相同的，最多只有 2～3 门不同。在试验场地和设备方面，土木系有 4 个实验室，其中工程材料实验室是该系的主要实验室，此外还有道路材料实验室、水工实验室和卫生工程实验室。

机械工程学系是工学院规模最大、学生人数最多的系，系主任先由庄前鼎担任，后为李辑祥。先后讲授主要课程的教授有庄前鼎、刘仙洲、李辑祥、殷祖澜、殷文友、周阎骏、吴承佑、张友生、刘德慕、王师义、曾叔岳、褚士荃等。该系自 1938 年度航空工程组独立建系后，即在原动力工程组的基础上，添设关于机械制造方面的课程，力图实现战前的计划，增加机械制造工程组。课程设置方面，由于筹办机械工程组的需要，增加了一些新的（主要是技术性）课程，如金希武开设的制造方法，周惠久开设的金相热炼、工程冶金学，吴学蔺开设的高等铸工学，孟广喆开设的焊接学，宁榥开设的农业机械，殷祖澜开设的纺织工程，刘仙洲开设的气阀机关，庄前鼎开设的兵器学，具季瑶开设的工具机械、工具设计等。此外，该系还将四年级学生的大部分必修课程改为选修。

电机工程学系先后讲授主要课程的教师有赵友民、章名涛、倪俊、毛启爽、朱兰成、张钟俊、陈宗善、马大猷、范崇武、钱钟韩，以及清华无线电研究所兼任教授任之恭等。系主任先后为赵友民、倪俊、任之恭、章名涛。由于系主任更迭频繁，教授的去留也极不稳定，一般每年仅有 4 名教授左右，较之战前的师资力量有所下降。在课程设置方面，分为电力组与电讯组，电力组方面有章名涛为四年级开设的高等电力学、电力网络、电力选读等新课程。此外，由马大猷主讲的交流电机和朱物华主讲的电力传输，都采用了新的教材和讲义，增加了一些新的内容，较战前水平有所提高。电讯组增加的课程有张友熙开设的电波学、马大猷开设的传音学，叶楷开设的电讯选读，这些课程均为该组四年级学生的选修课程。

航空工程系成立于1938年，是为适应当时政治、军事需要而建立的。它与在滇的中央航空学校合作，并得到中华文化教育基金委员会和中英庚款委员会资助。开办费约12万元，清华自拨5万元。它是工学院最年轻的一个系，讲授主要课程的教授有王德荣、周惠久、金希武、刘治谨、李锦安、宁榥、丁履德、王宏基。清华航空研究所参与该系教学的兼任教授有冯桂连、秦大钧等。航空工程系的课程设置参照美国麻省理工学院航空工程系的课程设置，课程总则规定，一年级修工学院的共同课程，二年级修机械工程学系的基础课程。这时期共计开设21门课程，并按照课程的性质，设置了飞机工程与发动机工程两个组，而各组所学的课程基本相同。在这些课程中，理论课程占有重要的地位。例如在动力学方面，除秦大钧已开设的理论空气动力学外，这时期开设的课程有程本藩的流体力学，吕凤章的空气动力学、应用空气动力学，金希武的发动机动力学等5门课程。在航空工程技术方面，新增加的课程有发动机制造方法、飞机材料及实验、高等飞机结构、航空仪器、领航学、飞机构造及修理、飞机修造实习等。上述新增课程，多由从国外留学归来的教授和清华航空研究所的兼任教授开设。他们在图书和设备极为简陋的条件下，将世界各国航空工程教育发展取得的一些新成果及时引入中国，对促进国内航空工程教育发展起到了一定的作用。

化学工程系原属南开大学的一个系，工学院化学工程系的课程设置与南开大学化工系的基本相同。该系的教师有苏国桢、张大煜、张青莲、高崇熙等。苏国桢先后开设了化学工程原理、化学工程、化学概要、化工热力学、工业化学计算、蒸馏及吸收、国防化学、高等国防化学课程，张大煜先后开设机械工业化学、应用物理化学、化学德文课程，张青莲开设理论化学课程，高崇熙开设定量分析课程。这些课程占该系为三年级和四年级所开设课程的50%左右。

清华研究院理科研究所的研究设备、实验仪器较战前大为逊色。物理学部当时开设了几门课程，如周培源的流体力学课和赵忠尧、霍秉权合开的原子核物理课等。但由于实验条件极差，与战前相比，研究生大多数偏向理论计算方面的研究。当时物理学部的毕业生中，近一半的人是做激流论的。有不少研究生参加了统计力学的研究工作。化学部因必备的仪器设备和药品消耗较大而无法继续开办。生物系的研究可以因陋就简，同时西南地区的自然条件也有利于研究工作的开展，故生物系受战时影响较小。在此期间，生物学部的研究生数量最多，分为动物、植物、昆虫、植物病理、生理 5 组。其中又以研究生理的学生为多，这与当时生物系的生理实验室设备较完善和可以利用清华农业研究所的设备条件进行研究有关。此外，在室外采集标本工作方面，相较于北平时期，此时也取得了更好的进展。

西南联大时期的物质条件异常艰苦，仪器设备匮乏，图书资料短缺，经费拮据。西南联大的生活条件和办学条件的艰苦令人难以想象，但这并未压倒西南联大师生抗日救国的信念。当时的教室是铁皮屋顶，办公室基本为茅草屋，学校食堂只有几十张饭桌而无坐凳，学生只能站着就餐；图书馆不大，也很简陋，藏书不多。尽管条件艰苦，但学生读书勤奋，有很高的学习热情。没地方学习时，他们经常去茶馆看书，因此茶馆成了西南联大的第二学习场地。买不起教材，学生之间便自发地相互借让。除依靠奖学金、救济金、贷款外，大多数学生选择兼职，如教书、卖报、打工、撰文等，来勉强维持生活和学习。

西南联大时期社会物价飞涨，到了昆明以后，教授们的生活越来越拮据。吴大猷的妻子患有严重的肺病，需要喝牛肉汤食疗，可他的薪水再也买不起一碗牛肉汤，有时他不得不化装成农民，到菜市场捡剩下的牛骨头回家给妻子熬汤。为了生活，很多教授都兼职维持生计，如历史教授吴晗曾被迫把藏书典当给云南大学图书馆，闻一多则挂牌刻印章补贴家用。很多的教授为了养家糊口，在没有课的日子到城里打工兼职。教授们常常天不亮就要起床，赶七八公里的长路到学校赶第一节课。他们晚上拖着疲惫不堪的双腿回到家里，还要在油灯下做学问、写论文。王力的一部语言学专著出版了，出版社让王力去领稿费，他的夫人以为有了稿费可以阔气一番，能够乘坐公共汽车去领稿费，谁知道一本书的稿费刚够往返的车费①。费孝通在自己任教的云南大学门口摆了一个茶摊卖大碗茶，来喝茶的人有不少是他的学生或者同僚。化学家曾昭抡帮人开了一个肥皂厂，制造肥皂出售。

为了满足家庭的基本生活需求，文学院教授闻一多借贷度日，不仅拍卖了自己仅有的一件大衣，甚至忍痛卖掉最心爱的藏书，最后不得不操持起手工业——为人治印（图2-5）。闻一多准备了一张桌子，在五华山下摆摊。他才摆了一天，就被人劝回来了，有人认为大学教授在街上摆摊有失学校体面。经过争执，校长梅贻琦同意由他本人和西南联大其他11位教授联名在报纸上为闻一多发表治印广告（图2-6），让他在家里代人治印，免受摆摊之苦。②

治印广告称："秦鈢汉印，攻金切玉之流长；殷契周铭，古文奇字之源远。是非博雅君子，难率尔以操觚；倘有稽古宏才，偶点画而成趣。浠水闻一多教授，文坛先进，经学名家，辨文字于毫芒，几人知己；谈风雅之原始，海内推崇。斫轮老手，积习未除，占毕余闲，游心佳冻。惟是温麈古泽，仅激赏于知交；何当琬琰名章，共榷扬于艺苑。黄济叔之长髯飘洒，今见其人；程瑶田之铁笔恬愉，世尊其学。爰缀短言为引，公定薄润于后。——梅贻琦、冯友兰、朱自清、潘光旦、蒋梦麟、杨振声、罗常培、陈雪屏、熊庆来、姜寅清、唐兰、沈从文同启。"③

即便是主持校务的梅贻琦，其夫人韩咏华也制作了名为"定胜糕"的点心，送到食品店代销，以补贴家用。为生计所迫，许多教授不得不走出书房，寻找补给家用之途。除了学习、工作和生活条件的艰苦，西南联

---

①黄强：《旧时风雅》，华文出版社，2022，第221页。

②同①。

③中共云南省委宣传部编《闻一多舍生取义》，云南人民出版社、云南美术出版社，2022，第73页。

图 2-5　治印中的闻一多

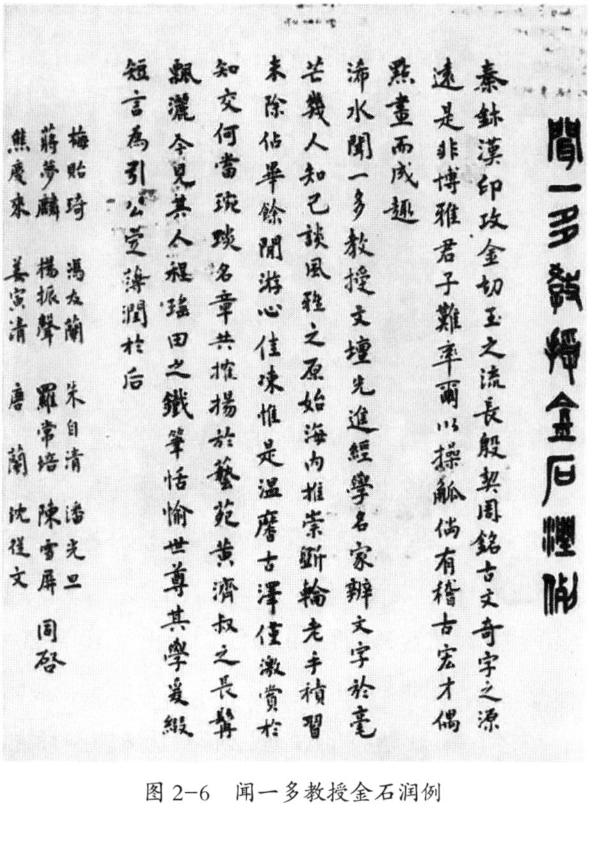

闻一多教授金石润例

秦鉨漢印攻金切玉之流長殷契周銘古文奇字之源遠是非博雅君子難率爾以操觚倘有稽古宏才偶然畫而成趣沾水閒一多教授文壇先進經學名家辨文字於亳芒幾人知己談風雅之原始海内推崇斷輪老手積習未除佔畢餘閒游心佳冻惟是溫廖古澤佳激賞於知交何當疏瑑名章共搉揚於藝苑黄濟叔之長聲飄灑今見其人裩瑶田之鐵筆恬愉世尊其學爰綴短言為引公芟薅潤於后

梅貽琦　馮友蘭　朱自清　潘光旦
蔣夢麟　楊振聲　羅常培　陳雪屏　同啟
熊慶來　姜寅清　唐　蘭　沈從文

图 2-6　闻一多教授金石润例

大广大师生还面临极其严峻的生命安全问题。即便在这样的艰难生活中，学生们依然保持学习的热情，教授们也丝毫没有放松对学问的追求，他们对教学和科研表现得比战前更为执着。这种艰难的环境，不仅磨炼了西南联大学人的意志，也培育了他们的学术品格。

二、文军长征：浙江大学四易校址落脚贵州

浙江大学的前身是创立于 1897 年的求是书院，1928 年定名国立浙江大学，设工、农、文理 3 个学院。1935 年，国立浙江大学已拥有 3 个学院 17 个学系，在校生总数为 575 人，教职工 274 人。1936 年，著名气象学家竺可桢任校长，秉持"包涵万流"的宗旨，广纳硕儒，罗致人才。全民族抗战爆发后，日本帝国主义的侵略激起了中国人民抗战的怒潮。和全国很多大学生一样，浙江大学的学生抗日情绪高涨，举行了很多抗日示威活动。对于这些活动，竺可桢和妻子张侠魂都给予鼓励并积极参加。当时学生自治会发起给前方将士捐献棉背心的活动，竺可桢下令拨出两间屋子作为缝制场所，并带头捐钱作为制作费，张侠魂还多次到现场指导。后来，学生会又发起捐献活动，他们夫妇虽然并不富足，但依然率先捐献出了结婚戒指。

1937 年 9 月，浙江大学照常开学。但日本侵略者的战火已逼近浙江，日机对杭州的轰炸日益频繁，昔日美丽的西湖胜景惨遭战火摧残，硝烟弥漫，百姓四处躲避，学生的生命安全也受到了严重威胁。清晨，浙江大学的学生刚刚开始上课，刺耳的空袭警报声便划破了校园的宁静。从早到晚，师生们都提心吊胆，惶惶不安，每天"跑警报"占去学生们大量的学习时间。根据竺可桢统计，"浙大 9 月 20 日上课至 10 月 30 日，六个星期中因警报而不能上课的时间，自晨至晚，平均为 16%；最坏为 8 点至 9 点，占 28%；次之下午 2 点至 3 点，为 22%"。因为空袭频繁，不少人急于离开杭州。竺可桢经过审慎考虑，决定把浙江大学迁到一个比较僻静的地方，以躲避日军空袭，让师生们能安全地学习生活。经过多次实地考察

后，竺可桢决定把一年级新生迁到天目山禅源寺内上课，把附设的杭州高级工业职业学校、杭州高级农业职业学校两校搬往萧山湘湖。1937年11月中旬，浙江大学决定迁往距离杭州120多公里的浙江建德（今建德市）；自11月11日始，师生们用三个晚上的时间，分3批离开杭州，每晚约200人，由校车送至钱塘江畔，登船夜行；11月15日，浙大师生到达建德后，借用林场、天主教堂、孔庙等处房屋，于11月19日复课。建德是浙大西迁的第一站。①

迁往建德不过是权宜之计，天目山、建德等地可以用来躲避空袭，但要想在敌人推进时不被占领，显然不太可能，浙江大学不得不继续西迁。因经费限制，浙江大学也不可能直接迁到重庆等后方。竺可桢听说江西泰和有办大学的条件，就和胡刚复、周承佑等浙江大学教师于当年12月初赴赣，在江西吉安、泰和等地勘察未来校址。泰和位于江西省中部偏南，赣江环城而过，竺可桢经过实地考察发现，那里的上田村有许多闲置的房屋，只要稍加修葺就可以居住，而且建德到泰和的搬迁距离也是浙江大学在当时经济能力范围内能承担的。当地政府听说浙江大学的学生要来此地避战并暂住，不仅爽快地应承下来，而且还免除了房租。于是，竺可桢决定以江西泰和为第二次迁校的地址。

1937年12月13日，南京沦陷。日寇占领南京后，为了扩大战果，将目标指向杭州。执行攻杭任务的日军第十军分三路进逼，中路第一〇一师团从吴兴出发，沿京杭国道南下，12月21日攻陷武康，12月22日攻陷德清。右路第十八师团从广德、泗安出发，一部于12月23日攻陷余杭，12月24日攻陷富阳，另一部于12月24日攻陷孝丰。

1937年12月23日，随着日军侵略的不断深入，钱塘江大桥上已经空空荡荡，远处的枪炮声清晰可辨。然而，41岁的茅以升仍徘徊在钱塘江大桥桥头。茅以升是江苏镇江人，1916年毕业于交通部唐山工业专门

①竺可桢：《竺可桢日记（第一册）》，人民出版社，1984，第163-164页。

学校 (现西南交通大学), 1917 年取得美国康奈尔大学硕士学位, 1919 年取得美国卡内基理工学院 (现卡内基梅隆大学) 博士学位, 是该校的第一位工科博士。20 世纪 30 年代前, 中国的特大桥梁都是外国人包办建造, 中国工程师插不上手, 而且那些桥梁都只有铁路而无公路。为了替中国人争气,1934—1937 年茅以升担任浙江省钱塘江桥工程处处长。1935 年 4 月, 在完成勘探、设计任务后, 钱塘江大桥工程动工。由于钱塘江的特殊地质条件, 其建桥的难度远超一般桥梁。茅以升采用了一系列先进的建桥工艺, 仅仅用了约 3 年的时间, 就在自然条件颇为复杂的钱塘江上建成了这座全长 1453 米、基础深达 47.8 米的公路、铁路双层两用大桥 (图 2-7)。钱塘江大桥于 1937 年 9 月 26 日建成通车, 这是中国人自己设计和施工的第一座现代钢铁大桥, 是中国桥梁工程史上一座不朽的丰碑。然而, 为了阻挡日寇的铁蹄, 茅以升不得不亲手炸毁由他主持设计、组织修建的钱塘江大桥。实际上, 在设计大桥之初, 茅以升就已根据当时的局势预料到会有炸掉大桥的这一天, 他在南岸第 14 号桥墩预先布置了充足的炸药, 过桥的人并不知情, 这在古今中外的桥梁史上, 无疑是空前的举措。茅以升协助军官将装好的几十根引线接到爆炸器上, 士兵按计划启动爆炸器, 轰然一声巨响, 巍然屹立的钱塘江大桥就此被拦腰斩断 (图 2-8), 这一天距离大桥建成通车仅仅过去 89 天。虽然大桥被炸了, 但是茅以升把图表、文卷、电影片、相片、刊物等各种关于大桥的资料, 都较好地保存了起来, 他坚信有一天可以亲手修复钱塘江大桥。茅以升当时愤然写下: "桥虽被炸, 然抗战必胜, 此桥必复, 立此誓言, 以待将来。"

随着日寇铁蹄的逼近, 建德也处于危险之中。经过筹划, 浙江大学决定迁出建德。浙江大学千余名流亡师生和家属在建德县城休整补课 39 天后, 又在竺可桢的带领下, 沿富春江北上, 开始了第二次长达 700 公里的艰难迁徙。这次仍是分 3 批进行, 师生们采取步行、汽车、驴车和木舟等各种交通方式向集合地——铁路枢纽江西玉山行进。学校在沿途的兰溪、金华、常山和南昌等地设立了接待站, 竺可桢则坐镇玉山指挥。竺可桢在日记中写到: "1937 年 12 月 23 日: 接齐学启电, 暂定学生于下星期

图 2-7　1937 年 9 月建成通车的钱塘江大桥

图 2-8　日寇与被炸毁的钱塘江大桥

二、三、四各日在金华等乘特快车挂车出发，但以浙省府退出故，浙赣路势必拥挤，能否如期正未可知也。下午4点开特种教育委员会，并请出发时领队诸人出席，决定明晚第一批二年级及女生，星期六晚三、四年级，星期日晚第三批一年级，每次均须船十只，由事务课偕同免票学生前往押船。至于领导，第一批梁庆椿、舒鸿，第二批陈柏青、陈大慈，第三批夏济宇及储润科，余与三院长拟于星期一出发。"[1]

此时浙江各地因战争陷入混乱，客车已停运好几天。浙江大学的师生刚到金华，便遭遇敌机大轰炸，浙赣铁路客车停开。于是他们决定分水陆两路，至江西玉山会合。全部师生在此后一周到达玉山，继而又从玉山乘火车前往江西樟树。到达樟树后，师生们再乘汽车至吉安。这样走走停停，直到1938年1月中旬他们才到达吉安。彼时正值寒假，于是他们利用吉安中学和乡村师范学校空置的校舍，上课两周，举行考试，以结束本学期学业。两个月后，浙江大学复迁泰和，设临时校址于上田村，借用大原书院、华阳书院、老村、新村四处房屋，暂且安顿下来。[2]

1938年2月，吉安中学与乡村师范学校的寒假结束了，泰和的房舍也已准备就绪，在吉安过完春节的浙大师生开始收拾行李，南行40多公里，迁往泰和乡间。在这里，浙江大学的各项事业又逐步走上正轨。浙江大学的临时驻地上田村毗邻赣江，赣江多发水灾，当地的防洪堤早已破损。为此，竺可桢与当地政府协商，由浙江大学免费提供设计、施工方面的技术指导，地方准备资金，修筑防洪堤。在当地群众和浙大师生的共同努力下，仅仅两个月时间，上田村的赣江沿岸就建起了一条长7.5公里的防洪堤。上田村的村民对浙大师生为民服务的行为赞不绝口，直到今日，还能找到这条防洪堤的闸门和涵洞，当地人称之为"浙大堤"。[3]

---

[1] 竺可桢：《竺可桢日记（第一册）》，人民出版社，1984，第182-183页。
[2] 王建军：《民国高校教师生活研究》，湖南教育出版社，2018，第503页。
[3] 李建臣主编《中国"问天第一人"——竺可桢》，华中科技大学出版社，2020，第91页。

1938 年 7 月，正当浙江大学在江西泰和的教学、科研工作有条不紊地进行时，战火又烧到了江西北部。同年 9 月，日军攻陷九江，进逼南昌。浙江大学决定再度西迁。关于迁校问题，竺可桢征询过教育部的意见，本定为迁往贵州，但因路途遥远，交通不便，加上学校经费不足，考虑再三后，迁到泰和刚办学 5 个月的浙江大学决定迁往广西宜山（今河池市宜州区）。竺可桢再次结合战况研究地图，动身去寻找新的校址。这次，他经湖南到广西，历尽艰辛，辗转奔波近一个月。其间，竺可桢的妻子张侠魂和次子竺衡不幸染上痢疾，因战时缺医少药而不幸离世。1938 年 9 月 19 日，竺可桢夜宿湖南衡阳，梦见亡妻，他在日记中写下了一首悼念张侠魂的诗："生别可哀死更哀，何堪凤去只留台。西风萧瑟湘江渡，昔日双飞今独来。结发相从二十年，澄江话别意缠绵。岂知一病竟难起，客舍梦回又泫然。"从中可以看出竺可桢对妻子张侠魂用情之深。竺可桢在日记中写到："盖六月三十日余别侠于泰和，至车站告别，十二日侠病，再十二日而余回，已奄奄一息，再九日而竟不起矣。九一八在茶陵、衡阳渡湘水，遇狂风细雨，大有秋意。今春两次来往湘赣，侠均相偕，今独来，故有感也。"①

1938 年 8 月中旬，浙江大学师生再次踏上迁移之路。由于路途遥远，物资、人员众多，不得不分批进行。学校的图书、仪器及大件行李走水路沿赣江而上，师生则携带随身行李经衡阳走陆路。1938 年 10 月底，经过两个多月、1100 公里的长途跋涉，浙大师生到达广西宜山。宜山县位于广西北部，浙江大学以文庙标营为中心，新建草棚作为教室。当时，武汉已经沦陷，但是在千里之外的宜山，除了偶尔响起防空警报，还算是一个安全的地方。这一学年，浙江大学共招生 471 人，占全国大学录取新生总数的 12%，生源大部分来自浙江大学西迁经过的省份。搬迁到宜山后，由于当地卫生条件落后，浙江大学的教师、家属和学生不适应这里的气候，很多人感染了疟疾。自 1938 年 10 月中旬起，两个月内，浙大师生患疟疾

---

① 竺可桢：《竺可桢日记（第一册）》，人民出版社，1984，第 262 页。

的人数从 10 多人增加到 146 人，到 1939 年 1 月又增加了 200 多人，几乎每家都有病人。就在这时，刚从湖北战区撤下来的 10 多万抗战伤兵中有 2 万多人被疏散到广西宜山一带。随后，广州的沦陷也迫使广州黄埔军官学校向桂北搬迁，黄埔军校第四分校奉命搬迁到宜山，宜山一时人口激增，燃料、房屋、食品尤其是药品的供应骤然紧张。

尽管条件艰苦，1938 年 11 月 1 日，浙江大学依然在宜山的晚清旧军营里正式复课。面对困厄的环境和疾病的折磨，竺可桢在开学典礼上发表题为《王阳明与大学生的典范》的演讲，并提出校训——"求是"。他在演讲中简述了明朝大儒王阳明的生平，说王阳明不但是浙江省的先贤，而且他一生的事业和江西、广西紧密相连。在先后作为浙江大学校址的吉安、宜山，他都曾经停留和讲学，因此可以说浙江大学正沿着王阳明先生昔日的足迹前行。他详细介绍了王阳明的学说，并把这个学说综合概括为三大要点，即"心即理""知行合一""致良知"，突出阐述了王阳明的"求是"精神。他说，王阳明正是以艰苦卓绝、不屈不挠的精神，成功地跨越逆境，化险为夷，成就了大功业、大学问。这种顽强克服困难的精神和屡遭诬陷却始终矢志不渝的报国之心，值得浙大师生学习。[①]

竺可桢在日记中这样写到："决定校训为'求是'两字，'求是'来源于王阳明的文字'君子之学，岂有心于同异，惟求其是而已'，'求是'译作英文是'Faith of Truth'，与哈佛大学的校训'真理'（Veritas）异曲同工。"在 1938 年 11 月 19 日第十九次校务会议上，由竺可桢提议，校务会全场通过，正式决定"求是"两字为浙江大学校训。[②] 1939 年 2 月 4 日，竺可桢发表题为《求是精神与牺牲精神》的演讲，进一步阐明了"求是"精神。他说，浙大前身最早是求是书院，现在校务会已确定以"求

---

①李建臣主编《中国"问天第一人"——竺可桢》，华中科技大学出版社，2020，第 99 页。

②竺可桢：《竺可桢日记》，载《竺可桢全集》第 6 卷，上海科技教育出版社，2005，第 615 页。

是"为校训。什么是"求是"？就是"排万难，冒百死，以求真知"。竺可桢对学生们说道："国家给你们的使命，就是希望你们每个人学成以后将来能在社会服务，做各界的领袖分子，使我国家能建设起来成为世界第一等强国，日本或是旁的国家再也不敢侵略我们。诸位，你们不要自暴自弃说负不起这样重任。因为国家用这许多钱，不派你们上前线而在后方读书，若不把这种重大责任担负起来，你们怎能对得起国家，对得起前方拼命的将士……诸位，现在我们若要拯救我们的中华民族，亦唯有靠我们自己的力量，培养我们的力量来拯救我们的祖国。这才是诸位到浙江大学来的共同使命。"①

中华之大，竟然没有一个求知青年安放课桌的地方，其中的悲愤和苦楚可想而知。21 岁的程开甲是浙江大学物理系二年级的学生，他听了竺可桢的演讲后，豁然开朗。竺可桢在演讲中列举了科学史上布鲁诺（Giordano Bruno）、伽利略（Galileo Galilei）、开普勒、牛顿、达尔文（Charles Robert Darwin）、赫胥黎（Thomas Henry Huxley）等人的作为，指出尽管现在欧美显得先进，实迄 16 世纪为止，欧美文明还远不如中国。然而，正是因为求是之心，这些科学先贤甘冒不韪。他们虽然有的为求真知被烧死，有的被囚禁，但是不改初衷，终于使真理得以大明，然后科学才能进步，工业才能发达，欧美才得先进。程开甲由此联想到了中学时读到的《巴斯德传》，法国不就是凭借巴斯德的一项科学发明，使酿酒业称雄世界、经济腾飞的吗？冥思苦想后，程开甲在笔记本上留下了两行文字：中国落后挨打的原因——科技落后；拯救中国的药方——科学救国。从此，程开甲的刻苦努力有了更为深厚的动力源泉。②

为了开展教学，浙江大学的师生除借用庙堂外，还临时搭建草棚作为教室，老师站着讲课，学生站着听课，没有课桌，肩膀上吊一块木板用来记笔记，晚上趴在床上做习题。在颠沛流离中，年轻的物理学教授王淦

① 竺可桢：《看风云舒卷》，百花文艺出版社，1998，第 132 页。
② 宋健主编《"两弹一星"元勋传（下）》，清华大学出版社，2001，第 502 页。

昌坚持进行教学与实验研究。为了满足抗战的需要，王淦昌还和教授束星北一起给学生们开设了"国防物理"讲座。王淦昌主讲枪炮设计原理、弹道及其动力学原理、飞机飞行的空气动力学原理；束星北主讲短波收发报机、无人驾驶飞机的原理。已经在相对论和核理论物理方面有一定成就的束星北，将精力投入国防武器研究，无人驾驶轮船、无人驾驶飞机、激光、雷达等都在他的研究范围内。为了支援抗战，束星北热衷研究能抗击日寇的新式武器。全民族抗战爆发前，他曾在杭州进行无线电遥控飞机研究，还在西湖做过无线电遥控船只试验。在浙大西迁途中，他见到日本飞机狂轰滥炸，十分气愤。他认为一个科学家看到自己祖国的国防如此落后，应感到耻辱。于是在西行途中，他思考设计一种能把飞机打下来的国防武器。1939 年 2 月，浙大在宜山遭受大轰炸后，国民党高级将领白崇禧来校参观。束星北当面向他提议研制新式武器以抗击日本侵略。[①]

浙江大学师生本想在宜山安定下来后，潜心办学，未曾料到日本侵略者又开始进攻华南地区。1939 年 11 月 15 日，日军在广西北海龙门港登陆，很快占领了防城、钦州和南宁，日益逼近宜山。战局突变再次使浙大师生陷入恐慌，迫于形势且为了保证师生们的安全，浙江大学不得不再次迁校。但此时浙江大学的搬迁费用已严重不足，国民政府也无暇帮助。竺可桢离开宜山到贵阳，与当时的贵州省政府主席吴鼎昌商议，准备把浙大迁到云南的建水或贵州的安顺。此时他恰遇在贵阳的陈世贤、宋麟生两人，他们力劝竺可桢将学校迁往湄潭（今遵义市湄潭区）。竺可桢听了两人的介绍后，遂到湄潭考察。时任湄潭县县长严溥泉曾在江苏任职，听说竺可桢来湄潭很高兴，召集各界人士对竺可桢表示热烈欢迎，并表示要把最好的房舍留给浙大。竺可桢综合考察湄潭的情况后，决定将浙大迁到湄潭。

湄潭县在遵义以东 50 多公里处。1940 年 1 月 16 日，竺可桢抵达遵

---

① 曲德腾、李斌编《核能丰碑自铸成　中华科技英才Ⅰ》，大象出版社，2021，第 45 页。

义，受到全城士绅的欢迎。因遵义到湄潭的公路还有部分路面和桥梁未修好，浙大师生只好在遵义临时安排的房舍内复课。同年 6 月，浙大农学院陆续迁到湄潭。9 月 22 日，竺可桢和胡刚复、费巩去湄潭察看学校房舍，次日又前往永兴察看，之后决定将滞留在贵阳青岩的大学一年级学生迁到距湄潭城北 20 公里的永兴，理学院及师范学院理科迁到湄潭县城。至此，浙江大学结束了长达两年半颠沛流离的西迁之路。至 1940 年底，浙江大学学生共有 1305 人，其中在遵义 680 人、湄潭 183 人、永兴新生 442 人。①

浙江大学在西迁期间还协助浙江省政府搬运杭州孤山文澜阁清乾隆年间的《四库全书》，途经 5 省，行程 2500 余公里，将其安全运抵贵阳附近的地母洞存放。艰苦的战争环境，长期颠沛流离的生活，锻炼了浙大师生顽强的抗争精神。在两年半的时间里，浙江大学四易校址，横穿浙江、江西、广东、湖南、广西、贵州 6 省，行程 2600 余公里，一迁浙江建德，二迁江西泰和，三迁广西宜山，最终迁到贵州遵义、湄潭，并在这里办学 6 年。②

浙大迁到遵义、湄潭后，竺可桢充分利用相对安定的环境，大力提升学校的教学科研水平。经过多年努力，浙江大学汇聚了一大批国内一流的教授。理学院有胡刚复、苏步青、陈建功、钱宝琮、贝时璋、谈家桢、王淦昌等，文学院和师范学院有梅光迪、郑晓沧、钱穆、叶良辅、涂长望、费巩、夏承焘、丰子恺等。

战时湄潭物资短缺，生活艰辛。当时湄潭县城仅有 1000 多户人家，要养活数以千计的浙大师生和家眷，还有国民政府第十七临教院、实验茶场的工作人员，以及从沦陷区逃难至此的数千人，物资紧缺、物价暴涨。

①王建军：《民国高校教师生活研究》，湖南教育出版社，2018，第 505 页。
②李建臣主编《中国"问天第一人"——竺可桢》，华中科技大学出版社，2020，第 105 页。

那时湄潭人把吃猪肉叫"打牙祭"。多数人家每月初二、十六才吃肉,农民每月还吃不到两次,一般是在过年过节时才有这个待遇。艰苦条件使浙大教授们不得不入乡随俗,吃肉少了,都说"菜根香",不仅是粗茶、淡饭、布衣裳,要是粮食不济,还得"瓜菜代"。浙江大学数学系教授苏步青一家(图2-9)与生物学系教授罗宗洛一家合住在县城南关一座叫朝贺寺的破庙中。苏步青每月350元的教授薪金,实在难以维系一家8口人的生活。于是苏步青就买了把锄头,把破庙前向阳的半亩荒地开垦出来,种上红薯和蔬菜,以弥补生活物资的不足。他每天下班回来,除了备课、研究,还要与夫人一起给地浇水、施肥、松土、除虫。苏步青小时候干过农活,对此得心应手,于是多了个"菜农教授"的美名。有一次,湄潭街上的菜馆蔬菜断了供应,他们知道苏步青那里有蔬菜,就特地派人去要了好几筐。苏步青曾作诗记述当年种菜度日的生活:"半亩向阳地,全家仰

图2-9　苏步青先生一家在湄潭

菜根。曲渠疏雨水，密栅远鸡豚。丰歉谁能卜，辛勤共尔论。隐居那可及，担月过黄昏。"苏步青子女多，经常将红薯作为主食，用水煮熟后蘸盐水当饭吃。由于营养不良，苏步青的一个儿子出生不久后就夭折了。一天傍晚，苏步青正在家里翻晒将要霉烂的红薯。竺可桢专门到他家看望，进了门便问："搬此物何用？"苏步青如实告知："这是我近几个月赖以生活的粮食。"第二年，竺可桢把苏步青作为"部聘教授"上报并获批，使苏步青的工资翻了一番，解了苏步青一家的燃眉之急。由于全家多年没有添置新装，苏步青就穿着缀满补丁的衣服走上讲台。每当他转身在黑板上画几何图形的时候，学生们常对着他的后背指指点点："看，苏先生的衣服上三角形、梯形、正方形，样样俱全！看，屁股上还有螺旋曲线！"白天，苏步青在岩洞里给学生们上课，召开数学讨论会；晚上，他就趴在昏暗的油灯前撰写学术论文，著名的《射影曲面概论》就是在无数个这样的夜里完成的。这部射影微分几何专著，至今仍被数学界奉为圭臬。"那时候连电灯都没有，不要说先进的设备了。学术研究资料也不多……讨论科学问题，经常是在晚上进行。点盏油灯，大家就坐在木头长凳上讨论。就是在这样艰苦的条件下，大家讨论得还是很热烈。"[1]

1944年李约瑟（Joseph Needham）到浙江大学访问，他在后来的文章中写到，在重庆与贵阳之间一个叫遵义的小城里，可以找到浙江大学，这是中国最好的四所大学之一，这里不仅有世界第一流的气象学家和地理学家竺可桢，有世界第一流的数学家陈建功、苏步青，还有世界第一流的原子能物理学家卢鹤绂、王淦昌。他们是中国科学事业的希望。

---

[1]平阳县政协文化文史和学习委员会编《平阳文史资料》第38辑，平阳县政协文化文史和学习委员会，2020，第18页。

三、学者入蜀：科学的星星之火点亮川渝

（一）重庆松林坡："顶天立地"的国立中央大学

国立中央大学的前身是 1902 年筹建的三江师范学堂，1921 年近代著名教育家郭秉文倡导组建国立东南大学，1928 年定名为国立中央大学。国立中央大学是全民族抗战爆发前规模最大、学科最全、教授数量最多的大学。校长罗家伦很早就意识到战争一旦打响，国立中央大学必定要内迁。1935 年罗家伦就曾前往重庆进行实地考察，他了解到重庆并没有医科院校，而地处成都的华西协合大学因蜀地险远而得以保全。1937 年 7 月 17 日，蒋介石发表庐山抗战声明，罗家伦当即向蒋介石提议，应该把东南沿海的高校内迁到西南地区，以备日后需要。罗家伦返回南京后，命令木工日夜赶制大小木箱，开始做迁校的准备。1937 年 8 月 15 日，日本飞机首次轰炸南京时就以中央大学为目标，特别是中央大学的大礼堂。在接下来的数日轰炸中，日本飞机一共向中央大学投弹 7 枚，导致 7 人丧生。在轰炸后，罗家伦一方面命令法学院院长马洗繁等人赶赴重庆、成都等地勘察新校址，另一方面与民生轮船公司的老板卢作孚商量装运图书和仪器入川的事宜。① 当时民生轮船公司负责运送内地开赴战场的军队，一抵达南京即西上返回四川，因此这一批客运船只便有空余运能免费提供给中央大学。

1937 年 10 月下旬，中央大学本部全部迁往重庆，重庆大学将嘉陵江畔的松林坡转借给中央大学兴建校舍。就是这一排排低矮的教室和简陋的宿舍，接纳了历尽千辛万苦、长途跋涉的中央大学师生。中央大学于 1937 年 11 月 1 日开学上课，并在这里度过了艰苦的八年岁月。当时，"顶天立地"和"空前绝后"这两句话在松林坡广为流传。"顶天"，即下雨没有伞，光着头淋雨；"立地"，即鞋袜磨破，赤脚着地；"空前绝后"，

---

① 苏智良、毛剑锋、蔡亮等编著《中国抗战内迁实录》，上海人民出版社，2015，第 217 页。

即大学生衣服前膝或后臀部破洞，衣衫褴褛。这是战时大学生真实的生活写照：穿不暖，吃不饱，住的是黄泥糊的竹笆屋，睡的是"统舱"，几十乃至上百人住在一间屋子里，拥挤不堪，潮湿异常，加之重庆气候闷热，蚊子、臭虫繁殖特别快，疟疾病人尤其多，中央大学师生几乎人人都有疟疾病史。由于长期营养不良及医疗卫生设备差，师生中肺结核、肝炎、肠炎的发病率很高。1944 年 12 月成都《新新新闻》报以《教育上一严重问题——沙坪坝肺病蔓延》为题，报道了中央大学师生的健康状况。中央大学是当时国民政府管理下的第一号高校，即便如此，该校师生也面临衣食不周的困境。由此可见，抗战时期内迁高校生活之困苦。①

（二）重庆北碚：中国西部科学院——抗战时期的"诺亚方舟"

1930 年，著名爱国实业家卢作孚在重庆北碚创办了中国西部科学院。1937 年，全民族抗战爆发，在卢作孚和西部科学院的鼎力帮助下，中央研究院动物研究所、植物研究所、气象研究所，经济部中央地质调查所、中央工业试验所，农林部中央农业实验所、中央林业实验所、中央畜牧实验所，中国科学社生物研究所，国立江苏医学院等科学教育机构迁至北碚。一时间，钱崇澍、王家楫、黄汲清、杨钟健、李善邦、丁燮林等知名科学家汇聚北碚，中国科学文化的精华得以保存和延续，北碚也因此成为大后方科技文化中心之一（图 2-10）。

① 中国人民政治协商会议西南地区文史资料协作会议编《抗战时期内迁西南的高等院校》，贵州民族出版社，1988，第 243-255 页。

图 2-10　1943 年，李约瑟拍摄的战时中国科学家在北碚的合影 [1]

（一排左起为王家楫、钱崇澍、饶钦止、刘建康，二排左起为倪达书、

陈世骧、杨平澜、王致平，三排左一为伍献文）

中国科学社生物研究所由于不是国立科研机构，因此未能得到政府经费拨款。为了维持中国科学社生物研究所初步形成的科研队伍，所长钱崇澍带领大家种菜、养猪等，还和一些高级职员到外面兼职授课，用所得平价米来补贴生活困难的职工，以维持最低限度的生活水平。在中国西部科学院和卢作孚的帮助下，中国科学社生物研究所得以正常运转。在这种极端艰难的环境中，钱崇澍坚持研究工作，在青城山一带采集了大量植物标本，写出了《四川北碚植物鸟瞰》《四川的四种木本植物新种》《四川北碚之菊科植物》等论文，为科学研究和教育事业提供了宝贵的资料。

1943 年，中国西部科学院联合内迁北碚的 10 余家科研机构在北碚创建了中国西部博物馆。该馆展出了地理、工矿、农林、生物、地质、医药卫生等多个学科的内容。为鼓舞士气，中国恐龙研究奠基人、中央地质

---

[1] 本图经剑桥大学李约瑟研究所授权使用。

调查所古生物研究室脊椎古生物组主任杨钟健在此完成了"许氏禄丰龙"的骨骼形态复原（图2-11），它是第一具由中国人自己发掘、研究、装架的恐龙化石。"许氏禄丰龙"的站立姿态象征着中国人民在抗战中展现出的英勇不屈和必胜之心。"许氏禄丰龙"骨骼形态的成功复原不仅彰显了战时科研成果，而且向广大民众传播了科学知识。

图2-11　杨钟健发掘的"许氏禄丰龙"在重庆的组架现场

（三）成都：中央大学医学院和"五校"齐聚华西坝

中央大学医学院没有和中央大学本部一起迁往重庆，而是迁到成都，受到在成都华西坝的华西协合大学的欢迎和接纳。罗家伦派蔡翘和郑集两位教授到成都，与华西协合大学接洽医学院搬迁的事宜。在民族危难之际，为使友校不致停办，学子不致辍学，华西协合大学敞开怀抱接纳友校及其逃难的师生。郑集将其一手建立的生化科的两个新实验室拆散后内迁成都。中央大学医学院借用了华西协合大学医学院的部分房舍（图2-12），郑集带领中央大学生化科加入华西协合大学生化科。

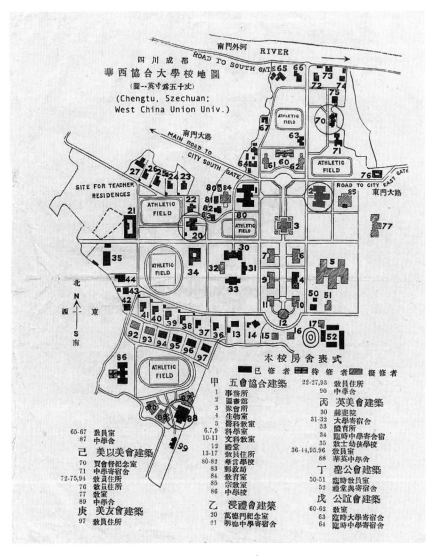

图 2-12　华西协合大学平面图

（该图由华西协合大学老校友曹国正先生，即曹振家医生之子提供）

1939年，抗战进入战略相持阶段，中国落后的医药卫生条件导致大量民众死亡。为了应对抗战给医学研究带来的迫切需求，中央大学医学院院长戚寿南向校长罗家伦和教育部提出申请，要求成立生理学研究部和公共卫生学研究部，这两个研究部分别由生理科主任蔡翘和公共卫生科主任李廷安负责。①

与中央大学同期迁往成都的还有金陵大学、金陵女子文理学院、齐鲁大学等原位于东部已经沦陷和即将沦陷地区的大学。1941年珍珠港事件爆发后，燕京大学师生一路颠沛流离，于1942年辗转来到成都华西坝复校。华西协合大学、金陵大学、金陵女子文理学院、齐鲁大学、燕京大学5所高校，合称为"华西坝五校"，中央大学医学院和这5所学校相互支撑，共同开启战时教研岁月。

在华西，中央大学医学院、齐鲁大学医学院和华西协合大学3所高校的生化科联合办学，但仍保持相对的独立性，华西协合大学生化科主任蓝天鹤在其中给予了很多帮助。郑集复建了中央大学医学院的生化科并担任主任，和他一起工作的有李学骥、唐愫、韩国麒、王正宇、唐成功等人，不久周同璧、任邦哲也来到中央大学医学院生化科，大家同仇敌忾，怀着抗战必胜的信心开展教学和科研工作。

1939年10月，经国民政府教育部批准，迁往成都的金陵女子大学与华西大学女子学院合设家政系，分为儿童福利、营养、应用艺术3组。金陵女子大学校长吴贻芳提倡用知识来解决战时面临的实际问题，将办学与服务社会紧密结合。为此，课程被设置为两类：一类注重家庭管理与家庭经济，一类注重食品营养与卫生。1939年春，金陵女子大学在距成都100多公里的仁寿县设立了农村服务处，下设妇婴组、幼儿教育组、挑花组和种鸡改良组。其中家政系承担了大量的工作，服务当时的社会需求。吴贻

①《关于成立生理学与公共卫生学研究两部申请》，南京大学档案馆藏，档案号：01-ZDLS-2475。

芳在1941年寄出的一封信中提到："家政专业广受欢迎，已成为金陵女子大学第三大专业，学生修读人数仅次于社会学系和英文系。"[①]

燕京大学迁至成都后，校长梅贻宝的夫人倪逢吉建立了营养、儿童发展两个专业[②]，旨在使人们，尤其是主妇了解饮食原则与营养知识，改善日常的膳食，以期使战时民众达到标准的健康水平。

根据郑集回忆，抗战期间，他曾多次受邀前往燕京大学家政系讲授生化营养课程，并做题为"我国战时国民的营养问题"的讲座。[③]

（四）李庄：扬子江畔的学术根脉

抗战期间，四川宜宾的李庄（今宜宾市翠屏区李庄镇）接纳了10余所大学和科研机构，包括同济大学、中央研究院的一些研究所及中央博物院、金陵大学文科研究所、中国营造学社、北京大学文科研究所等。一时间，小小李庄的街头巷尾迎来了梁思成、陶孟和、李方桂、李济等一批国内顶尖学者、大师。这些学者在李庄开展战时学术研究和教学活动。

1. 六次迁校的同济大学

同济大学在抗战时期辗转六次迁校，中途甚至转道越南，是抗战期间搬迁次数最多、行程最远、迁校过程最为曲折的大学之一，谱写了抗战史上文军长征的壮丽史诗，成为一座不朽的战时丰碑。

同济大学前身是德国人在上海创办的宝隆医院和贝伦子工程学院，后由北洋政府收归国有，20世纪20年代更名为同济大学，是一所拥有医、工、理学院的大学，其教学采用德语和德国图书、仪器。1937年8月

---

① 黄建伟、曹露主编《知识界的抗争》，江苏人民出版社，2015，第107-108页。
② 陈远：《燕京大学（1919—1952）》，浙江人民出版社，2013，第168页。
③ 郑集：《郑集科学文选（1928—1992）》，南京大学出版社，1993，第147，290页。

13 日，日军在上海制造"八一三"事变，轰炸了同济大学吴淞校园（图
2-13）。同年 8 月 28—29 日，日本飞机接连在吴淞校园投下重磅炸弹，
美丽的校园变成一片废墟，于是同济大学决定内迁。同济大学仓促南迁，
千里辗转，曾先后迁到浙江金华，江西赣州、吉安，广西贺县八步镇（今
贺州市八步区）。在同济大学第五次迁校到云南的过程中，全校师生分两

图 2-13　1937 年刊载同济大学被炸毁消息的中外简报

路行进。一路是女学生、患病学生和教职员工，他们乘汽车经柳州、南宁到龙州；另一路是男学生组织的步行队伍，他们翻山越岭到达南宁后乘船到达龙州。两路人马在龙州会合后，再乘汽车经凭祥出镇南关，后经越南到达昆明。

1940 年秋天，日军对昆明的空袭日益频繁，当时中国唯一的一条国际运输线——滇缅公路也被切断，同济大学不得不考虑第六次迁校。同济大学校方委托老校友、宜宾中元纸厂厂长钱子宁在川南一带寻找新校址。但是宜宾城区先前因为难民的大批涌入，此刻早已人满为患，无力安置。钱子宁一开始选定南溪县城，因为当地的大量空房可以作为校舍，而且交通也较为便利。然而当地士绅却担心大量人口涌入会导致物价上涨，消费水平提高，对此不予支持。南溪县李庄镇士绅罗伯希、王云伯、张鼎臣等人得知同济大学的尴尬处境后，立即召集李庄各界人士商议，最终决定欢迎同济大学迁入李庄，并发出一纸电文——"同济迁川，李庄欢迎；一切需要，地方供应"。这一消息当即让无处可去的同济学子感受到雪中送炭般的温暖和体贴。随后不久，同济大学随同中央研究院和中央博物院一起派员到李庄考察办学环境和条件。

1940 年 10 月，同济大学迁至李庄。此前迁校，同济大学停留当地的时间最长的仅为 8 个月，最短的甚至不足 100 天，然而，同济大学在李庄一待就是 5 年。同济大学等高校初迁李庄时，李庄一下子要安置上万名外来人口实属不易。但是性格豪放的李庄人居然想出了一个办法——给神像搬家。他们将当地几所土地庙里的神像全部用滑轮吊出，集中安置。专管一方土地命运的"神仙"被请出正殿，而手执教鞭的师长和莘莘学子高坐堂上，真正体现了"师为重，神为轻"。同济大学学子对李庄百姓也予以了相应的回报。迁至李庄后不久，同济大学工学院立即从宜宾架引电线，使李庄这个僻远小镇比县城早 10 多年通了电。①

---

① 苏智良、毛剑锋、蔡亮等编著《中国抗战内迁实录》，上海人民出版社，2015，第 219 页。

2. 中国营造学社

中国营造学社是迁至李庄的科研机构之一。中国营造学社的前身为1929 年在北京创办的"中国营造学会"，创始人朱启钤因深感传统建筑技艺面临失传危机，遂以抢救性研究为目标，开启了中国古建筑系统研究的先河。"中国营造学会" 1930 年更名为"中国营造学社"，内设营造法式、营造文献两组，分别由梁思成和刘敦桢主持，研究古建筑形制和史料，同时开展大规模的中国古建筑田野调查工作。1932—1937 年，学社成员以现代建筑学科学严谨的态度对当时中国大地上的古建筑进行了多次勘探和调查，搜集到了大量珍贵的数据，其中很多数据至今仍有极高的学术价值。

全民族抗战爆发后，中国营造学社被迫南迁，辗转武汉、长沙、昆明，最终落脚在四川宜宾的李庄。营造学社坐落在长江边上几间四面透风的农舍里，这里也是梁思成、林徽因夫妇的家。梁思成请来当地的木匠，做了几张"半原始的白木头绘画桌"便摊开资料，开始撰写《中国建筑史》。其子梁从诫回忆："辗转几千公里的逃难，我们家几乎把全部细软都丢光了，但是，战前父亲和营造学社同人们调查古建筑的原始资料——数以千计的照片、实测草图、记录等等，他们却紧紧地抱在胸前，一张也没有遗失。"四川的冬天阴冷潮湿，林徽因的旧病又发作了，无休止的咳嗽让她卧床不起。梁思成的脊椎病也越来越严重，"颈椎灰质化病常常折磨得他抬不起头来，他就在画板上放一个小花瓶撑住下巴，以便继续工作。而母亲只要稍微好过一点，就半坐在床上，翻阅《二十四史》和各种典籍资料，为书稿做种种补充、修改，润色文字。今天，还可以从当年那些用土纸写成的原稿上，看到母亲病中的斑斑字迹"。一天，12 岁的梁从诫问母亲："如果日本人真打进四川，你们打算怎么办？"林徽因答道："中国念书人总还有一条后路嘛，我们家门口不就是扬子江吗？"①

---

① 梁从诫：《不重合的圈》，百花文艺出版社，2003，第 58 页。

第二章

奋起：战时科学研究的开展

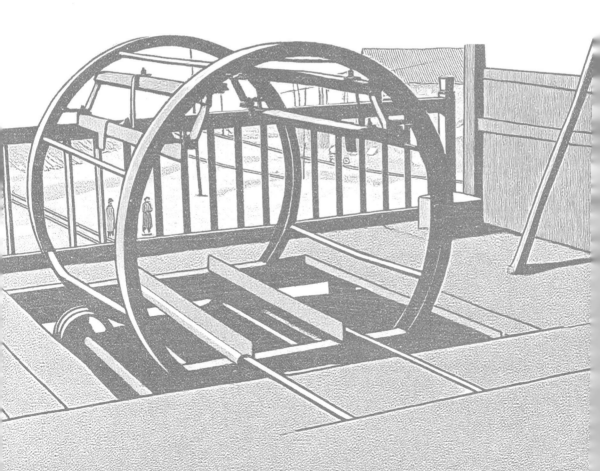

1937 年 7 月 7 日"七七事变"爆发，全体中华儿女奋起抵抗日本帝国主义侵略，以誓死的决心构筑起抵抗侵略者的钢铁长城。

毛泽东以高瞻远瞩的眼光指出："日本的军力、经济力和政治组织力是强的，但其战争是退步的、野蛮的，人力、物力又不充足，国际形势又处于不利。中国反是，军力、经济力和政治组织力是比较地弱的，然而正处于进步的时代，其战争是进步的和正义的，又有大国这个条件足以支持持久战，世界的多数国家是会要援助中国的。"

1937 年 7 月 17 日，蒋介石在庐山发表了抗战声明："如果战端一开，那就是地无分南北，年无分老幼，无论何人，皆有守土抗战之责，皆应抱定牺牲一切之决心。"

第一节　科技事业在抗战大后方的全面展开

1937 年"七七事变"后，全民族抗战爆发。随着日军大举入侵中国，日本侵略者铁蹄所至之处，生灵涂炭，文物屡遭焚毁，中国遭受了前所未有的重大损失。为了长期抗战，战区内国民政府所属的教育与科研文化机构经历了内迁的痛苦历程。英国和美国资助、管理的教育科研单位如燕京大学、北京协和医学院、上海雷士德医学研究所等则暂时留在原址，照常进行教学和科研工作，直至珍珠港事件爆发后才被迫迁往大后方。内迁后的各院所纷纷结合战时社会的实际需要，调整研究计划。这种研究方向的重大转移体现在两个方面：一是结合抗日战争的实际需要，各学科特别注重科学在国防军事和工业生产方面的应用研究；二是结合开发西南、西北大后方各地资源，支援后方工农业建设的需要[①]。

一、抗战大后方的战时科研体系

基于持久战的实际需要，国民政府和科学家也在思考抗战救国的策略。在国民政府和科学家的共同努力下，中国抗战大后方的战时科学体系逐渐建立起来。

国民政府的科学体系参见图 3-1。与军事科技相关的研究机构主要有军事委员会和国防部共同管理的航空委员会和兵工署及其下属的中央兵工研究所、兵工厂，军事委员会下属的军医署，国防部下属的陆军医学研究所、陆军军医学校、陆军急救训练学校、陆军医院等机构，以及国民政

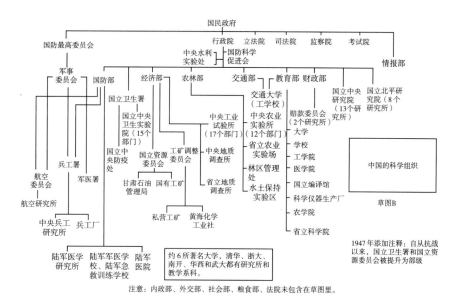

图 3-1 国民政府的科学体系图（据李约瑟 1943 年绘制图）

---

①张瑾、张新华：《抗日战争时期大后方科技进步述评》，《抗日战争研究》1993 年第 4 期。

府行政院直接领导的国防科学促进会。非军事相关的科技事业主要依托国民政府行政院下属的相关部门展开。其中，包括国立中央研究院（13 个研究所）、国立北平研究院（8 个研究所）2 个国立科研机构，国立卫生署下属的国立中央卫生实验院和国立中央防疫处，经济部下属的中央工业试验所、中央地质调查所、省立地质调查所、工矿调整委员会、国立资源委员会等机构，农林部下属的中央农业实验所、省立农业实验场等机构，教育部下属的大学和研究院，以及直属行政院的中央水利实验处。这些机构共同构成了抗战大后方的战时科研系统。

（一）北平研究院

研究机构分理化、生物、人地 3 部，设物理、化学、镭学、药物、生理、动物、植物、地质、历史 9 个研究所和测绘事务所。除药物、镭学2 个研究所设于上海外，其余各所均设在北平。

1937 年 7 月，全民族抗战爆发后，北平研究院启动搬迁计划。副院长李书华于 1938 年在昆明成立北平研究院总办事处，将物理、化学、生理、动物、植物、地质、历史 7 个研究所迁至昆明，历史研究所的部分人员迁至西安。北平研究院在西安与北平大学、国立北平师范大学、国立北洋工学院共同组成了国立西北联合大学。药物、镭学 2 个研究所的人员暂时留在上海的法租界内继续工作。①

"七七事变"爆发时，物理研究所所长严济慈正代表中国出席在法国巴黎召开的国际文化合作会议，他在会上强烈谴责日本帝国主义的侵略罪行，并呼吁国际社会制止日寇企图轰炸北平的军事行动。他在接受法国《里昂进步报》记者采访时说："中国人民的抗战是正义的事业，不管战争要持续多久，情况多么险恶，最后胜利必将属于中国人民。我将和四万万同胞共赴国难。我虽一介书生，不能到前方出力，但我要和千千万万中国

①张逢、胡化凯：《北平研究院镭学研究所的研究工作（1932—1948 年）》，《中国科技史杂志》2006 年第 4 期。

的读书人一起，为神圣的抗战奉献绵薄之力。"会议结束后，严济慈已无法回到沦陷的北平，便从香港绕道抵达昆明。在他的建议和推动下，北平研究院物理研究所迁至昆明。严济慈选择昆明北郊黑龙潭的一座破庙作为物理研究所的办公地点。在这座破庙中，严济慈对研究所全体人员说："现在是战时，侵略者破坏了我们从事科学研究的条件，使得每一个爱国的中国人都不能袖手旁观了，鉴于战时大后方非常缺乏和需要军用通信工具和医疗器械，我决定带领大家动手研制压电水晶振荡器、显微镜和各种光学仪器。"抗战时期，无线电台和军用无线电收发报机使用数量日益增多，各电台之间相互干扰的现象越来越严重，迫切需要优质的无线电稳频器。严济慈带领物理研究所的科研人员钱临照、林友苞、钟盛标等人，不仅先后向资源委员会中央无线电器材厂、军政部电信器材修理厂和中央广播事业管理处提供了各种厚度的优质水晶振荡片 1000 余片，还为驻昆明的美军和驻印度的盟国英国皇家空军提供了数片急需的水晶振荡片。这些振荡片在稳定无线发报机波频方面发挥了很大作用，极大地提升了战时中国的电信技术。[1]

北平研究院的其他研究所也根据抗战需要和战时条件调整了研究方向。化学研究所所长刘为涛、周发岐为适应抗战需要，着重于应用研究，例如木材干馏、人工汽油制造、飞机机翼涂料制造、酱油速酿合成试验等。1941 年 12 月太平洋战争爆发，药学研究所在代理所长庄长恭带领下搬迁到昆明。庄长恭在昆明对生物体内的激素等活性物质进行研究，纪育沣在昆明从事抗疟素的化学合成研究，旨在开发有效的抗疟药物，为抗战提供了重要的医疗保障。[2]

---

[1] 张佳静：《"完全转向战时工作"——记国立北平研究院物理研究所科学家们的抗战》，《科技日报》2015 年 8 月 4 日第 5 版。

[2] 赵匡华主编《中国化学史近现代卷》，广西教育出版社，2003，第 279 页。

（二）航空委员会

航空委员会前身为 1925 年 7 月广州国民政府军事委员会成立的航空局，北伐战争胜利后，改组为军政部航空署。1934 年 5 月，航空署扩大编制改组为航空委员会，实际负责国民政府辖下军、民航空业务。全民族抗战爆发后，航空委员会先迁至汉口，后又迁至成都。1941 年 12 月 9 日，国民政府主席林森签署发布《中华民国政府对日宣战布告》，正式对日本、德国、意大利宣战。实现飞机自制与量产成为航空主管机构当时最重要的任务。国民政府辖下的航空主管机构因航空技术的逐步引进与发展及战事需要而逐步扩张并复杂化，战前原有的几个修护单位因任务需要或扩编或合并，另又增设若干重要生产工厂与技术研究单位。航空委员会是抗日战争时期中国航空事业发展的主要领导机构，蒋介石自兼该委员会的委员长，中央航校校长周至柔担任委员会主任，宋美龄担任秘书长。[①]

抗战期间，航空委员会在成都成立航空研究所，建所初期，技术业务分器材、飞机、空气动力学 3 个组，主要解决国内航空器材的研发应用问题。航空研究所初建时，没有集中的办公地点，各机构散布在成都城西。1942 年后，除风洞外，其他机构集中搬迁到成都东门外新建的场所。

1941 年 8 月 1 日，航空研究所扩大为航空研究院，由航空委员会副主任黄光锐兼任院长，实际上由副院长王助负责研究院相关工作，设置器材、理工 2 个系。器材系下设器材试验、竹木试验、化工、电器、仪表、金属材料、兵器 7 个组；理工系下设空气动力、结构、飞机设计、试飞、发动机 5 个组。理工系还附设飞机试造场和飞机工场。航空研究院研究人员都具有理工大学本科及以上学历，还聘请了 10 名专家作为委托研究员，其中有在美国任教的钱学森和英国学者李约瑟。航空研究院先后取得了一系列研究成果，最具代表性的是基本利用国内资源研制的研教 -1 型、研

---

①中国航空工业史编修办公室编《中国近代航空工业史（1909—1949）》，航空工业出版社，2013，第 87 页。

教 -2 型教练机和研滑 -1 型滑翔运输机；研制成功的航空材料与零组件有麻布、火花塞、层板、层竹、麂皮、皮革、酪胶、油漆、层竹副油箱等。[①]

此外，航空委员会还对国内其他机构的航空研究给予资助，如前文提到的清华大学特种研究所中的航空研究所。

（三）兵工署

兵工署成立于 1928 年 11 月 11 日，直隶于军政部，掌理全国兵器弹药制造及有关兵工的一切建设事宜。1933 年 10 月，兵工署进行组织调整，设资源司、行政司和技术司。1934 年 7 月，陆军署军械司划归兵工署。1935 年 6 月 25 日，军政部公布的《军政部组织法》规定，兵工署掌兵工技术、军火制造、军械行政，设署本部、制造司（原行政司）、技术司和军械司[②]。1933—1946 年，俞大维任兵工署署长，他在任时对所属兵工厂竭力整顿，如购置新式机器、调整人事、改进沈阳兵工厂与汉阳兵工厂等，这些举措均为时人所称道。

1937 年全民族抗战爆发后，兵工署随国民政府机关的搬迁向内陆转移，1938 年 10 月其重心转移到重庆。1940 年 2 月，修正公布的《军政部组织法》规定，兵工署掌理兵工技术、军火制造、军械行政，下辖应用化学研究所、弹道研究所、材料研究所等研究机构。抗战时期，兵工署在大后方积极建设兵工原料厂，重点生产军用钢材和火药，推动了西南地区的工业发展和科技进步。

在应用化学研究方面，兵工署在全民族抗战爆发前主要有有机化学、物理化学、生理化学、工程及编译五组，分司毒气、防毒、治疗、兵器设

---

① 周日新、孟赤兵、李周书等编著《中国航空图志》，北京航空航天大学出版社，2008，第 93 页。
② 施宣岑、赵铭忠主编《中国第二历史档案馆简明指南》，档案出版社，1987，第 86 页。

计及编制教材等工作。全民族抗战爆发后，应用化学研究所的工作均以军事为主，分三个方面进行：一是化学兵器的制造，二是化学兵器及利用国产原料的研究，三是化学兵种的训练。其中，化学兵器制造研究主要包括纵火器材、防毒靴、毒气侦检器、侦检纸、防毒衣、防毒口罩、防毒面具等，化学兵器及利用国产原料的研究主要包括防毒衣、活性炭、面具材料、毒气治疗、西药试制、氯酸钾炸药、工业原料、战利品及杂项等，化学兵种训练主要包括汉湘训练、泸县训练、训练视察及编制化学战教材等。[1]

在新型合金钢的研制方面，兵工署以材料试验处为基础，筹建专门的合金钢工厂，1940 年 7 月要求材料试验处与各兵工厂加强联络以推进合金钢研制工作，1941 年 3 月成立合金工厂筹备处。周志宏等技术人员选用南充、威远等地的优质黏土自制坩埚，并建成坩埚炼钢车间，至 1942 年 4 月累计出产各类合金钢 10 余吨。

在炸药和火药生产技术改进方面，兵工署改由第二十三工厂维持无烟火药的生产，并筹建第二十六工厂以填补炸药生产能力的不足，同时对黑火药等其他火药的生产工艺进行调整和优化。

在兵工原料生产技术研究方面，兵工署充分发挥军用钢材厂的优势，构建起涵盖采矿、冶铁、炼钢、轧钢等工序的完整生产体系，推动了抗战大后方兵工业的生产发展和技术进步。

在枪械生产工艺改进方面，在 1944 年 10 月的步枪材料小组会议上，针对枪钢报废率高的问题，李博士建议各枪厂制定统一的用料标准，会后各枪厂统一用料标准并严格规范工艺流程。至 1944 年 11 月底，枪钢报废率降至 10% ~ 15%。[2]

---

[1]《军政部应用化学研究所工作报告》，中国第二历史档案馆藏，全宗号 774，案卷号 4388。
[2] 高翔：《全面抗战时期国民政府的兵工原料生产——以军用钢材和火药为中心》，《抗日战争研究》2024 年第 4 期。

（四）军医学校

军医学校前身为 1902 年时任北洋大臣的袁世凯于天津东门外海运局创立的北洋军医学堂；1912 年中华民国成立后，改为陆军军医学校；1928 年北伐完成后，学校改隶国民政府军政部，改称军政部陆军军医学校；1936 年，因毕业生分配范围扩展至陆、海、空三军，故更名为军医学校，但习惯上仍称之为陆军军医学校。

1935 年，生化营养学家万昕来到军医学校建立生化科，并于 1936 年将其改为生化系。生化系配有实验仪器和药品，为一年级学生开设普通化学和生物化学两门课程。其中，普通化学课是补习性质的课程，主要教授化学基本知识；生物化学课则作为重要的专业课，尤其关注其在医学上的应用，因此特别重视实验，其课程安排为每学期 21 周、每周上课 3 小时、实习 9 小时。生化系除主任万昕外，还有毕业归国的康奈尔大学博士陈慎昭和东吴大学毕业生陈尚球 2 名教师，此外还有西北农林专科学校毕业生杨胜、军医学校毕业生杨志铭和中山大学毕业生杨承宗 3 名助教，以及兽医学校的张宽厚、江苏省立医学专门学校的汤功英与李德明 3 名进修员。[①]

1937 年全民族抗战爆发后，军医学校由南京迁往广州，并与广东军医学校（1934 年成立）合并为新的陆军军医学校，校长由军事委员会委员长蒋介石兼任，实际校务由教育长张建[②]负责。随着抗战形势越来越严峻，张建和军医学校的同人对局势进行了分析，认为抗战非短期所能结

---

① 万昕：《生理化学系》，《军医杂志》，1942 年第 3—4 期。

② 张建（1901—1996 年），字扫霆，广东梅州人，1934 年取得德国柏林大学医学博士、哲学博士学位。1934 年夏，张建接受广东省粤军总司令陈济棠的聘任，在广州筹建广东军医学校，并任校长。他还聘请留德医学博士于少卿（外科专家）来校工作，在于少卿的协助下，他把军医学校办得有声有色，成为当时全国军医学校的典范。1936 年夏，国民政府接管广东后，委任张建为中央军医学校教育长，代行校长职务。1937 年 5 月，国民政府任命他兼任军事委员会军医署署长和军医总监，授陆军中将军衔。

束，日寇在 1～2 年内必将攻击广东，军医学校势必要向内陆迁移，或先迁至广西再迁至贵州。照当时的情形看，广州尚有一年可住。他们必须利用这一年时间，为日后再度搬迁做好准备，因此赶筑了许多防空洞。军医学校应将学校编制扩大，增加科系和教师，邀请知名学者，购买图书、器材、药品等以备长期抗战。1938 年，日军果然于广东惠州登陆，军医学校随即迁至广西，以广西大墟（今灵川县大圩镇）为校本部与医科驻地，桂林为药科驻地，新并入的军医预备团以阳朔为驻地，以广西省立柳州医院为实习基地。1938 年 11 月，广西的局势也开始紧张起来，张建派万昕前往贵州寻找军医学校的新校址，当时选定的两个地点是遵义和安顺。由于遵义已经有陆军大学和步兵学校两所军队院校，而安顺在贵阳西面 90 公里处，滇黔公路穿过县城，向东北可达贵阳，向西南可达昆明，交通十分便利，因此，万昕最终选择到安顺考察校址。他和已到达安顺的兽医学校负责人、安顺地方政府人员交涉，选定安顺城北门外大营房、地藏庙和东门坡孔庙作为新校址，并将考察结果汇报给张建。张建得到消息后亲自赶往安顺，他对校址十分满意，并会同万昕等人对新校舍进行规划，决定以大营房为本部，孔庙为医院，地藏庙为仓库。随后，他们组织人员开展建设工作，首先将废弃的大营房、庙宇清理干净，然后请当地师傅伐木、烧制石灰对房屋进行修理，同时建设了实验室，还在离城最近的位置建设了生物化学系实验室和细菌学系实验室。[1]

1939 年 1 月，经国民党陆军总司令余汉谋批准，军医学校迁往贵州安顺。余汉谋批给学校 8 辆卡车，用于运送书籍及器材，全校师生则行军 1100 公里从桂林前往安顺。经过两个月的时间，军医学校全体师生终于从桂林转移到了安顺（图 3-2）。[2]

---

[1] 张丽安：《张建与军医学校——兼述抗战时期的军医教育》，天地图书出版社，2000，第 94 页。

[2] 万昕：《陆军营养研究所》，《军医杂志》1942 年第 3-4 期。

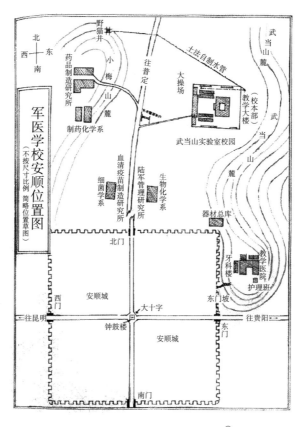

图 3-2　军医学校安顺位置图[①]

　　为了满足抗战对医药人才的大量需求，在安顺时军医学校设有大学部、专科部、军医专修科和军医预备团4个大的教学板块。此外，为了扩展研究并应对抗战军需，军医学校还设立了3个研究所：其一是药品制造研究所，所长张鹏翀，主要供药科毕业生实习及制造各类药品；其二是血清疫苗制造研究所，所长李振翮，因战区辽阔，前后方经常发生霍乱、伤寒、天花等传染病，故该所以研究制造相应疫苗为己任；其三是陆军营养研究所，所长万昕，因战时食物短缺、物价高涨，各战地部队多有营养不良及维生素缺乏症，故设立该所以改善军队营养状况，增强战斗力。

　　①张丽安：《张建与军医学校——兼述抗战时期军医教育》，天地图书出版社，2000，第147页，插图。

（五）中央卫生实验院和中国红十字会总会救护总队

中央卫生实验院是直属国民政府的医药卫生机构，主要由卫生署管理，其前身为中央卫生实验处和中央卫生训练所。1927 年南京国民政府成立，设立内政部，其下设卫生司。1928 年 11 月，国民政府设立直属的卫生部，部内设总务司、医政司、保健司、防疫司、统计司。1931 年 4 月 15 日卫生部被撤销，改为卫生署，仍隶属于内政部。1932 年，国民政府在全国经济委员会（蒋介石为主任委员，宋子文为副主任委员）下设置中央卫生实验处，邀请国际联盟卫生部主任拉西曼（Ludwik Rajchman）负责该处的组织和规划，处长由卫生署署长刘瑞恒兼任，处内设有防疫检验、寄生虫学、化学药物、妇婴卫生、卫生工程、社会医事、工业卫生、生命统计等系，负责各地疾病、卫生问题的调查、研究、实验、示范及专业人员的训练。中央卫生实验处的设立主要是为了满足当时的卫生保健需要，其组织和工作方式参考的是南斯拉夫的柴格拉勃公共卫生研究院，并由当时的国际联盟卫生部调请柴格拉勃公共卫生研究院院长鲍谦照（B. Borcic）来中国规划建立。鲍谦照在中央卫生实验处工作了 5 年，直到 1937 年全民族抗战爆发后才离开。此外，1933 年卫生署开始建立公共卫生人员训练所，目的是训练公共卫生人员、卫生工程人员和妇婴保健人员。①

1937 年"七七事变"后，卫生署先由南京迁往汉口，卫生实验处则直接迁往贵阳，由时任卫生署署长颜福庆兼任处长，著名生理学家林可胜任副处长②。因抗战需要，为了给前线将士提供必要的医疗援助，林可胜在卫生署的支持下，在武汉组织成立了全国性的医疗救护团队——中国红十字会总会救护总队。随着战争范围的进一步扩大，1939 年 2 月，中国

① 北京医科大学公共卫生学院编《金宝善文集（样本）》，北京医科大学公共卫生学院内部资料，1991，第 80-91 页。
② 《卫生署公共卫生人员训练所迁黔案》（1938 年 4 月），中国第二历史档案馆藏，档案号：一二（6）1227。

红十字会总会救护总队将队址迁往贵阳图云关（图3-3）。此时卫生实验处的人员被迫分散，工作也被迫中断：妇婴卫生系、生命统计系和社会医事系3个系的工作陆续暂停；卫生工程系和防疫检验系2个系及药物检验室被林可胜调入中国红十字会总会救护总队；卫生教育系的部分人员被朱章赓调至公共卫生人员训练所工作；寄生虫学系部分人员前往滇缅公路研究疟疾[①]。此时，公共卫生人员训练所也迁至贵阳，卫生实验处的职员也分别担任卫生署公共卫生人员训练所和军医署战时军医人员训练所的教职[②]。

图3-3　中国红十字会总会救护总队医护人员在图云关的合影

　　1941年，卫生署改隶行政院，金宝善担任署长，沈克非担任副署长；同年4月，卫生署将卫生实验处、公共卫生人员训练所迁往重庆，合并为中央卫生实验院。此时的中央卫生实验院仿照美国国立卫生研究院的建制

①《内政部卫生署修正公共卫生人员训练所章程的有关文书》（1938年4—8月），中国第二历史档案馆藏，档案号：一二（6）1264。
②《卫生署战时卫生人员训练所1939年度临时费支出计算书及有关文书》（1941年2月至1941年3月），中国第二历史档案馆藏，档案号：一二（6）6032。

和工作模式，由李廷安担任院长。不久后，李廷安回到中央大学医学院工作，由朱章赓继任院长[①]。

（六）中央防疫处

中央防疫处是中国近代史上第一个国家级专门防疫机构，成立于1919年3月，最初隶属内务部，负责研究各种传染病的病原细菌及防治方法。1928年，国民政府接管中央防疫处，并将其划归卫生部管理。

全民族抗战爆发后，中央防疫处迁至长沙，著名医学病毒学家、微生物学家汤飞凡就任处长（图3-4）。中央防疫处借用湖南省卫生试验所的房子生产狂犬疫苗等产品，并在汉口设办事处，负责生物制品的运送。武汉沦陷后，中央防疫处又从长沙迁到昆明西山脚下的高峣村。抗战时期，中央防疫处持续开展了微生物研究、药物研究和疾病防疫等工作。

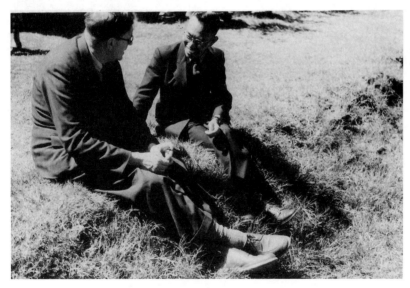

图3-4　李约瑟与汤飞凡（右）[②]

①牛亚华：《从中央卫生实验院到上海药物食品检验局——彭司勋访谈》，《中国科技史杂志》2011年第2期。
②本图经剑桥大学李约瑟研究所授权使用。

抗战期间，中央防疫处完成了对牛痘疫苗"天坛株"的重新筛选。"天坛"是 1926 年齐长庆从一位天花患者的痂皮中分离出的一株天花病毒，经猴—兔—牛等动物交替传代减毒后成为可用于制造牛痘疫苗的毒种。1940 年，汤飞凡将其与印度毒种进行对比，证明"天坛"毒种制造的疫苗效力较强，发痘率高，但局部反应较重。经过研究，汤飞凡发现这与痘苗中的杂菌污染有关。1941 年，汤飞凡成功研究出用乙醚杀菌的新方法，大大提高痘苗的质量，且生产的疫苗比印度疫苗更稳定、发痘率更高。此后汤飞凡还领导中央防疫处生产了狂犬疫苗、白喉疫苗，这些疫苗为战时军民健康提供了重要保障，不仅被盟军广泛采用，还支援了陕甘宁边区的防疫工作。[①]

汤飞凡认为，中央防疫处不能只生产不研究，而且在抗战时期，中国已经没有一个机构进行微生物研究，中国科学家应当承担这个责任。汤飞凡主导了青霉素菌分离工作，从 1941 年冬到 1944 年春，中央防疫处的研究人员进行了上百次试验，分离出 40 余株帚状霉菌，其中 11 株能产抗生素，以汤飞凡分离的菌种为最佳。1944 年 9 月 5 日，中国自行研制的青霉素在昆明高峣村试制成功，第一批产出 5 瓶，每瓶 5000 牛津单位，其中两瓶送往重庆，两瓶分送英、美两国鉴定，均获好评。

1942 年，中央防疫处发展到近百人，其中大学毕业生 15 人，这批中国防疫事业的先驱，后来成为中华人民共和国卫生防疫事业的骨干。

（七）中央工业试验所

中央工业试验所是民国时期最大的轻工业和化学工业科研机构，1930 年 7 月于南京成立，旨在研究工业原料、改进制造技术、鉴定工业成品，以推动中国工业技术的发展。1934 年，顾毓琇任中央工业试验所所长。

---

① 章以浩、倪道明主编《汤飞凡论文选集》，卫生部北京生物制品研究所，1997，第 2—4 页。

1937 年全民族抗战爆发后，中央工业试验所西迁重庆，继续开展科研工作，先后设立试验室 17 个、实验工厂 11 座、推广改良工作站 3 个，工作人员也由全民族抗战爆发前的 60 多人增加到 200 余人。[1]

17 个试验室涉及工业原料、工业制造等领域。其中工业原料分析室、机械材料试验室、木材试验馆、汽车燃料试验室侧重于工业原料与材料的研究与试验，胶体试验室、纤维试验室、酿造试验室、陶业试验室、油脂试验室、纯粹化学药品试验室、制糖试验室、盐碱试验室和纺织染试验室侧重于工业制造的研究与试验，电气试验室、热工试验室、动力试验室、机械设计室侧重于工程与方法的研究与试验。

11 座实验工厂包括机械制造实验厂、制革鞣料示范实验厂、电工仪器实验厂、纤维实验厂、陶业示范实验厂、淀粉及酿造示范实验厂、纯粹化学药品制造实验厂、油脂实验厂、纺织实验厂、盐碱实验厂、木材加工实验厂。

3 个推广改良工作站分别是内江制糖工业推广改良工作站、梁山造纸推广改良工作站及南川陶业推广改良工作站。

为应对抗战时期的能源短缺，中央工业试验所开展用植物油制造液体燃料的研究，成功利用植物油热裂分解技术制造汽油、柴油的代用品，并在抗战大后方推广使用。1937 年，中央工业试验所与静生生物调查所合作设立木材试验室（后更名为木材试验馆），系统开展木材构造与基本材性的研究与试验工作，涉及木材及竹材害虫、木材物理力学性质、木材干燥技术、木材化学分析、木材防腐处理、伐木锯木工艺、林产工业机械设计等方面。[2]

---

[1] 张柏春：《中央工业试验所的机械工程试验、设计与制造》，《中国科技史料》1990 年第 2 期。

[2] 胡宗刚：《中国林业科学研究院木材工业研究所早期史（1928—1952 年）》，上海交通大学出版社，2023，第 16 页。

中央工业试验所引进并改良了油脂抽提技术，提高了油脂生产效率和产品质量。同时，该所还进行植物油制造磺酸化油的试验，为染色、毛纺及制革工业提供了重要原料。中央工业试验所的植物油制造液体燃料技术在抗战时期发挥了重要作用，生产的植物汽油和柴油有效缓解了抗战大后方的能源短缺状况。通过油脂抽提技术的改良和化工原料的国产化研究，中央工业试验所提高了工业生产效率，降低了生产成本，为抗战时期的工业生产提供了重要支持。

中央工业试验所是民国时期中国最大的工业研究试验机构，其宗旨在于促进中国工业技术进步，推动中国工业发展。中央工业试验所的科研工作推动了中国工业技术的进步，培养了一批优秀的科研人才，为战后工业恢复和技术发展奠定了基础。[1]

（八）中央地质调查所

地质调查所于 1913 年在北平成立，是中国第一所现代科研机构，丁文江担任所长。1935 年冬，地质调查所从北平迁往南京。全民族抗战爆发后，地质调查所被迫辗转于长沙、重庆，最终落脚在重庆北碚。1941年正式定名为中央地质调查所。[2]

1937 年全民族抗战爆发后，黄汲清担任地质调查所所长。针对战时国防和工业发展的需要，地质调查所内迁北碚后，发挥其研究特长，将工作重心转移到油田勘探和燃料研究方面，在大后方进行大量的石油、煤矿、各类金属矿及磷、无机盐等非金属矿产的调查与开发。地质调查是一项基于地质学和相关学科理论，通过实地观察和研究岩石、化石、地层、地质构造、矿产资源、地貌等地质要素而开展的综合性调查研究工作。其不仅为矿产资源开发提供理论支持和实践指导，也为地质学和古生物学的

---

[1] 周继超、潘洵主编《北碚抗战史》，重庆出版社，2021，第 421 页。
[2] 张九辰：《地质学与民国社会——中央地质调查所研究》，山东教育出版社，2005，第 19 页。

研究提供了重要的实证依据。在矿产开发中，地质调查起着至关重要的作用。没有科学的成矿规律分析和扎实的野外找矿实践，矿产开发几乎无法顺利开展。地质调查所发现的矿产资源为战时矿业开发利用、保障后方经济运行、支援持久抗战作出了巨大贡献，如玉门油矿的开发为抗战时期四川、甘肃、陕西、新疆地区，以及宁夏、青海部分区域的用油提供了保障。

1942年，李春昱任中央地质调查所所长。谈到中央地质调查所的战时工作，"矿产的调查，则玉门油田之发现、云南磷矿之发现、宁夏铬矿之发现、广西铀钍矿之发现、云南贵州福建铝土矿之发现、新疆煤铁矿的认识、江西湖南白钨矿之鉴别、云南锡矿、湖南贵州汞矿之研究、安徽淮南新煤田之寻获、四川云南新疆盐矿之研究，都是重要的贡献，值得记述。但是亦因为经费的窘迫和设备的不够，不能精细的研究和探勘"。从这段总结来看，战时中央地质调查所矿产调查的足迹遍布抗战大后方各省，且各个方面都涉及并有重要发现。虽然战时条件十分有限，但是从这些成果也足以窥见该所对抗战及后来中国资源开发和发展所作出的巨大贡献。①

（九）资源委员会

资源委员会前身为国防设计委员会，1935年4月国防设计委员会与兵工署资源司合并改组为资源委员会，蒋介石任委员长。1936年，资源委员会进行工业建设，经过一年多的时间，成立了21家厂矿单位，其中包括煤矿、石油矿、铁矿、铜矿、铅锌矿、锡矿、金矿、炼钢厂、炼铜厂、钨铁厂、机器制造厂、电工器材厂、无线电机制造厂、电工陶瓷制造厂、水力发电厂等。当时从国防角度考虑，这些厂矿大都分布在湖南、湖北、江西、云南、四川、青海等省，沿海地区几乎没有。全民族抗战爆发后，资源委员会改隶国民政府经济部，由翁文灏担任主任委员，钱昌照担任副主任委员，内部机构设有秘书处、电业处、工业处、矿业处，会计

---

① 周继超、潘洵主编《北碚抗战史》，重庆出版社，2021，第410页。

室、技术室、购料室、经济研究室。资源委员会主要职能一是创办和管理经营基本工业，二是开发和管理经营重要矿业，三是创办和管理经营电力事业。资源委员会大力发展后方工矿企业，为抗战提供了重要的物质保障。[①]

资源委员会在抗战时期大力发展后方工矿企业，至抗战胜利前夕，已创办和管理了冶金、机械、电器、化学、煤矿、油矿、铜铅锌铁矿、钨锡锑汞矿、金矿、矿产勘测、电力等各类企业 130 家。通过积极引进国外先进技术和设备，鼓励国内科研人员进行技术创新，提高了工业生产效率和产品质量。通过对全国的矿产资源进行详细的勘探和开发，为抗战时期的工业建设提供了重要的物质基础。

（十）中央农业实验所

中央农业实验所成立于 1931 年，是国民政府成立的全国性农业研究机构，也是当时中国农业技术的最高机关和农事试验研究总枢纽。

1938 年 2 月，中央农业实验所迁到重庆，沈宗瀚任所长兼麦作杂粮系主任。中央农业实验所设稻作、麦作杂粮、棉作、园艺、蚕桑、土壤肥料、植物病虫害及农业经济 8 个系，工作重点转向西部，任务是尽力协助西部各省农业发展以支持长期抗战。在抗战中，中央农业实验所协助西部各省调整、完善农业机构，把原有的各种农业机构合并为省农业改进所或管理处，统筹办理各省农业技术改进事宜。中央农业实验所在川、滇、黔、湘、桂、陕、豫 7 个省设立工作站，向西部各省派驻技术人员，协助各省农业改进机构根据各省的实际情况，运用农业科学技术，推动农业改良。西南地区的农业改良各有侧重：四川省以棉花、水稻、蚕桑为主，小麦、兽医事业次之；贵州省以发展棉花、小麦及兽医事业为主，水稻、烟草、油菜次之；云南省以棉花、蚕桑为主，水稻、小麦次之；至于陕西、甘

---

①卢海鸣、杨新华主编《南京民国建筑》，南京大学出版社，2001，第 81 页。

肃、河南、湖北等省，则视其原有各种事业的重要性而随时扶助其发展。[①]

中央农业实验所在抗战期间开展了水稻、小麦、棉花等作物的品种选育和改良工作，育成适于西南各省栽培的"中农4号""中农32号""中农34号"等水稻优良品种，比土种增产10%～15%，推广面积400万亩；育成的良种小麦"中农28号"增产15%～30%。在品种选育和改良方面，还改进水稻和小麦的栽培技术，开展麦田排水对小麦产量影响试验等，以推动农业发展。[②]

同时，中央农业实验所研究并推广对粮食仓库害虫、小麦黑穗病、小麦线虫病的防治方法，还制造并推广猪牛瘟血清和多种疫苗，在各省防治牛猪瘟疫，成效卓著。

中央农业实验所通过优良品种的选育和推广，提高了粮食产量，为抗战时期的军队和民众提供了更多的粮食，缓解了物资短缺的压力；通过在后方各省建立工作站，协助各省开展农业改进工作，推广先进的作物生产技术，指导协助各省进行作物研究，促进后方农业的发展，为抗战提供了物质保障。

（十一）中央水利实验处

中央水利实验处是民国时期中国最重要的水利科研机构，其前身为1934年成立的中央水工试验所。1937年中央水工试验所西迁重庆，1942年更名为中央水利实验处。该机构致力于水工试验、水利研究及水利改进，为水利规划设计与工程实施提供科学依据。

抗战时期，中央水利实验处开展了水工模型试验、水利工程理论研究、黄河治理相关研究等多项重要的科研活动。

---

① 张燕萍：《战时西部农业改造与发展》，江苏人民出版社，2022，第261页。
② 杨珉、盛邦跃：《中央农业实验所与中国农业改进》，《农业考古》2012年第3期。

1940 年 4 月，中央水工试验所与西南联合大学合作设立昆明水工试验室，进行水利与灌溉试验及水利工程理论研究，兼用于清华大学等水工教学实习。试验室开展了多个研究项目，如云南腾冲水力发电厂节制闸及引水闸模型试验、甸溪河拦河坝改正计划模型试验等。

1940 年 11 月，中央水工试验所与西北农学院合作，在渭惠渠设立武功水工试验室，主要进行黄土高原地区水利灌溉项目研究，兼供农学院水工教学实习。试验室开展了灌溉渠道冲淤试验、黄土河渠临界流速试验等多项研究。

1941 年 1 月，中央水工试验所受导淮委员会委托，开展了綦江石溪口花石子滚水坝船闸模型试验。试验由技正谭葆泰设计模型并主持，滚水坝部分由技佐王咸成监制模型并办理试验，船闸部分由技士姚琢之监制模型并办理试验。该试验为綦江航道的整治和船闸的建设提供了科学依据。

1943 年，中央水利实验处在重庆盘溪水工试验室进行了黄河堵口大型模型试验，为探讨黄河堵口复堤和河道治理提供了科学依据。

中央水利实验处的这些科研活动为抗战时期的水利工程建设、航道整治、水文测验等提供了重要的科学依据和技术支持，在抗战时期的物资运输、农业生产和人民生活保障等方面发挥了重要作用。

二、中央研究院战时研究工作的调整

全民族抗战爆发后，位于东部地区的大量学校、工厂、科研机构纷纷西迁，中央研究院也不例外。1937 年 11 月，国防最高会议常务会议决定迁都重庆，国民政府所属机构移驻重庆，中央研究院也开始西迁，但各研究所选择西迁的地址不同：中央研究院总办事处、气象研究所、动植物研究所迁至重庆，天文研究所、化学研究所、工程研究所迁至昆明，历史语言研究所、社会科学研究所迁至四川李庄，地质研究所、心理研究所、物理研究所则迁至桂林。

战乱、内迁及经费困难，打乱了中央研究院正常的工作秩序和学术研究计划，造成人力、物力、财力的重大损失，在很大程度上影响和限制了该院战时科研活动的开展。尽管存在诸多困难，中央研究院的科技工作者仍表现出克服困难的坚定信念。对中央研究院而言，中国的抗日战争不仅是中日两国军事力量的较量，更是中日两国的一场学术战争。[①]1938年8月，中央研究院总办事处、气象研究所和天文研究所、化学研究所、工程研究所已顺利迁至重庆、昆明；1940年冬，动植物研究所和地质研究所、心理研究所、物理研究所及历史语言研究所、社会科学研究所也分别到达重庆、桂林、李庄。中央研究院各研究所研究人员一迁到驻地便争分夺秒地建立实验室，利用当地资源进行科研工作。

中央研究院作为当时国家最高学术研究机关，其战时科学研究秉承"从事科学研究""指导、联络、奖励学术之研究"的宗旨。1940年，朱家骅在中央研究院院长就职谈话中提出对本院学术研究的几点期许："其一，研究工作必须与国家社会密切联系，俾使国家得学术之用，社会获学术之益处；其二，为促进中国科学之独立与发展，造成坚实之国力，推进久远之文明。盖中国国力未充，科学尚未发达，值此抗战时期，本院一方面求急切之功，使研究工作适应抗战需要，一方面尤须为久远着想，分工不厌其细，研究不厌其精，毕生尽瘁，专心致知，使学术研究之独立与发展名实允孚。如此中国科学必能精进不懈，迎头赶上，根基既固，国力自厚矣。"[②]由此可见，朱家骅希望中央研究院在现实研究活动中坚持"科学救国"之路，注重"适应抗战需要"的应用科学研究，同时也不能忽视"分工不厌其细、研究不厌其精"的纯粹的理论科学研究，以促进中国科技的进步，但科技进步的最终目的还在于"国力自厚"，即实现抗战

---

①周继超、潘洵主编《北碚抗战史》，重庆出版社，2021，第405页。

②王聿均、孙斌编《朱家骅先生言论集》，"中央研究院"近代史研究所，1977，第74页。

建国。"实行科学研究"是中央研究院长期秉承的学术宗旨，也是各研究所职能所在。自淞沪会战爆发至中央研究院内迁大后方，研究人员一度颠沛流离，居无定所，学术研究工作几乎完全停滞。学术建设事关中央研究院未来的前途和命运，因此成为中央研究院重建工作的重中之重。[①]

1938 年 1 月，气象研究所由汉口迁抵重庆，起初在通远门兴隆街设办事处，2 月又迁至曾家岩颖庐；总办事处则于 1937 年 11 月迁抵长沙圣经书院，随后于 1938 年 2 月 10 日迁至重庆，与气象研究所同驻颖庐，房东姓陈，是竺可桢在哈佛大学的校友。房东家住楼下，二层右侧为中央研究院总办事处用房，后面是研究所办公用房，左侧是气象研究所集体宿舍。后因各种机构陆续迁至曾家岩颖庐，气象研究所于 1939 年 5 月再迁至重庆北碚，总办事处于 1939 年春迁至上清寺，1940 年移往牛角沱生生花园。内迁之初，气象研究所忙于新所址的建设、人员物资的安置，加上院内经费有限，纯粹的理论科学研究难以进行。气象研究所以既有研究为基础，因地制宜，因时制宜，结合战时需要及地方特色开展学术研究。气象研究所同人努力克服物资短缺、物价飞涨等诸多困难，综合开展气象学应用研究与气象学学理研究。在应用研究方面，开展高空测候、降水量观测、气象预报，绘制气象图；在松潘、大理、安西等地设立测候所；同时服务于战时军事需要，协助航空委员会和防空委员会进行天气预报工作。在气象学学理研究方面，气象研究所因地制宜，聚焦西南大后方，开展四川水旱、中国西南部山地气象学、西南雷雨、西南各地风向及降水等问题的研究，同时继续其战前的研究工作，对梅雨季的气候、孟加拉湾低气压、热带风暴、中国季风的移动与天气等问题进行研究。[②]

1938 年 4 月，位于上海的中央研究院化学研究所决定内迁，吴学周受所长庄长恭的委托主持内迁工作。由于战乱，上海至昆明的铁路、公路都几近中断，吴学周决定走海路，经香港绕道越南海防进入昆明，化学研

---

① 周继超、潘洵主编《北碚抗战史》，重庆出版社，2021，第 407 页。
② 同①。

究所于 1938 年 8 月中旬到达昆明。初到昆明，吴学周、柳大纲、王承易等人立即着手研究所的筹备工作。1938 年 9 月，吴学周被任命为化学研究所代所长。短短几个月，他们便在小东门外灵光街 51 号组建了临时办公处，并与工程研究所于棕树营同建实验馆。当时中国矿物油极少，加上全民族抗战爆发后外援不足，因此，设法研制代用品以解决机械的润滑问题成为化学研究所当务之急。经研究，他们发现蓖麻子油具有很好的润滑效果，便加紧对蓖麻子油的研究，最终试制出飞机润滑油，并与航空委员会商定大量试用。因当时前线和后方时有疟疾发生，于是化学研究所加紧对奎宁、辛可尼丁的研制，这些药品的研制使军队战斗力得以提高，且药品紧张的状况得到缓解。[1]

1937 年全民族抗战爆发后，动植物研究所所长王家楫率全所同人撤离南京至衡山、阳朔，终至重庆北碚。动植物研究所的科学研究主要围绕以下几个方面开展：在水产生物学方面，调查浙江、广西的渔业，研究食用鱼类形态、生理及养殖的方法；在原生动物学方面，继续战前对南京眼虫、纤毛虫的研究，同时因地制宜开辟新的研究领域，开展对北暗槌脚类甲壳虫的调查研究；在藻类方面，对河北、浙江、西康、广西、四川、南岳等地藻类分别进行研究，并发现新品种藻类；在昆虫与寄生虫学方面，对中国果蝇、金花虫、眼蝇及多种寄生蠕虫、圆虫进行研究；在菌类方面，撰写《中国真菌志》《真菌补志》《中国黏菌志》《中国藻菌志》等对中国菌类研究具有指导意义的著作；在植物病理学方面，对中国真菌及各种农作物病害进行调查研究，进行油桐叶斑病、枯裂病、蚕豆紫斑病等中国经济植物病害研究，以及柑橘贮藏防腐试验研究等；在森林学方面，对西康九龙县洪坝森林、雅砻江森林和甘肃森林进行调查研究。[2]

---

[1] 张会丽：《西陲星火：抗战时的中央研究院》，《科技日报》2015 年 8 月 11 日第 5 版。

[2] 杜元载编《革命文献：抗战时期之学术》第 59 辑，"中央文物供应社"，1972，第 197 页；周继超、潘洵主编《北碚抗战史》，重庆出版社，2021，第 407 页。

天文研究所到达昆明后在小东城脚 20 号租了一处私宅，同时选定凤凰山作为台址，建盖了 3 幢平房和观测圆顶室。观测室由余青松亲自设计，天文研究所技工周锡金制造金属部件，临时工木工搭建完成。承接这项工程的是由上海迁至云南的陆根记营造厂，研究人员用从南京带来的变星仪、太阳分光仪等仪器，继续观测研究工作。

工程研究所利用昆明当地空气透明度高、日照时间长、气候温和的气候条件及丰富的资源等研究光学玻璃，试制理化仪器玻璃和药用中性玻璃，以备装防疫药苗供军方使用。

在李庄，坐落在群山中的不起眼的房屋是社会科学研究所所在地。70 位学者在傅斯年和陶孟和的带领下组成了中央研究院最大的研究所，他们在战火中保存了许多珍贵文物。安阳甲骨文、竹简以及皇史宬中明清两代的众多皇家档案资料得以保存在这个小村庄而免遭焚毁。历史语言研究所也在李庄驻留，吴定良研究员与社会科学研究所合作，在艰苦的条件下共同测定挖掘出的颅骨和甲骨。吴定良终年奔走在民族地区进行体质调查，为中国体质人类学的发展发挥奠基性作用。

地质研究所所长李四光与物理研究所所长丁燮林为了避免迁往重庆，"离蒋介石远一点，以摆脱其控制"，选择了在"蒋桂战争"中遭到蒋介石沉重打击的桂系军阀的所在地——广西，决定将地质研究所与物理研究所迁往桂林。地质研究所与物理研究所于 1937 年末在环湖东路合租了一座两层楼房，1938 年 6 月搬到乐群路四会街 12 号蜀园，将其作为临时所址，6 年后再迁重庆。

地质研究所对湘南煤田进行勘察与研究，进一步论证得出"其有经济价值者或属二叠纪，或属侏罗纪"；二叠纪煤层主要为无烟煤或半无烟煤，可供工业之需；侏罗纪煤层则以烟煤为主，尤为铁道交通所赖。这一研究无疑为湘南煤田的开采提供了理论依据，为解决粤汉、湘桂线的燃眉之急奠定了基础。1942 年，地质研究所配合资源委员会在赣、湘、粤、黔、滇、桂 6 省发现钨锡矿这一重要的工业原料和战略物资，为抗战作出了重要贡献。[1] 1943 年 5 月，地质研究所南延宗等人在广西钟山县黄羌坪（今钟山县花江瑶族自治乡三叉村黄江坪）调查锡矿时，在一个已被开采的锡钨矿的废旧窿口上，看见了很多鲜艳的黄色粉末状物质。出于职业敏感，他便用刀刮了一些带回去交给地质力学专家吴磊伯化验，想看看是否存在稀有元素。正好当时地质学家孟宪民刚讲过显微化学分析的原理方法，还做了一系列示范实验。于是，南延宗与吴磊伯运用新学习的知识方法对这包神秘物进行显微化学的微量分析。在显微镜下，两人惊喜地目睹神秘物呈现完美的四面体结晶，这正是铀元素的特征。他们又赶紧做了照相感光实验，结果无误。为了明确当地铀矿物的产状，同年 8 月，他们随地质研究所所长李四光到广西，再次对该地区的铀矿点进行复查，发现这里的磷酸铀矿、脂状铅铀矿和沥青铀矿等次生铀矿物在一条钨锡伟晶花岗岩脉的断层面中发育，并沿断层面呈带状分布，虽然产量不多，但确实是铀矿，这是中国第一次发现铀矿。

物理研究所与心理研究所内迁北碚后，借用气象研究所、动植物研究所的房屋作为临时住所。1945 年 2 月，物理研究所、心理研究所向资源委员会借款购买北培果园房屋作为所址，"一面修理房屋，装置设备；一面开箱整理图书、仪器，清查损失"，于同年 7 月布置就绪。物理研究所在所长丁燮林的带领下，除为工矿企业、各大中学校及医院等制造各种教学仪器及设备外，还为战时急需的无线电通信，尤其是军用通信的畅通无阻作出了重要贡献。

正如李济所说："我们现在的抗日救国，已不是一句口号。要知道，敌人逞强不是一方面的。我们的兵与敌兵抗、农与敌国的农抗、工与工抗、商与商抗，所以我们中央博物院要与日本的东京或京都等那些博物馆抗。我们不要问在第一线的忠勇将士抵抗得了敌人吗，我们应当问我们的

---

[1] 张会丽：《西隅星火：抗战时的中央研究院》，《科技日报》2015 年 8 月 11 日第 5 版。

科学或一般学术能否敌得过敌人。"[1]中央研究院的科技工作者正是抱着这样的爱国信念开展战时科学研究的。

三、清华大学特种研究事业的扩充

1937年1月6日，特种研究所委员会拟定《清华大学在湘举办特种研究事业原则及计划大纲》，规定："在湘以举办特种研究事业为原则，不设置任何学院、学系或招收学生；研究项目以确能适应目前国家需要及能有适当研究人才者为原则；各项研究应尽量取得政府机关之联络并期望其帮助。"

1937年"七七事变"后，清华大学、北京大学、南开大学南迁长沙，组成国立长沙临时大学。面对战时国防对于无线电通信技术的需要，1937年11月1日梅贻琦致信资源委员会："当今全面抗战开始之时，无线电研究，实觉刻不容缓。"创建之初，无线电研究所主动与资源委员会确定合作研究的课题，重点在于解决无线电技术方面的实际问题。清华大学在无线电研究方面有很好的基础，1926年清华大学物理系曾专门设立电磁学、无线电研究室等，1932年成立的电机工程学系又设立了无线电实验室。1933年，物理系主任叶企孙曾委托在美国进修考察的吴有训订购制造真空管的玻璃真空泵等机械设备（图3-5）。1934年秋，任之恭从哈佛大学回国并受聘为清华大学电机工程系教授，开展无线电研究。无线电研究所正式成立后，由工学院院长顾毓琇兼任主任。鉴于战时迫切的通信需求，研究所主要沿两个研究方向展开工作：一是真空管的装配技术和半导体性能的理论研究，二是无线电频段和波段通过地球介质和电离层进行传播的理论和实验研究。范绪筠和叶楷负责第一个课题，研究室设在长沙；任之恭与孟昭英负责第二个课题，研究室设在汉口。

---

[1] 索予明：《烽火漫天拼季术——李庄时期的中央博物院》，《故宫文物月刊》（台湾）2006年第2期。

图 3-5　清华无线电研究所制造真空管的设备

随着战争局势的持续恶化，长沙临时大学于 1938 年 4 月迁至云南昆明，改称国立西南联合大学。面对进一步扩大的战事，清华决定扩充特种研究计划。1938 年 9 月，清华大学向教育部递交呈文："本校迁滇以来，战局益紧，国防事业需赖研究辅助之问题益多，而西南联大理工人才特多，且昆明地通港越，设备购置亦较便利。本校有鉴于此，拟将研究事业更加扩展，增强抗战力量，除将前已举办之农业研究所、无线电研究所移设昆明，力使充实外，更于今夏开办金属学研究所及国情普查研究所。又因中央航空学校及飞机制造厂、所，多移至昆明，乃将航空研究所，亦移设该处，以收合作之效。此外西南联大理工科教授能各尽所长从事研究者尚多，本校亦拟于设备上、于工作上，尽量供给，密切合作，以稍减轻联大之负担，以增进同人服务国家之效率。"可见，在清华、北大、南开三所学校中，工科以清华为主导，北大没有工科，南开仅有化工系和应用化学研究所。清华特种研究事业的开展既能实现科研人员科学报国的意愿，同时也能平衡 3 所学校的师生比例。①

————————————

①抗战期间，清华、北大和南开组成西南联合大学，但三校仍各自保持一定的独立性。根据统计资料，西南联大时期的毕业生中，北大学籍者 369 人，占 11.0%；清华学籍者 726 人，占 21.7%；南开学籍者 195 人，占 5.8%；西南联大学籍者 2053 人，占 61.5%。

清华大学将农业研究所、航空研究所、无线电研究所先后辗转迁滇，在昆明正式成立金属研究所，又在农业研究所下增设生理组，并与社会部合作成立国情普查研究所。

作为 1936 年计划增设的特种研究所之一的金属研究所此时正式建立，所长由西南联大理学院院长吴有训担任。在长沙时，清华就曾与资源委员会拟定："资源委员会冶金室工作偏重于方法或制造冶金学问题，而本所则偏重于物理冶金学问题，俾双方进展可收合作之效。……故本所之设立，在国内可称首创。"

清华农业研究所植物生理组（农业研究所下的小组对外有时也称研究所，但并非建制意义上的研究所）成立于 1938 年 10 月，聘请汤佩松担任组长。汤佩松 1925 年毕业于清华大学并前往美国深造，先后在明尼苏达大学、约翰·霍普金斯大学和哈佛大学学习工作。1933 年，汤佩松回到故乡湖北，在武汉大学担任生理学教授。"七七事变"后，武汉大学计划迁往四川乐山，汤佩松等人正在筹办的武汉大学医学院也被要求建在贵阳。在前往贵阳筹办医学院的路上，他收到了清华校长梅贻琦聘请他筹办清华生理研究所的信函。梅贻琦在信中提到："在大后方建立一个基地，为战时及战后培养和储备一批实验生物学人才。"这给了汤佩松极大的鼓舞，他决定先前往贵阳，完成贵阳医学院的筹备和第一批学生的招收，再前往昆明。在贵阳图云关，汤佩松结识了中国红十字会总会救护总队总队长林可胜，并作为士兵营养研究组的首批专家参加了救护总队。救护总队的外科医师大都奔赴前线工作，内科医师包括营养、膳食研究人员，他们大都在救护总队工作。当时内科及营养组的负责人是著名的医生周寿恺①。1933 年周寿恺在北京协和医学院取得博士学位后留校任教，1937 年跟随林可胜进行救护总队的建设。此时，林可胜、周寿恺和汤佩松开始讨论营养研究人员走上战场，调查前线士兵的膳食营养状况并对其进行

①周寿恺（1906—1970 年），福建厦门人，医学家，曾任救护总队内科指导员、中山医学院副院长。

改良的工作。清华生理研究所刚成立时，只有教授汤佩松和助教曹本熹，不久化学系的毕业生张龙翔也加入了他们。他们根据当时被视为权威的金陵大学农学院教授卜凯[①]（John Lossing Buck）所著《中国农家经济》（*Chinese Farm Economy*）一书中"中国农村膳食调查"一章的资料，进行了详细的营养学分析，并将成果发表在 1939 年的《中国生理学》杂志上。当时中国的膳食调查工作还很少见，卜凯的调查工作则是借助他的学生在假期回家期间完成的。因为当时也没有更多的数据资料，所以这份资料被作为唯一的参考资料，提供给中国红十字会总会救护总队，应用于相关工作。1939 年，沈同在康奈尔大学取得动物营养学和生物化学博士学位后回国，汤佩松让他负责中国红十字会总会救护总队和清华农业研究所的营养研究工作。

国情普查研究所成立于 1939 年 8 月，所址设在呈贡县（今昆明市呈贡区）。所长由陈达担任，李景汉任调查主任，戴世光任统计主任，另有教员苏汝江等人。陈达是 1916 年的庚款留美生，1923 年取得哥伦比亚大学哲学博士学位后回国执教于清华，1929 年创办社会学系，任教授兼系主任。李景汉 1917 年赴美国，1922 年取得加利福尼亚大学硕士学位，1935 年任清华大学社会学系教授。戴世光 1931 年毕业于清华大学经济系，1936 年在美国密歇根大学取得数理统计学硕士学位，1937 年在美国哥伦比亚大学商学院研究经济统计学，发表论文《美国人口预测》，1938年回国到国情普查研究所工作。国情普查研究所的设立，意在"搜集关于本国人口、农业、工商业及天然资源等各种基本事实，并研究各种相关问题，以期对于国情有适当的认识，并将研究结果，贡献于社会"。

清华面对国家战时的急迫需求，结合自身的具体条件，全面展开了

---

①约翰·卜凯（John Lossing Buck，1890—1975 年），农学家、农业经济学家。卜凯 1918 年来到中国，教授农业技术和农场管理的课程，1920 年创办了金陵大学农业经济系并任系主任，因出版《中国农家经济》等书而被视为美国的中国问题专家。

战时的特种研究事业。5个研究所全部成立后，除航空研究所设在白龙潭、国情普查研究所设在呈贡县外，其他3个研究所均设于昆明郊外的大普吉村。该村受空袭的影响较小，具备水电等条件，利于研究工作的展开，也便于科研人员之间的交流。清华战时特种研究机构及研究人员见表3-1。

表3-1　清华战时特种研究机构、人员一览表[①]

研究所		负责人	研究人员
农业研究所	植物病害组	戴芳澜	俞大绂、周家炽、王清和、赵士赞、王焕如、裴维蕃、方中达、洪章训、沈善炯、相望年、尹莘芸、吴征镒、姜广正、戴铭杰
	昆虫学组	刘崇乐	陆近仁、陆宝麟、钦俊德、姜淮章、毛应斗、范新润、朱弘复、赵养昌、郭海峰、沈淑敏（女）、陈德能、曹景熹、范文洵（女）、何申（女）、金孟肖、王承明、朱宝、高振衡
	植物生理组	汤佩松	殷宏章、娄成后、王伏雄、曹本熹、徐仁、张龙翔、潘尚贞、祝宗岭（女）、沈同、刘金旭、王岳、胡秉方、胡笃敬、罗士苇、陈绍龄、陈华葵、薛元龙、薛廷耀、娄康后
航空研究所		顾毓琇（1936—1939年）庄前鼎（1939—1945年）	王士倬、冯桂连、秦大钧（中基会聘送）、华敦德（美）、王德荣、张捷迁、林同骅、范绪箕、吕凤章、张听聪、谭振华、刘维政、王宪钧、严国泰、徐淑英、赵九章、李宪之、高仕功、殷文友、王守融、周惠久、张学会、金希武、张桐生、顾钧禧、刘谋佶、李光华、王培德、史炳、周国楹、王德英、岳劫毅
无线电研究所		顾毓琇（1937—1939年）任之恭（1939—1945年）	叶楷、孟昭英、范绪筠、沈尚贤、张思侯、朱曾赏、林家翘、田培荣、洪道揆、毕德显、张景廉、戴振铎、陈芳允、王天眷、吕保维、牟光信、周国铨、罗远祉、韦宝锷、杨福先、洪朝生、慈云桂
金属研究所		吴有训	余瑞璜、王遵明、孙珍宝、黄培云、林崇本、向仁生、黄胜涛、王振统、葛庭燧
国情普查研究所		陈达	李景汉、戴世光、苏汝江、周荣德、罗振庵、何其拔、萧学渊

①作者根据各研究所历年报告统计。

清华特种研究工作的研究方针和预算分配由特种研究所委员会决定，科研题目和经费大部分来自政府部门及开展合作的地方机构，主要开展与战时前后方需求密切相关的应用型研究。梅贻琦指出："规模不宜扩张，贵在认清途径，选定题材，由小而大，由近而远，然后精力可以专注，工作可以切实。"全民族抗战爆发后，东部地区人口大量西迁，国人对工业品的需求急剧上升，战争对工业品的需求也日益增加，这一形势使包括昆明在内的西部地区得到前所未有的发展机遇，国家从当时经济发展的需要出发，曾先后颁布《非常时期工矿业奖励暂行条例》《奖励工业技术暂行条例》等一系列有利于西部发展的政策，促进了政府、地方机构与大学的相关合作。

针对抗战的需求，清华特种研究所与国民政府有关部门和当地工厂合作，展开战时科学研究。其战时的部分主要成果及合作单位见表3-2。

表3-2　清华战时特种研究所的部分主要成果及合作单位

研究机构/人员	研究成果	合作单位	作用
植物病害组	作物的病害研究及抗病育种	中央农业实验所	粮食增产
昆虫学组	国产杀虫剂治虫	华西建设公司	防治植物虫害
刘崇乐	紫胶的利用	航空研究所	制造飞机压模器材
汤佩松、沈同	士兵营养调查与改良	中国红十字会总会救护总队	保障士兵战斗力
潘尚贞	乳酸钙制造	西南联大化工系	工业和药品原料
航空研究所	航空木材研究	航空委员会	制造和修理飞机
赵九章、李宪之	高空气象探测与研究	中央空军军官学校、美空军飞虎队	提供航空气象情报
张景廉等	军用无线电通信器	军政部学兵队	战场通信
陈芳允等	军用秘密无线电话机	中央电工器材厂	战场通信
范绪筠、叶楷	真空管制造	资源委员会电工厂	军事通信元件

续表

研究机构 / 人员	研究成果	合作单位	作用
王遵明	铜、锌、铅的生产和提炼	滇北矿务公司	金属工业
王遵明	对废合金钢加以利用	贵阳某兵工厂	金属工业
国情普查研究所	呈贡县人口普查	内政部、社会部、云南省政府	调查人口情况，掌握人口迁徙特征
国情普查研究所	工农业调查	内政部、社会部、云南省政府	为政府提供数据，为总动员服务

由表 3-2 可知，各研究所分别根据自身条件，与相关部门通力合作，进行战时特种研究，服务于战时军事和民用需求。

农业研究所迁至昆明后，尽管经费及设备远不如战前，但云南地处亚热带，动植物种类繁多，因此有很多新的研究课题。植物病害组对云南经济植物、植物病害等情况进行了调查。通过调查，他们摸清了云南地区植物病害的基本情况，进而开展小麦、大麦、棉花、蚕豆、大豆、水稻等作物的病害研究，并进行抗病育种的试验。通过研究试验，植物病害组培育了具有产丰、质佳、早熟等优良性状且能抗病害的作物良种，并交与当地有关机关推广种植。此外，云南地区菌类丰富，戴芳澜带领同人在云南各地采集菌类标本 3000 余种，并进行了中国真菌名录及寄生菌索引的编纂。昆虫学组主要对云南经济植物的虫害及其分布情况做了广泛调查，并在此基础上进行虫害防治和虫产品的利用等研究工作。因为缺乏进口灭虫物资，该组特别注重国产杀虫剂的使用。这些国产杀虫剂的使用解决了不少实际问题，如 1940 年华西建设公司大片蓖麻严重虫害问题及昆明周边蚊虫传播黄热病的问题等。该组还开展了对紫胶虫和白蜡虫及其产品利用的研究。紫胶是紫胶虫吸取寄主树液后分泌出的紫色天然树脂，加工成胶片后可以广泛用于军事和民用。刘崇乐通过和航空研究所合作，研制出用于替代进口产品的胶片，被广泛用于飞机压模制造。白蜡又名虫蜡，是雄性白蜡虫幼虫分泌出的一种动物蜡。姜淮章深入云南会泽县，对利用白蜡替代石蜡及其制品进行研究。植物生理组原来的研究内容多为生理学问题，但因环境限制及为服务抗战而转向了应用问题研究。汤佩松带领同人开展利用秋水仙素获得作物多倍体的研究，以及利用植物生长素处理作物使其迅速生根并孕育无籽果实的研究。殷宏章开展了从地产蓖麻子提取油脂的研究，所提取的油脂经过适当处理可用作动力机械的润滑油，并可制成蜡烛、鞋油等民用产品。潘尚贞进行乳酸钙制造的研究，为工业和医药制造领域提供支持。沈同开展了战时前线士兵和后方民众营养调查和改良的研究。汤佩松还利用蜂蜡和白蜡替代部分漆蜡，成功研制了用于照明的"国货洋烛"，满足了大后方的民用需求。

航空研究所辗转迁移到昆明后，分为空气动力学组（负责人冯桂连）和高空气象组（与清华地学系合作，负责人赵九章），开展航空风洞建造、航空木材试验、飞机制造、高空气象研究等工作。航空研究所参考南昌风洞建造经验，在昆明设计建造了5英尺风洞（图3-6），并进行风洞校正试验、风洞扰流试验、机翼阻力试验和机翼最大举力试验等，还利用该风洞开展了为飞机制造厂测试机型、自制直升机和教练机等工作。航空研究所还因地制宜进行飞机结构材料研究。在飞机制造的原材料方面，美国广泛使用的是铝合金及镀铝材料，像中国这样重工业尚未发展起来的国家，冯·卡门曾建议在可能的地方使用木材，建造低动力的教练机。航空委员会将调查云南省产木材的工作委托给航空研究所。该所成立飞机构造材料研究部，由周惠久、秦大钧、吕凤章等负责，对云南地区所产木材展开调查、研究，并进行用木材制造国产飞机的试验，设计制造了中级滑翔机等飞机。高空气象研究是航空研究所的另一项重要工作，其发展缘于全民族抗战爆发后军事气象测控的需要。1939年，航空委员会设立了空军气象总台，直接服务空军作战。清华航空研究所以原地学系气象组研究工作为基础，在昆明市郊的嵩明县建立高空及地面气象观测台。该气象台使用自行研制的仪器记录数据，并将分析结果提供给中央空军军官学校，作为学校飞行训练的参考资料。抗战时期，气象台还为新开辟的驼峰航线和中缅航线提供数据资料。此外，气象台还参与了第二次世界大战时期的国际联合测空，为飞虎队提供气象情报，派人协助盟军举办训练班，培训盟军士兵使用无线电探空仪等。

图3-6　清华航空研究所在昆明建造的风洞[1]

　　无线电研究所迁至昆明后，前期仍沿着研究所原来的两个方向开展工作。范绪筠和叶楷开展了服务军事通信的真空管制造研究，并进行电子管阴极发射性能研究。张景廉、张思侯、戴振铎、陈芳允、王天眷等人研制了多台军用无线电机和航空用短距离通话机，并在军政部学兵队进行试用。林家翘和陈芳允研制了军用秘密无线电话机。牟光信制造出了适合军用的顶端负荷天线。后期鉴于国际无线电研究的发展，无线电研究所侧重于"超高频技术"和"短波"技术的应用研究，研究内容扩展到电子管的设计与制造、微波振荡实验和超短波特性等。孟昭英改进直线调幅器，并与毕德显研制了短波定向仪等器件，其质量毫不逊于进口产品。航空委员会空军军官学校曾就长波定向问题与无线电研究所合作，该校教官陈嘉祺接受指派参加了研究所的工作，与毕德显合作进行长波无线电定向器的研制。此外，研究所还曾为军政部学兵队训练通信军官，设计制造了一些通信仪器，还协助航空研究所的气象台举办无线电探空仪训练班，为盟军及中央研究院气象研究所培训无线电探空技术人员。

―――――――――

　　[1] 本图经剑桥大学李约瑟研究所授权使用。

金属研究所除主任吴有训外，主要研究人员有余瑞璜和王遵明。余瑞璜负责用X射线研究金属及合金，王遵明则主持冶金学方面的应用研究。起初，战乱导致运输困难，购置的X射线仪器滞留途中，余瑞璜只能先进行一些理论工作。他利用更有效的收敛级数对X射线晶体结构强度进行统计并综合分析，写成论文《从X射线衍射相对强度数据确定绝对强度》（*Determination of Absolute from Relative X-ray Intensity Data*），并寄给英国《自然》（*Nature*）杂志。英国皇家学会会员、伯明翰大学教授威尔逊（A. J. C. Wilson）是这篇文章的审稿人，他读过文章之后深受启发，在余瑞璜的文章后面用原标题接着写了一篇文章，确立了后人称之为"威尔逊方法"的重要方法，开创了强度统计这一研究领域。1940年X射线实验室开始筹建，余瑞璜利用向中央机器厂借用的高压变压器、自制的水晶管和真空抽气机制成中国第一个连续抽空的X射线管，并用这个仪器对云南、贵州的硬铝矿进行分析（图3-7）。1942年，进行冶金研究所需的很多重要设备也装配就绪，王遵明做了很多合金制造的相关研究，研制出高度热电压合金、锌锑合金单晶等重要工业产品。此外，王遵明还曾驻扎在滇北矿务公司矿区两个月，协助该厂的技术人员解决在铜、锌、铅的生产和提炼中遇到的问题。他还曾帮助川康铜业管理处研究铜矿石的提

图 3-7　金属研究所的实验室

炼方法，为海口某兵工厂研制用于生产特种弹簧、具有强韧弹性而无磁性的特殊合金，为贵阳某兵工厂拟定了废合金钢利用的冶炼工艺等。

抗战时期，国情普查研究所在社会学和民族学领域的工作具有开拓性和鲜明的特色。所长陈达认为："科学的人口学资料，对于政府实施和发挥明智及有效率的措施极有助益，它也使社会科学有健全的发展。"战前，国民政府已经有实行全国人口调查的计划。战时国情普查研究所进行的户籍普查、人事登记与社会行政调查等工作，都是在内政部、社会部及云南省政府的领导下进行，属于政府社会行政工作的一部分，研究所还通过普查试验，专门研究各种国情普查的方法、技术，以便"推行全国"。此外，人口和工农业普查也可以帮助政府加强户籍管理工作，为强化保甲制度和抽丁征实提供社会情报。根据人口和户籍调查，该所出版了《云南呈贡县人口普查初步报告》（1940 年油印本）、《云南省户籍示范工作报告》（1944 年铅印本）。该所还进行工农业调查，包括云南呈贡县农业普查、昆阳县农民经济调查和个旧县（今个旧市）锡矿工业调查等。此外，研究所还开办了训练班，协助内政部训练各省市的户籍主管人员。通过这些应用工作的积累，陈达于 1946 年在美国出版了英文版的《中国现代人口》（*Population in Modern China*）一书，介绍了在抗战大后方进行现代人口普查试验及人事登记的方法，并讨论中国今后应采取的人口政策。

清华战时的特种研究事业以服务战时国家和社会的急迫需求为目标，在解决这些应用问题的过程中，形成了一系列具有战时研究特色的理论成果。战时曾前往特种研究所考察的李约瑟[1]、华莱士（Henry Agard Wallace）[2]、陈纳德（Claire Lee Chennault）等人，对这些成果均给予了很高的评价，除了前述战时余瑞璜发表在《自然》杂志上的文章，还有不少成

---

[1] 王公、杨舰：《李约瑟与抗战中的中国营养学》，《自然科学史研究》2021 年第 2 期。
[2] 华莱士（Henry Agard Wallace，1888—1965 年），曾任美国农业部长、美国副总统、商务部长等职。

果在战时、战后发表在国内外知名学术杂志上（表3-3）。

表3-3　经李约瑟推荐发表的清华部分战时特种研究成果①

论文题目	作者	发表刊物
《一种新的豇豆花叶病》	俞大绂	美国《应用生物学年刊》
《小麦细菌疾病扩散与小麦线虫关系》	周家炽	美国《应用生物学年刊》
《战时中国的生物学》	汤佩松	英国《自然》
《一种简单的温度自动调节热处理点加热器》	娄成后、陈绍龄	美国《科学仪器》
《氯化镁和硝酸亚锰对黄豆维生素C含量的作用》	沈同、谢广英、陈德明	英国《生物化学》
《荧光素诱导的单性结实》	刘琼雄、娄成后	英国《自然》
《中华水栗树的抗生素物质的存在》	陈绍龄、郑伯林、郑伟光、汤佩松	英国《自然》
《晶体结构X射线数据的傅里叶分析和新合成法（Ⅰ）、特征图方法（Ⅱ）以及标准函数方法》	余瑞璜	英国《皇家学会会报（A）》

第二节　科技事业在抗日根据地的全面展开

"七七事变"后，中国掀起了历史上规模空前的全民族抗战。中国共产党领导广大人民群众，创建了抗日根据地②，在坚持武装斗争的同时，积极发展科学技术事业。

---

① 根据李约瑟发回英国的考察报告整理，另可参见李约瑟、李大斐编著《李约瑟游记》，余廷明、唐道华、滕巧云等译，贵州人民出版社，1999，第307页。

② 抗日根据地一词的使用开始于1935年的下半年，中国共产党领导广大人民群众在根据地内开展一系列的生产建设活动，为前线提供一切人力、物力支持。边区特指抗日战争时期，中国共产党在多省接壤的边缘地带建立起来的根据地。边区一词出现于第二次国共合作时期，一般指被国民政府承认的根据地，有着特定的行政概念。

一、抗日根据地科技事业的建制化

抗战时期，中国共产党高度重视科学技术的重要作用，将科技事业发展与抗战需求和根据地建设紧密结合，确立了积极发展科技事业的总方针，制定了一系列具体政策，指导全民族抗战时期根据地的科技工作，促进了根据地科技事业的进步与发展及建制化。

1938 年末，抗日战争进入战略相持阶段。日本调整其侵华策略，对敌后抗日根据地疯狂扫荡，并对根据地进行封锁。这给当时中共中央和中央军委所在的陕甘宁边区以及其他抗日根据地的军民生产和生活造成了极大的困难。1939 年 1 月，毛泽东代表中共中央提出了"发展生产，自力更生"的口号，提高生产力水平成为根据地最紧迫的问题。1939 年 2 月，毛泽东在延安生产动员大会上针对根据地日益严重的经济困难局面，提出了"自己动手，丰衣足食"的口号（图 3-8），随后各根据地逐步开展大生产运动。

图 3-8　毛泽东为大生产运动题词

1941 年，朱德发表了题为《把科学与抗战结合起来》的文章[①]，他指出："现在中华民族正处在伟大的抗战建国过程中，不论是要取得抗战胜利，或者建国的成功，都有赖于科学。"他强调："自然科学，这是一个伟大的力量……只有做到了这些，才能充实我们的力量，充实军队的战斗力，使人民获得富裕的生活，提高人民的文化程度与政治觉悟。来取得抗战的胜利，建国的成功……另一方面，也只有抗战胜利，民主成功，中国的科学才能得到繁荣滋长的园地。不能想象，在殖民地上会有科学的顺利发展。殖民地是科学的坟墓而不是温室。"因此，必须把科学与抗战的大业结合起来，争取科学的胜利和抗战的胜利！

抗战时期，中国共产党把马克思主义的科技思想与中国具体实际相结合，形成"教育、科研、生产"三位一体的科学技术发展方针。1940 年，徐特立发表《怎样进行自然科学的研究》指出："一切科学都是建筑在产业发展的基础上，科学替生产服务，同时生产又帮助了科学正常的发展。技术直接地和生产联系起来，技术才会有社会内容，才会成为生产方法和生产方式的一部分，才会使科学家的眼光放大，能照顾全局。"此外，教育也必须与生产相联系。徐特立认为，马克思在《共产党宣言》中提出的教育政策，其中一个重要内容就是教育与生产劳动相结合。"可见生产是教育的内容，同时也是科学的内容，如果科学离开了这一内容，那么物理学就会成为马赫主义，成为经验批判论的神秘，而数学的空间也就会成为康德的先验论。"[②]

1941 年创刊的《解放日报》是中国共产党的机关报，是陕甘宁边区一份非常重要的报纸。1941 年 5 月 15 日，毛泽东为中央书记处起草了《中共中央关于出版〈解放日报〉等问题的通知》，指出："一切党的政策，将

[①]这是朱德在庆祝陕甘宁边区自然科学研究会第一届年会上的报告，原载 1941 年 8 月 3 日《解放日报》。

[②]湖南省长沙师范学校编《徐特立文集》，湖南人民出版社，1980，第 238-239 页。

经过《解放日报》与新华社向全国宣达……重要文章除报纸、刊物上转载外，应作为党内、学校内、机关部队内的讨论与教育材料，并推广收报机，使各地都能接收，以广宣传，是为至要。"《解放日报》专门开设了"科学园地"栏目，刊登关于科学技术的相关文章和评论。1941 年 10 月 4 日，徐特立在《解放日报》发表了《祝科学园地的诞生》一文。文中写到："科学园地！在文化落后的西北，而且是当此世界大战时期，你的诞生是很艰难的，而今你竟呱呱坠地了。无论将来成长的情形如何，只要能够诞生，总算是破天荒的一次。科学！你是国力的灵魂，同时又是社会发展的标志。所以前进的政党必然把握着前进的科学……科学！你诞生在新民主主义制度的边区。你偕着前进的政治一同前进。政治为你扫除一切发展上的障碍，你也为政治增加着政治上一切物质的基础。"徐特立还特别强调了"三位一体"的重要性，文章指出："没有实际的理论是空虚的；同时没有理论的实际是盲目的。所以科学与技术是科学不可分离的两面。科学教育与科学研究机关以方法和干部供给经济建设机关，而经济建设机关应该以物质供给研究和教育机关。三位一体才是科学正常发育的园地。"徐特立还指出："科学在中国园地上发展不过是近二十年的事，其幼稚可知。但在边区它刚才萌芽，比之腹地各省更为幼稚。科学！在中国无可夸耀处，你在边区更应该自知其不足。自然的规律是必然的。科学！你替人类服务也只能循必然的途径。一切欲速的、蛮干的，当然是他们无知，科学本身并不负责。科学！你知道边区是一个民主自由的地方。任何人都有自由发言权。你也难免不遭到一些不合理的打击，只有真金不怕火，也只有经过若干锻炼才能成为纯金。最后要向关心科学者建议：我们建设科学不要怕失败，科学常是在千百次失败后最后一次成功。同时眼光要放远大一些，大器晚成的名言用在科学建设上也是适当的。法西斯的希特勒抓住了科学屠杀世界人类，我们民主主义者应该夺取这一武器来武装一切革命的人们和革命的民族，而且首先就是先武装自己。"[①]

---

① 湖南省长沙师范学校编《徐特立文集》，湖南人民出版社，1980，第 254 页。

在延安的 6 年间，《解放日报》刊登的科学研究文章共有 150 多篇。1943 年 1 月 14 日是著名科学家牛顿诞辰 300 周年，仅有 4 个版面的《解放日报》竟用一整个版面刊登了很多关于牛顿的文章（图 3-9），其中有一般的介绍性文章，也有研究性的文章。

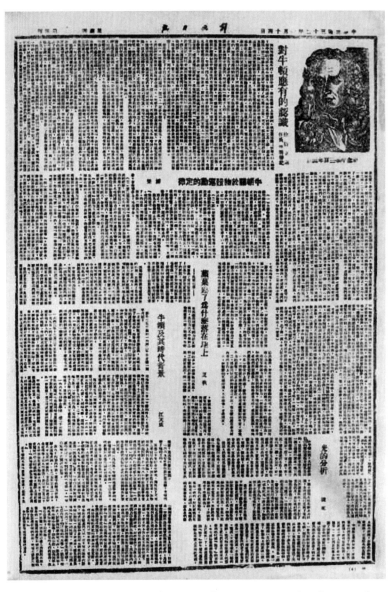

图 3-9　1943 年 1 月 14 日《解放日报》刊登了一整版关于牛顿的文章

1941 年 5 月 1 日，中共中央政治局通过了《陕甘宁边区施政纲领》（图 3-10），这是指导边区建设新民主主义社会的重要宪法性文件；5 月 21 日，《解放日报》在头版刊登社论《施政纲领——到群众中去》，正式吹响了大众化的号角。《陕甘宁边区施政纲领》强调"奖励自由研究，尊重知识分子，提倡科学知识和文艺运动，欢迎科学艺术人才"。正是这样的政策，让一大批知识分子和艺术人才来到陕甘宁边区，使陕甘宁边区的科学、文化和艺术呈现欣欣向荣的局面。

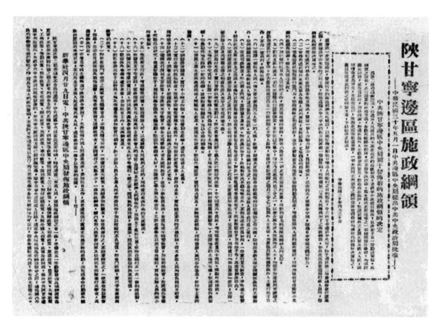

图 3-10　1941 年 5 月 1 日，中共中央政治局通过的《陕甘宁边区施政纲领》

为帮助广大科技人才解决生活上的后顾之忧，中国共产党制定了一系列优待和奖励科技人才的规章制度。1941 年 5 月，中央统战部发出《关于文化技术干部待遇问题的通知》，决定当年给文化技术干部配发干部服装，增加 1/3 津贴；另办小厨房，增加菜金 5 元。1942 年 5 月，中央书记处颁布了《文化技术干部待遇条例》，规定文化技术干部待遇包含工作待遇、生活待遇和临时特别补助 3 个部分。此后，各地政府、各有关主管部门以此条例为参考，根据各地实际情况和不断变化的客观形势，制定了许多具体的科技人员待遇条例、优待办法或政策指示。

此外，为激励科技人员更好地进行科学技术创新，提高生产水平，各边区政府和一些科学团体还制定了面向科技人才的物质奖励与荣誉授予政策，以激发科技人才的主动性、积极性和创造性。一是在每年举办的工业、农业、卫生及生产建设展览会和劳动模范评选中对作出贡献的科技人才进行奖励。二是广泛宣传模范人物的光辉事迹。在奖励科技人才的同时，宣传先进技术，促进生产建设。三是颁布相关文件规定，形成奖励制度。如陕甘宁边区的《陕甘宁边区人民生产奖励条例》《陕甘宁边区督导民众生产运动奖励条例》《机关、部队、学校人员生产运动奖励条例》《关于劳动英雄与模范工作者选举与奖励办法的决定》《陕甘宁边区奖助实业投资暂行条例》等文件，晋察冀边区的《晋察冀边区修订优待技术干部方法》《晋察冀边区奖励技术发明暂行条例》等具体文件。尤其令科技工作者感动的是，毛泽东等中共中央领导人为了筹拨各种科学奖金，常常缩衣节食、捐款相助，这极大鼓舞了科技工作者"为边区、为抗战"埋头钻研、勇闯难关的革命热忱，以更饱满的工作热情积极投身根据地经济、科技、教育、卫生等各项事业的建设。

1944年5月，中共中央西北局、陕甘宁边区政府等单位召开了技术干部座谈会，会议认为，发展科学事业，边区各部门在"原料、技术的供给与配备上，要切实互助"。同年11月，陕甘宁边区文教大会通过了《关于开展群众卫生医药工作的决议》，再次强调了各部门之间的协作问题："卫生运动的开展和医药工作的加强，有赖于各个方面的通力合作与首长负责……无论何人何时何地，只要有可能，都要亲自动手，参加或帮助医药工作的进行。"[1]

当时的《解放日报》为大力推动科学大众化运动，曾多次刊登社论，

---

[1] 武衡主编《抗日战争时期解放区科学技术发展史资料》第5辑，中国学术出版社，1986，第36-37页。

提出先进科技"为抗战建国服务，为人民大众服务"的口号，建议各地
"多组织一些通俗的科学演讲，编写一些初级、中级的自然科学读物"。
在中共中央和各边区政府的组织下，边区科技界积极响应中国共产党发展
科普事业的号召，广大科技工作者通过多种渠道，采取群众喜闻乐见的形
式，包括开设识字班、读书班，举办科普讲座，出版发行报刊书籍，举办
展览（表3-4）等，开展深入持久的科技知识普及工作。

表 3-4　陕甘宁边区 1938—1944 年举办展览会情况表 [①]

时间	举办单位	地点	展览会名称
1938 年 1 月 1—3 日	延安市工会和工人合作社	延安	工人制造品竞赛展览会
1938 年 8 月	边区政府	延安	轻工业产品展览会
1939 年 1 月	边区政府	延安	第一届农业展览会
1939 年 5 月 1—17 日	边区政府	延安	第一届工业展览会
1940 年 11 月 16 日至 1941 年 2 月 2 日	边区政府	延安	第二届农工业展览会
1940 年 5 月 6 日	延安电器材料修造厂	延安	自制电讯器材陈列展览
1941 年 5 月	延安医药界	延安	医药卫生展览会
1941 年 7 月	中国医科大学	延安	卫生展览会
1941 年 8 月	边区政府	延安	第三届工业展览会
1941 年 9 月	光华农场	延安	产品展览会
1941 年 11 月	延安自然科学院	延安	自然科学展览会
1943 年 3 月	杨家岭供给商店	延安	纺织品展览会
1943 年 5 月	中共中央和中央军委直属机关	延安	生产展览会
1943 年 1 月	绥德分区	绥德	生产展览会
1943 年 11 月	关中分区	关中	生产展览会
1943 年 11 月	陇东分区	陇东	生产展览会

①武衡主编《抗日战争时期解放区科学技术发展史资料》第 1~8 辑，中国学
术出版社，1983—1989。本表根据该丛书相关内容整理。

续表

时间	举办单位	地点	展览会名称
1943 年 11 月 26 日至 1943 年 12 月 16 日	边区政府	延安	边区生产展览会
1944 年 5 月	枣园机关	延安	生产品展览会
1944 年 7 月	延安医药界	延安	卫生展览会
1944 年 8 月 31 日	延属分区	延安	小型纺织展览会
1944 年 12 月	边区政府	延安	建设展览会
1944 年 12 月	中央军委	延安	部队建设展览会
1945 年 4 月 20 日	中国医科大学	延安	小型卫生展览会

二、科技教研机构的创建

为培养抗战救国的科学技术干部和专门技术人才，促进边区工业生产进步和保证国防经济建设成功，1939 年 4 月，中共中央决定创办延安自然科学研究院，由李富春兼任院长，留德科学家陈康白任副院长和筹建小组组长。

1939 年 6 月，中国共产党领导下的第一个专门科研机构——延安自然科学研究院正式成立。1939 年 12 月 25—31 日，延安自然科学研究院召开了由陕甘宁边区政府建设厅、军事工业局的科技人员及研究院人员参加的自然科学讨论会。会议气氛热烈，与会者不仅讨论了边区的生产经济问题，还针对边区科技人才严重匮乏问题，建议中共中央在边区创办高校，把延安自然科学研究院改为自然科学院，以培养中国共产党自己的科技人才；建议成立陕甘宁边区自然科学研究会，"团结广大科学技术人员为建设抗日根据地服务，并更多地争取国民党统治区科技人员到根据地来工作"，这两项建议得到了中共中央的批准和支持。①

---

① 边江、郭小良、孙江编著《延安大学新闻班：中国共产党创办的第一个大学新闻专业》，新华出版社，2020，第 18 页。

1940 年初，延安自然科学院开始筹建，筹建班子由副院长陈康白、教育处长屈伯川、干部处长卫之、总务处长李云（管建勋）、建设处长杨作材等组成，院址设在延安南门外杜甫川（图 3-11）。1940 年 5 月，延安自然科学院开始招生，9 月 1 日举行开学典礼并正式上课，第一任院长是李富春，后由著名革命教育家徐特立接任院长。[①] 在中共中央的领导和努力下，延安自然科学院聚集了边区的科技精英，如屈伯川、陈康白均为留德归来的博士。延安自然科学院既是边区进行自然科学教育的最高学府，又是进行自然科学学术活动的中心，设有自然科学编译社、自然科学研究会等科研机构和学会。院内还建立了科学馆、图书馆，许多学术报告会、讨论会、专题讲座都在这里举办。延安自然科学院设有大学部和中学部。大学部设有物理、化学、地矿、生物 4 个系，学制 3 年。在大学部，一年级学生主要学习外语、普通物理、普通化学、高等数学、工程制图等基础课程，二年级、三年级学生按各系的实际情况学习技术基础课程和专业课程。为适应教学和科学研究的需要，该院还建立了机械实习厂、化工实习厂、化学实验室和生物实验室。中学部分为预科和初中两个部分，主要任务是为大学部输送学生。学院的思想政治工作主要通过开设政治理论课、组织学员参加必要的社会活动与生产劳动，以及充分发挥党组织的作用，结合教学业务进行思想政治工作这 3 个渠道进行。徐特立提倡学术思想自由，大力开展学术问题讨论，并提出科技教育理论，即科学教育、科学研究、经济建设必须做到"三位一体"的思想。延安自然科学院的教育方针是"以培养抗战建国的技术干部和专门的技术人才为目的"。为此，延安自然科学院严格教学管理：一是以专业基础课为主，使学生扎实学好专业课程；二是不断改进教学方法，强调实践，教学内容和边区建设相结合。在此基础上，学院与附近的农场和主要工厂建立了密切联系，根据教学需要组织师生去边区的造纸厂、棉织厂、被服厂、军工厂、家具厂、碱厂、印刷厂、化学厂、火柴厂及中央医院参观实习。

---

① 边江、郭小良、孙江编著《延安大学新闻班：中国共产党创办的第一个大学新闻专业》，新华出版社，2020，第 18 页。

图 3-11　延安自然科学院旧址

在中共中央的统一领导下，各抗日根据地根据实际需要和人才成长规律，把科技教育作为抗战建国事业的一部分，相继制定并通过了发展科技教育的相关政策和决议案（表 3-5），明确提出要创办各类科技学校，以多种形式培养科技人才。

表 3-5　各抗日根据地制定的发展科技教育的部分政策和决议案

时间	法案	所属区域	具体内容
1938 年 1 月	《文化教育决议案》	晋察冀 边区	"造就专门技术人才，建立抗战时期各种事业""举办特种技术人才训练，开设各种技术训练班、讲习所等"是文化教育机关的重要任务之一
1939 年 1 月	《发展国防教育提高大众文化加强抗战力量案》	陕甘宁 边区	创设科学技术学校，培养建设人才
1939 年	《1939 年边区教育的工作方针与计划》	陕甘宁 边区	训练战时科学技术人才
1940 年 8 月	《晋察冀边区目前施政纲领》	晋察冀 边区	建立并改进大学及专门学校，加强自然科学教育，优待科学家及专门技术人才
1941 年	《发展边区科学事业案》	陕甘宁 边区	充实自然科学院，建立职业学校，培养科学技术人员

抗日根据地十分重视科技教育，在人力、物力、财力上都给予了极大的支持，各类高等和中等科技学校相继建立并得到发展，培养了大量革命干部和各种专门人才，在抗战中发挥了巨大的作用。

全民族抗战时期，中国共产党除创办延安自然科学院和中国医科大学等科技方面的高等院校外，还创办了较多中等科技学校，总计20余所，主要有陕北通信学校、延安摩托学校、延安气象学校、延安工业训练学校、太行工业学校、晋察冀边区白求恩卫生学校、晋绥军区卫生学校、延安农业学校、延安药科学校等。其中，陕北通信学校为部队和地方培养通信技术人才；延安摩托学校以培养特种兵干部为主，重点开办装甲和航空2个专业，设有汽车、坦克技术、航空及修理等课程，在增强抗战中的技术力量方面发挥了一定作用，为边区培养了一批技术兵种的骨干力量；延安药科学校是边区医药干部的主要培养机构之一，以培养药工技术人员为己任，学校的宗旨是"为发展边区医药卫生事业，培养医药技术人才"。

除以上较著名的院校外，各抗日根据地在抗战时期开办的各类技术学校还有10余所，短期的技术培训班数量则更多。此外，当时还有一些非教育部门也开展了科技教育活动，主要是各抗日根据地的科研机构，例如实验农场、工矿部门的技术研究机构和科学技术团体等。其中包括延安光华农场、晋察冀边区工矿管理局和军工部技术研究室、陕甘宁边区自然科学研究会、晋察冀边区自然科学界协会等，这些科研机构除完成科技研究任务外，在科技教育方面也发挥了重要作用。有的通过定期举行专题报告会，交流研究心得，提高专业干部的科学水平；有的接受政府委托，举办较正规的训练班，培养科技人才；有的通过师徒制或以老带新的方式，培养技术工人。这些非教育部门的科技教育活动成为当时培养科技人才的一种重要方式。

三、科技团体的成立和发展

科技工作离不开科技团体。中国共产党为推动根据地的科技事业发展，领导建立了多个科技社团，有力促进了根据地科技界的团结协作和科技事业的发展。早在 1936 年夏，在国统区上海工作的一些进步知识分子就曾组织过一个"自然科学研究会"。该团体定期开展学术研讨活动，活动主要内容包括举办科学进展报告会、组织专题学术讨论，从自然科学角度学习辩证唯物主义理论，以及学习自然辩证法。1938 年，陕甘宁边区成立了第一个科学技术团体——边区国防科学社，其宗旨是"研究与发展国防科学，增进大众的科学常识"。

1940 年 2 月 5 日，陕甘宁边区自然科学研究会成立大会在延安召开，各机关、学校及自然科学界代表共 1000 多人参加，中共中央领导人毛泽东、陈云等出席。大会主席团由曹菊如、饶正锡、李强、马海德、祝志澄、傅连暲、刘景范、周扬、陈康白、李世俊、屈伯川等人组成，由陈康白任主席团主席，屈伯川任驻会干事长（大会秘书长），并推举蔡元培等为名誉主席团成员。

毛泽东在成立大会上发表讲话："今天开自然科学研究会成立大会，我是很赞成的，因为自然科学是很好的东西，它能解决衣、食、住、行等生活问题，所以每一个人都要赞成它，每一个人都要研究自然科学……自然科学是人们争取自由的一种武装……边区在中国共产党的领导下，进行了社会的改造，改变了生产关系，因此就有了改造自然的先决条件，生产力也就日渐发展了，这从边区的生产运动和农工业展览可以表现出来，所以边区现在的社会制度是有利于自然科学发展的……马克思主义包含有自然科学，大家要来研究自然科学，否则世界上就有许多不懂的东西，那就不算一个最好的革命者。"这些内容成为毛泽东科技思想的重要组成部分，也是自新文化运动强调科学思想和科学方法以来毛泽东科技思想的继续发展。

陈云在会上致辞，他说："自然科学的研究可以大大地提高生产力，可以大大地改善人民的生活，我们共产党对于自然科学是重视的，对于自然科学家是尊重的，自然科学家在共产主义社会是可以大大发展的。"接着又说："科学要大众化，要在广大群众中去开展科学的工作，并与全国自然科学界取得联系。"最后指出"自然科学界目前在边区的任务"，他勉励与会者："因为有中国共产党的尽力支持，希望大家抱着不怕困难、绝不灰心的奋斗精神去进行自然科学事业。"

抗战期间，毛泽东工作十分繁忙，但是他每个季度都要跟延安的高级科技人才进行一次交流。那时，科技工作者们就在室外坐着小板凳，每个人脸上都洋溢着笑容，毛泽东则发表热情洋溢的讲话。就这样，抗日根据地有了自己的科学研究机构和科学教育机构，也开展了具体的科技活动。

陕甘宁边区自然科学研究会成立后，积极开展自然科学"大众化运动"，运用唯物辩证法研究自然科学，并与全国自然科学界保持联系。随后，研究会所属的研究小组和各类专业学会相继建立（表3-6），同时还设立了一些地区性的分会和科学小组，如自然科学研究会绥德分会（1942年1月）、自然科学研究会关中分会（1942年1月）、自然科学研究会米脂分会（1942年10月）等。此外，在日本工农学校（教育日军俘虏的学校）里也成立了科学小组。与此同时，其他根据地也成立了许多科学团体。1942年晋察冀边区成立自然科学界协会，设工、农、电、医四大学会，每年出版会刊《自然界》，不定期出版《会务通讯》，介绍根据地科研工作进展。除陕甘宁边区和晋察冀边区外，晋绥边区成立了晋西北自然科学研究会和兴县中医医药研究会，晋冀鲁豫边区成立了太行自然科学研究会和山西第三行政区自然科学研究会。

表3-6 陕甘宁边区自然科学研究会下设立的各类专业学会

学会名称	负责人	成立时间	工作任务
地矿学会	武衡	1940年	进行地质考察及矿产的调查、测量与开采
机电学会	阎沛霖、聂春荣	1941年11月6日	进行机器制造、动力问题研究、电池制造等
化工学会	李苏、董文立	1941年11月6日	制造硫酸、磷、耐火材料、单宁等
生物学会	乐天宇、陈凌风	1941年11月2日	边区生物调查、农业技术研究与推广
医药学会	林伯渠、马荔	1941年9月	地方病研究、营养研究、西医西药研究
航空学会	王弼、黎雪	1940年	研究航空技术、管理和维护延安机场
土木学会	丁仲文、武可夫	1942年1月6日	研究边区水利、交通与建筑
数理学会	力一	1941年12月3日	制造科学仪器，编审教材，开展科学普及
冶炼学会	吴崇龄	不详	研究炼铁技术
军工学会	江泽民、徐驰	不详	制造枪械、弹药、炮弹、地雷等武器

　　科技社团在汇聚人才、培养科技干部、服务边区经济建设、推进科学知识传播等方面做了大量工作，为巩固后方、支援前线作出了不可磨灭的贡献。抗日战争时期建立的科技社团总数达40余个，成立时间主要集中在全民族抗战爆发后。这些社团既有专业性的，也有综合性的，涉及国防、医药卫生、农学、生物、数理、机械电机、军工、冶炼、航空、土木、化学和地质等众多学科。除前述陕甘宁边区自然科学研究会及其下属学会外，其他科技社团情况见表3-7。

表 3-7　抗日战争时期成立的科技社团一览表①

序号	社团名称	成立日期	发起人或负责人	成立地点
1	中华苏维埃共和国卫生研究会	1933 年 9 月	中央军委等	瑞金
2	陕甘宁边区国防科学社	1938 年 2 月 6 日	高士其等	延安
3	卫生人员俱乐部	1938 年 12 月	马寒冰	延安
4	山西第三行政区自然科学研究会	1939 年 6 月 20 日	不详	不详
5	医药讨论会	1939 年 10 月	魏一斋等	延安
6	陕甘宁边区自然科学研究会	1940 年 2 月 5 日	吴玉章	延安
7	晋西北自然科学研究会	1940 年 3 月 12 日	段炽华	兴县
8	自然科学研究会农牧专门委员会	不详	不详	延安
9	自然科学研究会造纸专门委员会	1940 年 5 月 20 日	不详	延安
10	陕甘宁边区国医研究会	1940 年 6 月 29 日	毕光斗	延安
11	自然辩证法研究小组	1940 年	徐特立	延安
12	中国农学会	1941 年	乐天宇等	延安
13	延安护士学会	1941 年 5 月 12 日	不详	延安
24	晋察冀边区自然科学学会	1941 年 7 月 10 日	成仿吾	晋察冀边区
25	太行自然科学研究会	1941 年 9 月 26 日	李非萍等	不详
26	自然科学研究会绥德分会	1942 年 1 月 18 日	丁仲文、何楠若	绥德
27	自然科学研究会关中分会	1942 年 1 月	武衡、汪家宝等	关中
28	晋察冀边区自然科学界协会	1942 年 6 月 10 日	陈凤桐	晋察冀边区
29	晋察冀边区工程学会	1942 年 6 月 10 日	不详	晋察冀边区

---

① 王继平：《中国共产党文化抗战史（1931—1945）》，学习出版社，2023，第 612 页。

续表

序号	社团名称	成立日期	发起人或负责人	成立地点
30	晋察冀边区电学学会	1942 年 8 月 10 日	不详	晋察冀边区
31	晋察冀边区医学会	1942 年 9 月	不详	晋察冀边区
32	晋察冀边区工学会	1942 年 9 月	不详	晋察冀边区
33	晋察冀边区农学会	1942 年 11 月	阎一清	晋察冀边区
34	米脂自然科学研究分会	1942 年 10 月 15 日	唐海等	米脂
35	晋察冀边区理科教育学会	1943 年	董辰、白忍等	晋察冀边区
36	延县中西医药研究会	1944 年 7 月	曹扶	延安
37	延市西区中西医学研究会	1944 年 8 月	周毅胜	延安
38	定边医药研究会	1944 年	阎桂枝	定边
39	兴县中医医药研究会	1945 年 1 月 29 日	张仲武	兴县
40	陕甘宁边区中西药研究总会	1945 年 3 月 13 日	李富春	延安
41	三边分区中西医药研究会	1945 年 5 月	高丹如	三边

值得注意的是，中国共产党在国统区也建立了一些科技组织，如自然科学座谈会、中国青年科学技术人员协会（简称"青科协"）等。1939年春，在周恩来和中共中央南方局的关心指导下，经新华日报社社长潘梓年直接推动，梁希、潘菽（潘梓年之弟）、金善宝、干铎等国立中央大学的理工科教授共同发起成立自然科学座谈会。中国共产党在国统区高校推动成立自然科学座谈会的同时，也积极在工厂及科研院所中开展青年科技人员的统战工作。1939年冬，周恩来指示徐冰等人负责领导创建中国青年科学技术人员协会。1940年5月，以共产党员和青年进步分子为骨干的青科协在重庆成立，其以青年科技人员联谊会的形式，联系和团结广大科技工作者，帮助他们了解抗战形势和时事政治，提高政治觉悟，逐步形成了中国共产党领导的、以青年科技工作者为主体的抗日民族统一战线

组织。

全民族抗战时期，中国共产党主张科技发展要走大众化的道路，提出"科学要大众化，要在广大群众中去开展科学的工作"，积极倡导民众参与。1940年2月，自然科学研究会通过的《陕甘宁边区自然科学研究会宣言》，明确提出科学大众化的任务，要求大力"开展自然科学大众化运动，进行自然科学教育，推广自然科学知识，使自然科学能广泛地深入群众……使民众的思想意识和风俗习惯都向着科学的进步的道路上发展，从自然科学运动方面推进中华民族新文化运动的工作"。毛泽东提出机关干部要学好自然科学知识，并亲自带头在干部和部队中普及自然科学知识；大力提倡在边区群众中推行识字运动，提高群众的科学文化水平，抵制封建迷信。

1941年，在延安自然科学研究会成立一周年庆祝大会上，朱德发表题为《把科学与抗战结合起来》的讲话，这个讲话的全文发表在《解放日报》上。朱德一方面提出"不论是要取得抗战胜利，或者建国的成功，都有赖于科学……自然科学，这是一个伟大的力量。自然科学的进步……来取得抗战的胜利，建国的成功。谁要忽视这个力量，那是极其错误的……"，另一方面也强调"也只有抗战胜利，民主成功，中国的科学才能得到繁荣滋长的园地……殖民地是科学的坟墓而不是温室……在黑暗的独裁专制之下，科学受到最严重的摧残压制"。朱德号召广大科技工作者要"把自然科学的学识，与我们祖国的土壤和资源结合起来，使它适合于我国的条件，适合于抗战的需要……把科学与抗战建国的大业密切结合起来，以科学方面的胜利来争取抗战建国的胜利"。中国共产党在艰苦的条件下白手起家，在抗日根据地开创了适应战时需求的科技事业，并将科学技术与中国的社会土壤和资源环境结合起来，其中一些实践为后来中国特色科学技术事业的发展提供了早期经验。

四、科技活动的开展

根据地的科学家开展了一系列的科学研究活动，如自然资源调查，他们对根据地的森林、植物、地矿、盐池等资源进行了深入细致的调查。一些抗日根据地如陕甘宁边区，因地处黄土高原，土地比较贫瘠，为躲避战火从东部地区迁移过来很多人口，亟须解决广大民众的吃粮、吃水、吃盐等问题。科学家通过这些调查发现了铁矿、煤矿、黏土矿和动物化石等资源，提出了开发南泥湾荒地的建议。同时，他们取得了丰硕的成果，既包括生产炮弹、战时通信等军事工业科技，也包括满足边区生产生活的农业、工业和医药卫生科技。其中，农业科技包括育种栽培技术、开荒和水利建设技术、土壤的理化性质和改良研究、林产品利用及病虫害防治、蚕桑技术、割漆技术、养蜂技术、畜牧兽医技术；工业科技包括纺织技术、制革技术、马兰草造纸技术、印刷技术、火柴制造技术、玻璃试制技术、提制染料技术、科学晒盐技术、炼铁技术、民用机械工业技术、石油工业技术、煤炭工业技术、建筑与筑路技术；医药卫生科技包括医疗救治、药物研制、防疫技术等。这些技术满足了根据地生产生活和军事战斗的需要。

（一）农业科学技术

农业是根据地生存和发展的基础。抗日战争时期，中国共产党领导的敌后抗日根据地，在农业科技发展方面较为落后。为此，中国共产党制定了一系列的农业政策，鼓励和发展各项农业技术，促进农业生产的发展。1939 年 4 月，陕甘宁边区政府公布《抗战时期施政纲领》，提出："开垦荒地，兴修水利，改良耕种，增加农业生产，组织春耕秋收运动。"[1] 1940 年 8 月，中共中央北方分局公布《晋察冀边区目前施政纲领》，强调："发展农业，积极垦荒，防止新荒，扩大耕地面积，保护并繁殖耕畜，改良种子、肥料、农具等农业生产技术。有计划地开井、开渠、修堤、改良

---

[1] 武衡主编《抗日战争时期解放区科学技术发展史资料》第 1 辑，中国学术出版社，1983，第 66 页。

土壤。"①1941年，陕甘宁边区政府发布《1941年的陕甘宁边区经济建设计划》，规定当年农业生产的总任务是"普遍提高粮食产量，发展畜牧；局部推广种植棉麻，有计划地发展林业，广泛发展水利，扩大耕地，以达到粮食确保自给、增加纺织及其他工业原料为中心"②。1942年，毛泽东在《经济问题与财政问题》一文中指出："我们的第七项农业政策就是提高农业技术。这里说的提高技术，是说从边区现有的农业技术与农民生产知识出发，依可能办到的事项从事研究，以便帮助农民对于粮棉各项主要生产事业有所改良，达到增产目的。"③毛泽东的这一指示，强调了农业技术对发展边区农业生产的重大意义，推动了边区农业科技工作的进一步开展。

广大的抗日根据地结合各自实际情况，积极组建各类研究机构，对当地农业生产技术进行改良和推广。一方面，各边区政府的建设厅、农林牧殖局或农林局领导并参与建设了多所农场、农事试验场、农业指导所，开展农业科技的研究和推广等。另一方面，边区的农业技术学校、农学会也是进行农业技术研究与推广的重要机构。陕甘宁边区在1939年建立延安农业学校，分设农艺部、园艺部、畜牧部，讲授农业科学基础知识，培养县级、区级农业技术干部。延安自然科学院生物系（农业系）也进行了多项农业科学研究与实践，包括森林资源考察、植物采集、水土资源调查、病虫害防治技术研究及棉花栽培试验等，并推广了相应技术。1939年冬，延安光华农场成立，在陕甘宁边区的农业科技研究与推广方面做了大量的工作，主要进行农作物品种引种和栽培实验，牛、羊等畜群的饲养管理、繁殖育种和疫病防治实验，以及农、牧产品的加工工艺研究等，并将技术成果向延安及附近各县的机关、学校、部队推广。1940年，延安中国农学会成立，以"研究农业学术，普及农业知识"为宗旨，先后进

---

① 《晋察冀边区目前施政纲领》，《新中华报》1940年9月29日。
② 《1941年的陕甘宁边区经济建设计划》，《新中华报》1941年2月20日。
③ 武衡主编《抗日战争时期解放区科学技术发展史资料》第2辑，中国学术出版社，1984，第73-74页。

行了作物改良、新品种引进，以及蔬菜栽培技术研究和推广工作。[①] 其他边区政府也组建了多个农业技术研究和推广机构。晋察冀边区在 1938 年成立实验农场一处，进行粟品种比较和纯系育种工作。1940 年冬，陕甘宁边区政府成立农林牧殖局，组织边区农业学者开展农艺、畜牧、水利研究和技术推广工作等。晋冀鲁豫边区相继成立农林局和农业指导所，开展优良品种的引进推广、病虫害防治、牲畜保健等方面的工作。1944 年 4 月，山东省胶东行署农林局设立农业实验场，根据现有条件，研究改进生产方式，吸收生产经验，提高农业生产技术，开展农作物试验和水利研究。[②]

在中国共产党的领导下，各抗日根据地的农业科技人员在农业工作中结合各地实际情况，进行了大量的农业科技研究和推广工作，在兴修水利、改良农具、选育和推广良种、改进种植技术、防治病虫害、研究和推广农林技术和畜牧业技术方面取得了一系列成果，极大地提高了各抗日根据地的农业生产水平，为抗战胜利提供了必要的物质保障。

1. 兴修水利

在农业领域，兴修水利是保障农业生产需求的基本条件，为此各根据地开展了大量工作。陕甘宁边区多为严重干旱地区，严重影响了农作物产量。在边区政府的号召下，各地群众因地制宜兴修水利，水利灌溉方法主要有流水灌溉法、井水灌溉法、水漫地、修垫地（修梯田）。流水灌溉法根据河流和地势，修筑坝、壕和退水闸，利用坝（堤）阻拦河水，使之流入灌溉渠内而不流入旧河道。例如，从 1939 年开始兴修的靖边杨桥畔水利工程，数年内共修成水田 10800 亩，增收粮食 1 万多石（每石 400 斤）；延安分区 1943 年共修水田近 3000 亩，增收细粮 1000 多石。井水灌溉法可灌溉的面积不大，多用于菜园，适用于小面积农作物，其单位面

---

①郭文韬、曹隆恭主编《中国近代农业科技史》，中国农业科技出版社，1989，第 433 页。

②武衡主编《抗日战争时期解放区科学技术发展史资料》第 7 辑，中国学术出版社，1988，第 56-57 页。

积产量比山地作物高五六倍。水漫地是利用地形，让雨水将山上的泥土冲刷下来并淤积形成的农田。这是三边分区所特有的农田形式，具有保持水土、耐旱、耐雨、耐风、省肥等优点。修埝地是在关中分区推行的一种通过改良土质、改造地形、保持水土以增加粮食产量的措施。具体做法是用人工修筑成的坝棱阻挡住山洪冲下来的泥土，使其沉积于原耕地的低洼处，用这种方法将坡地或凸凹地改造成较肥沃的一块小平地。1939—1942年，赤水县（今陕西省淳化县）共修埝地 7260 亩，增产粮食 1089 石。陕甘宁边区政府修建的较大的水利工程有延河支流西川河流水利工程，可灌溉田地 1500 亩，以及杨桥畔水利工程、安塞至延安水利工程等，这些水利工程解决了很大一部分田地的灌溉问题。在增施肥料方面，陕甘宁边区有很多农民种庄稼不施肥，导致农作物的单位产量很低，于是边区政府号召大家"多积粪、多施肥"。1943 年，施肥的麦田、秋田产量较往年显著增加。各县普遍发动群众开展了拾粪、垫圈、修建厕所、沤肥等积粪运动。定边县劳动英雄刘兴太，在给农作物进行上粪之后，他的庄稼产量比一般庄稼地高出几倍。[①]

晋察冀边区自成立至 1939 年发生大水灾之前，发布了《兴修农田水利暂行条例》。平山等 13 个县整理旧渠 13 条，浇地 92264 亩；阜平等 11 个县开新渠 74 条，浇地 30602 亩；完县、灵寿、曲阳等 8 个县凿井 639 眼，浇地近万亩；仅唐县、行唐 2 个县就凿井 273 眼，浇地 4724 亩。1941 年，为恢复滩地，边区政府颁布《边区垦修滩地办法》，并派水利专家指导，冀中还成立了水利局，并发放水利贷款。边区政府自成立以来，共开渠 2272 条，浇地 418136 亩。阜平等 22 个县修滩地 146349 亩，易县等 17 个县凿井 3114 眼，浇地 22128 亩，唐县等 5 个县修堤坝 175 道，保护土地 4 万亩。1943 年，边区政府又颁布《兴修水利条例》，号召民众一起开凿水渠，兴修水利工程。如曲阳县的荣臻渠，可灌溉旱田 3 万余亩；

---

① 武衡主编《抗日战争时期解放区科学技术发展史资料》第 2 辑，中国学术出版社，1984，第 74—78 页。

繁峙县的农业渠，可灌田万亩。在防洪方面，改修了浑源城关的防洪堤坝工程和行唐沙河大堤工程，疏浚定北唐河工程等。盂县、阜平等县修堤筑坝 121 处，保护村镇 41 个，保护土地 7992 亩。[①] 在兴修水利的过程中，各边区科技人员因地制宜，根据当地实际情况并结合经验，发明了摇力吸水机、水力簸箕、龙骨水车、自动抽水机、人力抽水机等水利设施。

2. 作物育种

陕甘宁边区原有的蔬菜、水果品种极少，抗战时期也引进、栽培与推广了诸如西红柿、美国紫圆茄、甜玉米、甘露西瓜、草莓、苹果等蔬菜瓜果，大大丰富了陕甘宁边区的食品种类。延安光华农场引进并推广了狼尾谷、金皇后玉米（又名马齿玉米）、甜菜、美国白皮马铃薯和四川彭县（今彭州市）黄皮马铃薯等作物。这些作物产量高，品种优良，有效打破了敌人的封锁，解决了抗战时期粮食与物资严重短缺等问题。[②]

晋察冀边区实验农场坚持"少而精"的原则，以试验本地优良品种为主，并使小麦增产 10%，玉米增产 10%～20%，茄子增产 40%，成功培育并推广了燕京 811 号、14 号、15 号抗旱新谷种，增产 10%～25%；黄牙齿、白马牙、大金贵等玉米新品种，增产 10%～20%。[③]

晋冀鲁豫抗日根据地引进推广的优良品种有金皇后玉米、九号小麦和西红柿等，据不完全统计，仅金皇后玉米一项即为晋冀鲁豫抗日根据地增产粮食 25%～30%。优良粮食作物的引进与推广，解决了根据地军民的粮食与物资供应不足问题，是对抗战的有力支持。

1940 年，陕甘宁边区开始试种棉花，在此过程中促进了棉花栽培技

---

①武衡：《延安时代科技史》，中国学术出版社，1988，第 108-109 页。

②武衡主编《抗日战争时期解放区科学技术发展史资料》第 3 辑，中国学术出版社，1984，第 235-237 页。

③魏宏运主编《晋察冀抗日根据地财政经济史稿》，档案出版社，1990，第 213 页。

术的研究[1]。光华农场试种的洋花棉棉桃大，产量颇高，能够较好地适应边区恶劣的气候条件，得到广泛推广；斯字棉产量较高，纤维较长，产棉量多。经过边区政府颁布一系列推广政策，1942 年边区棉花种植面积达 5 万亩，1943 年则一跃至 15 万亩，产籽棉 170 万～ 200 万斤。1945 年种植面积达到 31.9 万亩，产籽棉 300 余万斤，基本保证了边区军民纺纱、织布所需要的原料。[2]

3. 畜牧兽医技术

延安光华农场引进饲养优良品种荷兰种奶牛和莎能奶山羊，采用将关中秦川牛和陕北当地黄牛杂交等方式，进行家畜改良、牛瘟疫苗和血清试制及其他家畜疾病防治。家畜改良后体格大、体质好、适应当地粗放饲养的条件。牛瘟疫苗和血清的成功研制，控制了当地牛瘟的流行，使良种牲畜的数量大大增加。[3]

晋察冀边区农林局繁殖场着重调查研究当时的优良家畜、家禽的饲养和管理方法，并在边区加以推广。培养了一批马、骡、驴的繁殖技术人员和兽医，开展防疫检疫工作，尽可能地降低战时牲畜的死亡率。另外，繁殖场还进行了部分外来品种的培育和推广实验，并取得一定的成果。比如，边区农林局繁殖场饲养的来航鸡，每年可产蛋 300 个，比本地鸡多 3 倍；波支猪每头比本地猪多产肉 40 斤；美利奴羊每只比本地绵羊多产羊毛 3 倍，而且羊毛又细又长。又如，繁殖场饲养的瑞士奶羊，是当时世界上唯一的奶羊品种，每只羊一天可产鲜奶 6 磅以上。[4]

---

[1] 王继平：《中国共产党文化抗战史（1931—1945）》，学习出版社，2023，第 651 页。

[2] 武衡：《延安时代科技史》，中国学术出版社，1988，第 52 页。

[3] 武衡主编《抗日战争时期解放区科学技术发展史资料》第 3 辑，中国学术出版社，1984，第 237-240 页。

[4] 魏宏运主编《晋察冀抗日根据地财政经济史稿》，档案出版社，1990，第 214-215 页。

太行山根据地长治农林局繁殖的优良牲畜品种有"来航鸡""鲁花鸡""红岛鸡"。"来航鸡"系卵用种，每年能产卵250～300枚，这种鸡素称"鸡中之王"。"鲁花鸡"和"红岛鸡"系肉卵兼用种，公鸡能长7斤左右，母鸡能长4斤左右。每年产卵150～200枚。[①]

西北、华北、山东等地区的抗日根据地政府，积极推广植桑养蚕技术。陕甘宁边区发动群众耕耘、锄草、施肥、整枝以提高桑树产量，并推广种植桑树的两种方法。一是剪条法，即在早春桑树发芽前，剪取上年生的桑条，插入土中，待生根发芽后即能成苗。这种方法，在边区较为普遍。二是压条法，即在桑树发芽时，将枝条一部分压入土中，待扎根抽芽后，将其割断与母体分离，即成独立的树苗。在养蚕方面，陕甘宁边区总结并推广饲育、除沙、上蔟、结茧、制种等养蚕的经验方法，杂交培育出优良蚕种，推广新法养蚕。养蚕专家甘露还编写了一本《怎样养蚕》的小册子，为陕甘宁边区的养蚕业发展提供支撑。山东胶东地区设有许多养蚕场，这些养蚕场在培育优良品种、提高养殖技术、防治蚕的病虫害、研究桑园栽培方法等方面发挥了重要作用。[②]

4. 防治病虫害

作物的虫害和病害是影响边区农作物产量的主要因素，很多地方的作物因发生病虫害而减产。当时没有农药，陕甘宁边区的技术人员通过研究害虫的生活规律、掌握薄弱环节，进行人工和生物防治。在防治作物虫害方面主要采取以下方法。蝗虫防治：通过秋翻地、溜崖拍畔将虫卵冻死，掘出虫卵烧死或磨碎，挖沟歼灭蝗蛹，组织群众围打飞蝗等。1945年山东根据地蝗灾严重，根据地政府组织农民捕打蝗虫，仅渤海区就捕打蝗蛹30万斤，保护农田1亿亩。通过找出蛉虫卵、幼虫及成虫蛰伏处进

---

① 中国革命博物馆编《解放区展览会资料》，文物出版社，1988，第310页。
② 王继平：《中国共产党文化抗战史（1931—1945）》，学习出版社，2023，第649页。

行毁灭等方法防治蛉虫。用推迟高粱下种防治排黄牛。用浸泡棉叶法防治蚜虫（俗称"油汗"）。及时除草防治金龟壳（俗称"路虎"）。用清除田中谷茬的办法防治粟灰螟（谷虫）。用捕杀、烟熏、稻田滴油煤的方法防治稻弄蝶（稻包虫）。用摘除病叶烧掉或洒石灰、硫黄液等办法防治蔬菜病虫害。此外，还利用虫害天敌进行生物防治等。在防治作物病害方面，通过选择抗病良种、砍烧病株、换茬种植和用黑帆、地药浸种籽等防治麦子黄疸、黑疸、黑穗病。用菌麻油、拌石灰粉、拌酒、温汤浸种等方法防治小麦黑疸病。[①]

（二）工业科学技术

抗日战争前期，中国共产党所领导的各抗日根据地在近代工业科技领域几乎毫无发展，没有专业的工业科技队伍和工业研究实验机构，工业生产力水平低下，基本处于手工业作坊阶段，诸多工业品严重依赖外部供给，极大限制了根据地的经济建设，对争取抗战胜利十分不利。因此，中共中央和各根据地高度重视工业科技发展，一方面制定一系列促进工业科技发展的政策，另一方面成立相关职能部门和科研组织及科研机构，为工业科技事业的长足发展提供保障，推动了各工业领域的科技研究和推广。

1939年4月4日，陕甘宁边区政府公布《陕甘宁边区抗战时期施政纲领》，明文规定"发展手工业及其他可能开办之工业，奖励商人投资，提高工业生产""提倡生产运动与节约运动""提高劳动热忱，增加生产效能"[②]。1940年，中共中央号召开展大生产运动，对边区工业提出"集中领导，分散经营"的方针，要求边区工业在一些产品上尽快做到半自给。1943年，中共中央进一步提出"由半自给过渡到全自给"的方针，随后毛泽东发出"发展工业、打倒日寇"的号召，边区的工业生产得到迅猛

---

① 武衡：《延安时代科技史》，中国学术出版社，1988，第116页。

② 武衡主编《抗日战争时期解放区科学技术发展史资料》第1辑，中国学术出版社，1983，第66-67页。

发展。1944 年 5 月，毛泽东在边区职工代表大会上再次强调："要打倒日寇，必须工业化；要中国的民族独立有保障，必须工业化。共产党员和革命者应学会使中国工业化的各种技术知识。"[1]

在中国共产党领导下，各抗日根据地广泛开展了工业领域的科技研究和推广，轻工业、重工业、化工、军事工业等各领域的研究机构和工厂逐步建立，边区初步形成完整的工业体系。1940 年，为加强工业的生产管理，陕甘宁边区成立军事工业局和边区建设厅工矿科（1941 年升格为工业局），加强边区工业的生产管理。在轻工业方面，1938 年，建设了第一批民用工厂，如难民纺织厂、振华造纸厂、兴华制革厂和农具厂；1940 年，在各地兴建棉毛纺织、造纸、榨油、玻璃、陶瓷、铁工、木工、被服、制鞋、磨坊等工厂与作坊。1938—1944 年间共创办了纺织、造纸、制毯、皮革、制药、印染、被服、化工、火柴、陶瓷、玻璃、酒精、绩麻、精盐、炼铁、工具、农具等近百个工厂。[2]

1. 纺织制革

抗战初期，抗日根据地的纺织制革技术较为落后，仅有几个工厂按照传统的生产方式进行加工。到 1939 年，陕甘宁边区建立了难民纺织厂。在生产技术的改进上，难民纺织厂取得了许多成绩。为了解决器械工具缺乏的问题，该厂技师朱次复开展了仿制竹箱、织布梭，发明创造立式水轮动力机、卷经轴机，改造打毛机、钻车、合股机等工作。制造部学徒周景升创造性地将铣纬管与钻孔合并在一个木车床上，使纱线产量增加。在织布方面，该厂也不断提高技术水平。1942 年，该厂棉织科股长袁光华用机器试织洋纱终获成功，解决了洋纱原料来源问题。在染色方面，该厂毛织科科长刘佐魁试验用植物染料染色，采用当地出产的黑葛兰根、栾树

---

[1] 中国财政科学研究院主编《抗日战争时期陕甘宁边区财政经济史料摘编·第 1 编·总论》，长江文艺出版社，2016，第 190 页。

[2] 武衡主编《抗日战争时期解放区科学技术发展史资料》第 1 辑，中国学术出版社，1983，第 107 页。

叶、蓬蓬草等植物染料代替一部分化学颜料。从建厂到 1945 年，难民纺织厂共织布达 31672.179 匹，毛毯 25475 床，为前线及后方提供了重要的物资支持。[①]

　　陕甘宁边区的科技人员还改进了丝绸纺织技术。交通丝织厂厂长白品星将旧式手推梭机改为手拉木机，使产量提高了 2 倍。该厂试验的烤茧杀蛹法，即将茧置于窑内，架空，封闭窑口，在窑外加火使窑内温度升至 54.44～71.11 摄氏度，蛹死，随即可以抽丝。这种方法得到的丝质较好，成本亦低，抽丝又快。1943 年该厂已能生产色彩艳丽的各种丝绸，全年可生产哗叽 140 匹、纺绸 120 匹、绵绸 10 匹，以及丝手帕、丝手绢、丝线、生丝等多种产品，供军需民用。[②]陕甘宁边区还发明了人造丝生产技术。华寿俊等人将自制的土耳其红油（蓖麻油加硫酸制成）溶解于水中，最终制成乳化液，使之渗透到植物的每一根纤维组织里。经过 3 个月的研究，制成适合麻纤维的柔软剂——硫化油的乳化液。脱脂的大麻纤维，经过乳化剂处理后，十分柔软，其光泽度超过棉花和羊毛。这就是边区创造的人造丝，这种人造丝适用于各种染料，将这种纤维切成 6.67～10 厘米长，与羊毛混纺，织成呢绒，强度大，色泽艳丽，美观耐穿。[③]由于边区各地产麻丰富，人造丝技术广泛应用于生产。在华北地区，战斗纺织厂于 1944 年试用土经土纬织帆布成功，肖树良和梁恩波研究制成 30 根头的自动合股机，用纺车股，从每天产量 0.5 斤，提高到每天合股 10 斤，工效提高 20 倍。太岳地区某纱厂的技师宋福田发明一种 20 根头的新式纺纱机，小巧轻便，坚固耐用。用这种新式纺纱机每人每日可产纱 1.75～2 斤，其工效比老式纺纱机提高 7 倍。根据地为了纪念这项发明，将该机命名为"福田纺纱机"。[④]晋察冀边区盛产羊毛和羊绒，在边区政府的扶持

---

①陕甘宁边区财政经济史编写组、陕西省档案馆编《抗日战争时期陕甘宁边区财政经济史料摘编·第三编·工业交通》，陕西人民出版社，1981，第 158-166 页。

②武衡：《延安时代科技史》，中国学术出版社，1988，第 188 页。

③同②。

④同②，第 194 页。

下，毛纺织业得到发展。在技术上经过一番精心研究后，创造了一整套简便的生产方法，即将弹棉花的机器改造为弹毛机，将洗净、晒干的羊毛、羊绒用弹毛机弹成毛絮，再用纺车纺成毛线，织成毛衣、围巾等，供应军需民用。在华东地区，胶东各工厂还能制造纺纱机、弹花机、织布机、织袜机、织毛巾机、倒纱机等纺织机械。兴业机械厂的满书阁技师在这些机械研制方面作出了重要的贡献。据不完全统计，到1944年，胶东共产土布35万匹，还有若干呢绒、斜纹布、哔叽、平纹布等较高级的产品。此外，还生产出丝绸10万匹。华东地区的布匹不仅可以自给，还有部分供应兄弟解放区，有力地打破了敌人的封锁。[①]

为解决染料问题，华北、华东根据地群众就地取材，采用槐籽、橡壳、芝麻壳、松烟、荆条嫩尖、黄柏根、桑基、苏木、杏树根、椿树根、黑豆皮等物作为染料，甚至创新性地使用红泥、黑土等矿物原料。他们创造了很多染色的方法和工艺，使颜色牢固、耐洗，克服了染料缺乏的困难。此外，他们还创造了先用石灰水，后用淡碱水煮的漂白方法。在制革技术上，陕甘宁边区的兴华制革厂取得较大成果。当时制约边区制革业发展的决定性环节为栲胶的生产，制革厂经过一系列试验，最后发现当地资源较多的青冈树（橡树的一种）皮、山茶树皮、沙枣树皮、橡椀子（青冈树的子壳）可以作为提取栲胶的原料，五倍子则可直接配合使用。同时，制革厂靠着自己研究设计，在茶坊军工机器厂的支援下，成功研制出一整套铜制设备，成功生产出栲胶。这是边区制革技术上的重大突破，使边区制革工业进一步发展。1941年生产羊皮革11054张、牛皮革437张、绵羊毛皮7871张，这些皮革都由该厂制成军用和民用皮件。在兴华制革厂的带动下，1943年边区已有制革厂3家，年产牛皮1800张、羊皮24000张，不仅可满足边区的需要，还为前线提供了皮带、枪带、炮衣、鞍具、皮鞋、皮帽等，有力地支援了战争。[②]

---

①武衡：《延安时代科技史》，中国学术出版社，1988，第194页。

②王继平：《中国共产党文化抗战史（1931—1945）》，学习出版社，2023，第642页。

2. 造纸印刷

受原材料紧缺影响，各抗日根据地发展文化教育所需的纸张紧张，严重影响了抗日战争的宣传教育和边区各项事业的建设发展。1939年，陕甘宁边区的振华造纸厂用稻草实验造纸成功，5月正式投入生产，月产纸560刀（每刀100张）。之后，该厂技术人员用马兰草作为造纸原料实验造纸成功，创造出以水力作为造纸动力的水力碾压机。为改进造纸技术，他们进行了一系列技术革新，如用钢丝帘代替竹帘、用土碱代替烧碱漂白、用火墙烘干代替自然晾干等，大大改变了生产面貌。马兰草在边区各地都有生长，从1942年起，边区政府对马兰草实行征购，保证了造纸厂的原料供应。到1942年，边区共有造纸厂12家，基本满足了边区出版书报和办公、学习用纸的需要。在当时经济、科学技术极端落后的陕甘宁边区，这种淡黄色、粗糙的马兰草纸为宣传马克思列宁主义、宣传中国共产党在抗日战争中的方针政策，为边区的经济、文化建设，为干部培养发挥了巨大作用。为了打破敌人的封锁，各根据地还需要自己制造证券纸，以满足各种证券、证书、奖状和纸币等贵重印刷品的生产制造需求。[①]

晋察冀根据地成功研发用麦秸造纸的技术，还对一台旧轧面机加以改造，研制出两面光滑的纸张，为《晋察冀日报》提供了部分印刷用纸。为了提高纸张的质量，工人不断进行试验，在纸浆中加入滑石粉和干子土（黏土），增加纸的色泽和滑润程度，又添加肥皂、明矾等原料来增加纸的致密度和减少吸水性，使纸张的质量明显提高。在造纸过程中，他们不断改进生产工具和操作技术，如使用水力槽碾、罗底帘子、简单打浆机和碎解机及火墙干燥方法等，提高生产效率。[②]

1945年初，山西省太行地区利用各种草类和农作物副产品，如利用

①武衡：《延安时代科技史》，中国学术出版社，1988，第201页。
②魏宏运主编《晋察冀抗日根据地财政经济史稿》，档案出版社，1990，第309页。

麦秸、白草、金针叶、马兰草、玉茭皮等进行造纸均获成功，制造出印刷纸、新闻纸、油光纸、卷烟纸、包装纸和其他民用纸。该地区的纸张不仅可以自给，还可以少量输出到敌占区。[1]

在延安以及其他抗日根据地，宣传马克思列宁主义和中国共产党方针政策的重要文献及文艺、科学著作等，都需要及时、大量地印刷出版。为解决印刷材料的短缺问题，提高印刷技术水平，八路军印刷所的工人于1939年开始制造铸字铜模，除本所使用外，还供应中央印刷厂、晋西北根据地等地的印刷厂。中央印刷厂的工人曹国兴发明了切纸机，切好的书刊整齐、美观。王万定制造出刨铅版的刨子，为制版工作提供了很大的便利。该厂成功试制出毛边纸压纸型，这是中国印刷材料领域首次用国产纸取代日本产薄型纸，填补了国内该项制造技术的空白。此后，该厂又发现可用一种岩石作为石印版代替舶来品。

其他抗日根据地的印刷技术也有了一定的发展。在晋察冀边区，工人们制成轻便铅印机、照片制版简易工具、空心铸字模，以适应战时出版印刷的需要。太行地区的新华日报社发明了以锡版代替铅版的技术，并用当地的土胶代替洋胶制版。鲁西根据地大众印书馆研究出黑色油墨的制作方法，打破技术封锁，保证了书报印刷。[2]

3. 日用化工

抗日根据地日用化工技术的进步主要体现在肥皂、火柴、陶瓷、玻璃等物品的生产制造方面。1939年，陕甘宁边区的新华化学厂经过3年的努力，生产出洗涤肥皂、香皂、牙粉、粉笔、墨水、小苏打、精盐、白酒、酒精等10余种产品。新华化学厂利用当地出产的五倍子，使其经过发酵后，提取五倍子酸，用硫酸和铁屑制成硫酸亚铁，再用这两种原料加工制成化学墨水，其质量优于国民党统治区生产的"民生墨水"，不仅可

---

① 武衡：《延安时代科技史》，中国学术出版社，1988，第 207 页。
② 同①，第 210 页。

为边区提供学习、办公所需墨水，还可为边区银行、财政经济部门供应记账所需的墨水。[1]

在火柴制造方面，1942年西北火柴厂成功制出黄磷，生产军民所需火柴。为了解决黄磷不稳定等安全问题，1943年化工厂研究提取赤磷成功，同时挖掘出再生锰矿，解决了生产安全火柴所需的助燃剂，制造出安全火柴。1944年，紫坊沟火药化工厂总工程师钱志道利用制造硝酸的残渣——硫酸氢钾制造氯酸钾。同时，屈伯川、程叔仁也在火柴厂试制氯酸钾成功，从而解决了火柴制造的关键原料问题。晋察冀边区工矿管理局技术研究室尝试从植物油中提炼煤油代用品，并获得成功，解决了工业用油问题。在此基础上，边区政府于1942年4月成立化学厂，从植物油中提炼原油，产品有滑机油、灯油、轻油、重油和煤油代用品。每百斤植物油可分馏出原油65～70斤、重油20余斤，原油中可提炼出与普通煤油相同的灯油30余斤、汽油代用品10余斤、机器油20余斤，年产各种用油可达千余斤。化学厂的建立，为边区军事工业及各种机器加工工业提供了动力燃料。此外，该厂还利用炼油的副产品生产电池、油墨和肥皂等物品。[2]

1943年，晋绥根据地的西北化工厂改进油墨的生产工艺，制成了墨锭。他们还利用熬火碱的废料，制成了很好的粉笔。胶东化学实验室用花生油和自制的火碱制造肥皂，还从松木里提取粗制木焦油，经过分馏成轻油、中油和重油，在制造油墨、药品以及兵工生产方面都发挥了很大作用。此外，甘油、药棉、纱布、蒸馏水等医药用品，墨水、蜡纸、复写纸等文化用品，以及电池、赛璐珞等都试制成功。1944年胶东化学实验室成功试制钢笔，除橡胶笔囊外，白金笔尖和其他零件全部自制，钢笔定名

---

① 武衡：《延安时代科技史》，中国学术出版社，1988，第213页。
② 魏宏运主编《晋察冀抗日根据地财政经济史稿》，档案出版社，1990，第298-299页。

为"英雄"牌钢笔。①

在陶瓷制作方面,陕甘宁边区建设厅在延安十里堡建立陶瓷实验工厂,研究试制工业用陶瓷、玻璃,解决了边区工业和医药用器皿问题。1944年,关中创办的建华瓷厂生产出红色和白色的优质瓷器。延安陶瓷实验工厂和关中建华瓷厂生产民用陶瓷及化工陶瓷200多种,供边区军民及工业使用,这是对抗战有力的物资支援。②

在玻璃制作方面,陕甘宁边区从1941年开始试制玻璃,1942年延安自然科学院首次试制玻璃成功。后来经过不断改进,产品达数十种,主要有医药用品和化学仪器,如安瓿瓶、玻璃瓶、烧瓶、漏斗、玻璃棒、比重表等,日用品中有灯罩和多种瓶、杯等。1942年初,晋察冀工矿局技术研究室陶瓷组的技术人员研究烧制玻璃,经过反复试验,于1942年6月研制出高温耐火熔罐,并以石英为原料烧制玻璃成功。由此,该厂附设玻璃厂,边区开始出现玻璃器皿,产品有灯罩、药瓶、玻璃管及注射针管等,主要供给白求恩医院等医药卫生部门使用。同时,该厂也为军区硫酸厂和化学厂生产玻璃试管,支援军工生产。③

4. 抗日根据地的重工业

在重工业方面,为解决军事和民用所需的钢铁问题,陕甘宁边区政府成立了军工局炼铁部和炼铁研究会,并相继建立了延安大砭沟炼铁厂、关中衣食村炼铁中心和西北铁厂,设计制造炼铁炉及相应设备。1938年,中共中央恢复陕北延长油田生产,并于1940—1941年新打4口油井,有效保证了边区的石油供应。

---

① 武衡:《延安时代科技史》,中国学术出版社,1988,第218页。
② 同①,第220页。
③ 魏宏运主编《晋察冀抗日根据地财政经济史稿》,档案出版社,1990,第297页。

1936 年，中国共产党在陕甘苏区开展根据地建设时，该地区的工业基础仅有小规模的军械修理厂、被服厂、印刷厂，以及民间零散的传统手工业。1938 年，沈鸿从上海迁来自己的机械厂，带来了 10 多台机床，此后中国共产党开始发展重工业，边区工业发展有了很大的进步。到 1943 年，在毛泽东"发展工业、打倒日寇"的号召下，边区工业得到迅猛发展，为抗战提供了有力的支持。

在炼铁方面，1943 年 5 月，关中衣食村炼铁中心自行研究炼制出灰生铁。1944 年，陕甘宁边区的延安大砭沟炼铁厂，在赵俊、沈鸿、徐驰等人的带领下，修造了第一座大炼铁炉，生产出白生铁，之后在炼铁研究会的组织下，研究炼制出灰生铁。灰生铁的生产，解决了机械制造和炮弹生产急需的材料问题。①

在石油开采方面，1938 年，在中国共产党的领导下，陕北的延长油田在技术和设备极度困难的条件下，打出 1 口旺井，日产原油 1600 千克，被誉为油厂的"起家井"。1940 年，军事工业局拼凑出一套打井设备，并用充气法打出第一口新井，使用茶坊兵工厂制造的高速蒸汽机，月产原油10 吨左右。②

在石油炼制方面，延长油田采用常压蒸馏法炼油，因沸点不同而得出汽油、甲级煤油、乙级煤油、白蜡油、机油和油渣，将白蜡油加工制成润滑油和蜡块。蜡块色灰黑，再用骨炭脱色，经加热、过滤可制成漂白的蜡片，再浇成蜡烛。为提高炼油能力，军工局调茶坊兵工一厂的铆工班支援油厂制造炼油设备。他们将 12 寸的钢管剖开、展平，用 3 块钢板拼焊成炼油锅，造锅 2 口，极大提升炼油能力。边区的石油工业改善了边区交通和工业的能源供应，有力地支援了抗日战争。③

---

①王继平：《中国共产党文化抗战史（1931—1945）》，学习出版社，2023，第 647 页。

②武衡：《延安时代科技史》，中国学术出版社，1988，第 246 页。

③同②，第 249 页。

在中共中央和各抗日根据地的积极推动下，抗战时期的工业科技有了全面的发展，根据地工业科技体系形成基本的架构，科技人员克服重重困难，解决了生产中的各种技术难题，取得诸多的工业科技成果，大大提高了军民的物质生活条件，增强了边区的军事实力，为抗日战争胜利提供了有力的支撑。

（三）医药卫生

中央红军到达陕北前，该地区的经济、文化、卫生极为落后，疫病流行猖獗，医药短缺，医疗设施极其紧缺。1935 年底中央红军到达陕北后，立即成立军委后方办事处卫生部，1936 年 10 月改称军委卫生部。

1. 创办医疗卫生机构

军委卫生部的工作除负责陕甘宁边区部队日常的医疗、卫生防疫等基本工作外，还主要有办好医科大学，积极为抗日根据地培养和输送医务技术干部；办好医院，努力救治伤病员；办好药厂，解决药品供应问题。卫生部下属 3 个后方医院及 1 所卫生学校，3 所医院共有 19 个医疗所，卫生学校也设有附属医院。后方医院虽然设备简陋，医疗水平不高，但在保证部队战斗力方面发挥了很大的作用。红军各军团和各军区也分别设立了后方医院和野战医院。红军团以下至连队，后来都相继配备了卫生人员，承担部队的疫病预防和战场紧急救治任务。全民族抗战爆发后，经过军委卫生部和军委后方办事处及边区政府的共同努力，边区的医疗卫生事业有了很大的进步。中共中央根据边区社会实际以及革命战争的客观形势，制定了"以预防为主，积极开展群众性的卫生防疫运动，防治结合，中西医结合，为战争和人民健康服务"的正确方针①，并在此方针指导下全方位推进边区的医疗卫生事业建设。

1938 年下半年，八路军总部组建野战卫生部，开始全面领导野战医

①武衡：《延安时代科技史》，中国学术出版社，1988，第 309 页。

疗卫生保障工作，军委卫生部则改称军委总卫生部。1939年初，军委成立了八路军历史上第一个总后勤部。总后勤部下设政治部、供给部和卫生部[1]。军委各机关、直属队的门诊部、卫生所也归卫生部直接领导[2]。军委卫生部对卫生防病工作抓得很紧，除制定一些卫生制度外，还针对不同季节的发病情况，及时提出一些防病措施[3]。1937年3月，军委卫生部提出规划，要在扩大卫生学校、培养卫生干部、增设医院、进行疾病治疗的同时，大力开展卫生防疫工作，发动群众开展卫生运动。1942年4月，因友邻地区的河曲、绥远、宁夏等地发生鼠疫，陕甘宁边区成立防疫委员会，"统一管理边区防疫工作之设计及指导"。除预防鼠疫外，边区政府对其他急性传染病的预防也高度重视，形成了一整套科学预防的措施。

1937年9月，陕甘宁边区政府成立后，即在民政厅下设立卫生科（后改为卫生处），专门负责边区的医疗卫生工作。除八路军系统外，陕甘宁边区政府也创建了一些医药卫生机构。据统计，1938—1944年，仅陕甘宁边区就先后创建了49个医疗卫生机构[4]。

中央医院是陕甘宁边区最大的医院，创办于1939年4月，直属中央卫生处，位于延安北面的李家湾。经过几年的建设，到1942年，医院已有病床170张，设置内科、外科、妇科、结核科和传染科等。医疗技术科室的建设刚开始仅设有药剂室，后来发展增加了检验室和X射线室。护理部下设接诊室、病历统计保管室、供应室和流质房。至此，中央医院成为一所科室基本配套、设备较为齐全的医院，是延安的重要医疗中心之一。医院培养了一批医务卫生工作者，1939—1945年，培养了检验员23人、药剂人员25人、护士105人，共有来自全国各地的实习医生115人。中央医院从成立到1945年共收治伤病员12.677万人，为广大干部、边区

①武衡主编《抗日战争时期解放区科学技术发展史资料》第1辑，中国学术出版社，1983，第204页。

②同①，第205页。

③同①，第212页。

④同①，第107页。

群众的生命健康作出了重大贡献。[①]

白求恩国际和平医院原名八路军总医院，也称第十八集团军总医院，成立于 1938 年初，直属军委卫生部，位于延安城东 15 公里的拐峁村。1940 年为纪念白求恩医生而改名。医院设病床 200 张，病人多时还可临时加床。拐峁村后设有分院，共有 100 多张病床。医院设有护士培训班，下属的护士学校为医院培养了一大批护士。白求恩国际和平医院的曲正主持研制牛痘疫苗以预防牛痘病，这是当时难得的自制的预防疾病的药。医院引进了许多外籍医生，如柯棣华（Dwarkanath S. Kotnis）、巴苏华（Bejoy Kumar Basu）、马海德（Shafick George Hatem）等，他们在医院工作并进行技术指导，马海德还带来很多外文书刊，对提高医院医务人员的科学技术水平发挥了很大的作用。很多医生在此基础上进行中西医结合，对病人开展治疗，并取得良好效果。

边区医院成立于 1937 年，直属边区政府卫生科。起初医院没有医生，只有 32 名护士，不能诊病，只能照顾护理病人。后来国统区的一些医生护士来到边区医院工作，白求恩也在这里工作过一段时间，中国红十字会的护士队、X 射线队、29 队、23 队、33 队均在这里工作过。1938 年，边区医院进行扩建，共有 100 多张病床，宋庆龄和华侨捐赠的医疗救济物资和仪器设备都集中在这里。在中央医院和八路军医院建成前，这里是边区最大的医疗机构，分内、外两科。

2. 开展医药科技研究

抗战时期，边区医疗卫生战线上的科技人员在极其简陋的条件下，坚持开展科学调查和科学研究，与危害边区军民生命健康的各种疾病进行顽强斗争。为了加强医药科技研究，提高医疗技术，改造国医国药，中共中央和边区政府克服重重困难，设立了陕甘宁边区国医研究会、中西医研

---

①武衡主编《抗日战争时期解放区科学技术发展史资料》第 1 辑，中国学术出版社，1983，第 240 页。

究室、陕甘宁边区医药学会等一批医药科研机构。

1941 年陕甘宁边区医药学会成立时，便决定重点开展 9 个方面的工作，包括"加强边区地方病之研究""从事营养研究""开展中药研究"等内容。陕甘宁边区有部分地区多年来流行柳拐子病、吐黄水病、肺痨病等地方病，这些疾病严重影响了边区人民的身体健康。边区医药界对这些疾病进行深入调查与研究，在预防和治疗方面取得了一定进展。1943 年中央总卫生处设立营养研究会，任务是"丰衣足食，为改善物质生活而斗争"。研究会根据边区实际编制了推荐性的"饭谱"和"菜谱"，并在《解放日报》上公开发表，供各机关、学校、部队选择采用。

1945 年，延安成立了卫生试验所，不久迁到山西省离石县（今吕梁市离石区），改为晋绥卫生试验所，李志中任主任。试验所下设破伤风研究室、疫苗室、培养基消毒室、化验室和采血室，进行牛痘疫苗、伤寒副伤寒混合疫苗生产，研究破伤风抗毒素和气性坏疽抗毒素。卫生试验所在艰苦的条件下，经过 3 个月时间，终于完成了破伤风类毒素和抗毒素的研究，并不断扩大生产，保证了前线战士和群众防疫的需要。

全民族抗战时期，各边区、各抗日根据地的药品供应十分紧张。在初期，边区的药品来源主要依靠周恩来等领导人通过统一战线的关系获取。如宋庆龄领导的保卫中国同盟和中国红十字会等团体都捐赠过不少药品。边区政府也派人去西安等地采购过一些药品，但 1939 年前后，陕甘宁边区被国民党胡宗南部队严密封锁，药品运不进来，供应越来越紧张。因此，边区政府不得不想方设法从外地弄些药品进来，同时组织力量上山采集，自行制药。

陕甘宁边区利用当地盛产的麻黄、甘草、当归、桔梗、柴胡等中草药，经过加工，制成许多成药。早在 1938 年秋，中共中央就决定在边区筹备八路军制药厂，该厂于 1939 年在栒邑县（今旬邑县）吕家村开工投产，有龙在云、饶孟文等技术人员和工人 100 多名，分西药部、中药部、材料部，有压片机、灌注机等制药设备。卫生部药厂虽然条件简陋，但是生产的产品不少。该厂有用化学方法提取中药有效成分而制成的麻黄素、黄芩碱、当归油和用其他方法制成的桂皮酊、陈皮酊、桔梗丸等，也有西药片剂、注射剂，如吗啡片、苏打片、麦角胺注射液、安钠咖、普鲁卡因、阿托品等。该厂装注射剂的安瓿的封口用酒精灯烧结，注射剂的制作、消毒和检验都十分严格，从未因质量问题出过事故。

陕甘宁边区还创办了光华制药厂、边区制药厂等，以当地出产的中草药为主要原料，研制生产出各种散、丸、丹、片、膏、酊、精、素、剂药品，品种多达数百种，为边区医疗工作和支援前线提供了重要支持。

1938 年秋，陕甘宁边区政府用宋庆龄捐助的经费筹建西北制药厂，厂址在枸邑县吕家村，翌年建成。该厂开始主要生产已有的西药，其中注射剂有樟脑、福白龙（解热针）、盐酸吗啡、硝酸士的宁、氯化钙等 10 多种，片剂有水杨酸钠片、苏打片等 10 多种，中药有解热、强壮、镇咳、泻下、利尿类药品 10 多种。中药是用传统的药方配制而成，还大批生产了"仁丹"。1944 年，药厂迁至延安，扩大生产规模，中西药的生产品种增加到 100 多种。制药厂研制出一种强身滋补剂——"壮尔神"，其主要成分是黄芩、当归、人参、白术、柏子仁、远志等，有安神、健胃、补血之功效。该厂又自制"黄芩碱"，一次服用 1 克即可达到解热的目的，只相当于原用药量的 1/10。另用蒸馏法生产杏仁水，用作止咳剂。制药厂成立了研究室，以提高药品质量和试制新药为目标，先后成功试制肝脏注射剂、麻黄素、乳酸钙片、行军丹（散）、精制食盐、石膏、羊肠线等。该厂还自制制药工具，用硬木制成压水机，用铁皮制成蒸馏器，改制压片机等。[①]

陕甘宁边区政府卫生处在安塞设卫生材料厂，该厂采集边区生产的药材供各地需要。生产有司砒罗、散热霜、杀淋吞、痢疾能、防疫片、麻

---

①武衡：《延安时代科技史》，中国学术出版社，1988，第 349-350 页。

樟丸、白陶土、健胃散、福归灵、红色大补丸、婴儿散等成药，其疗效不亚于西药，深受群众欢迎。

延安各医院、门诊所等也结合自身条件，制造一些药品，如中央医院制成康氏反应抗原、盐酸吗啡、滑石粉等，中央门诊部制成水银合金粉和纹银齿冠，中央卫生处材料科用酒精配制各种酊剂，有樟脑剂、鸦片酊、大黄酊、远志酊等。陕甘宁边区光华药厂生产药品30余种，精选古今流行的中药药方，经过整理、研究、试验，制定产品标准，制成各种丸、散、膏、丹。①

3. 提倡中西医结合

中国共产党积极提倡中西医结合，主张用现代科学方法研究中医，实现中医科学化和西医中国化。1940年，"国医代表大会"在延安召开，决定成立中医研究会，研究改进中医中药，以促进边区卫生事业发展。在此背景下，和平医院西医医生鲁之俊向中医医生任作田学习针灸，并用科学方法加以研究和临床试验。20多名患者的多年宿疾，曾用西医各种方法医治均无效，采用针灸则立奏奇效。1944年10月30日，毛泽东在边区文教工作大会上，发表题为《文化工作中的统一战线》的演说，进一步号召中西医合作，开展群众卫生运动，号召中西医要为改善人民健康而互相学习，共同进步②。中共中央和边区政府实施中西医合作的方针，在边区得到认真贯彻和落实。在延安举办卫生展览期间，中西医医生破除成见，共同接诊治病，互相切磋交流，共同进步，大大提高了医疗效果，有力推动了边区中西医团结合作的进程，为保障全体军民的身体健康和中国人民的解放事业作出积极贡献。

医药卫生工作是边区主要的科技工作之一，其发展进步在一定程度上代表着整个边区科技事业的发展进步。边区广大医药科技工作者发扬实

①武衡：《延安时代科技史》，中国学术出版社，1988，第351页。
②毛泽东：《毛泽东选集》第3卷，人民出版社，1953，第1031-1032页。

事求是、开拓创新的科学精神，秉承"救死扶伤，实行革命的人道主义"宗旨，忘我工作，大胆试验，中西结合，艰苦创业，为发展边区医疗卫生事业作出了重大贡献。

第三节　军事工业在抗日根据地的发展

抗日战争时期，中国共产党高度重视军事工业的发展。1938年初，中央军委成立军事工业局，以加强对军事工业的领导，同时建立茶坊兵工厂。[①]1938年，中央军委三局成立通信器材厂，1939年改名为电器材料修造厂，负责无线电器材的维修和制造。1938年9月，八路军总部在榆社县韩庄村成立总部修械所，组织修理枪械，同时兼造地雷、手榴弹和步枪。

1938年9月，中共六届六中全会在延安召开，毛泽东指出："游击战争的军火接济是一个极重要的问题……每个游击战争根据地都必须尽量设法建立小的兵工厂，办到自制弹药、步枪、手榴弹等的程度，使游击战争无军火缺乏之虞。"随后，全会通过的政治决议案明确指出："提高军事技术，建立必要的军火工厂，准备反攻实力。"1941年4月，中央军委发布《关于兵工建设的指示》，要求各抗日根据地对兵工建设应有正确的原则，即在山地抗日根据地上建立中等后方，在平原建立很小的、分散的、秘密的后方，兵工建设以"弹药为主，枪械为副"，要求各根据地"注意收集专家，给以负责工作"，"依据延安经验，应以新来的精通技术的干部为厂长，给以生产、技术工作的主权"。

---

① 薛幸福主编《陕甘宁边区》，兵器工业出版社，1990，第164页。

一、抗日根据地军事工业的开展

全民族抗战爆发后，1937 年 11 月 7 日，八路军第一一五师和第一二〇师三五九旅以北岳山区为中心建立了晋察冀军区，聂荣臻任司令员兼政治委员，下辖 4 个军分区。八路军队伍建立初期，由于自身没有军事工业以补给枪支弹药，其武器装备主要依靠战场缴获和从当地豪绅、地主手里收集及国民党政府补给。美国记者埃德加·斯诺（Edgar Snow）指出："八路军 80% 以上的武器和 70% 以上的弹药是从敌军那里夺来的。"[1] 战场缴获和民间收集的装备存在数量少、样式杂、不稳定等问题，导致无法进行零件更换、保养维修、弹药补充等，极不利于军事作战。鉴于这种情况，中共中央决定建立自己的军事工业。在中共中央、中央军委和八路军总部各级的指示要求下，各抗日根据地在敌后创办兵工厂，从修械开始，建立起不同规模的兵工生产组织，从事武器装备维修和生产。[2]

从八路军第一二〇师组建初期的武器数量（表 3-8）上看，在重武器方面，迫击炮仅有 4 门，部队的正面进攻火力十分有限；在枪支方面，人均持有枪支只有约 0.65 支，即 3 个人配 2 支枪，即使算上刺刀、马刀等近战兵器，也远做不到每人配备一件装备；在弹药方面，人均持有弹药 35 发，这些子弹在一场战役中可能就会消耗殆尽。

表 3-8　组建初期八路军第一二〇师武器统计表[3]

迫击炮/门	机枪/挺			步枪和手枪/支				刀/把		子弹/发
	重机枪	轻机枪	花机枪	步马枪	驳壳枪	手枪	手提式枪	马刀	刺刀	
4	35	143	1	4091	788	91	67	262	117	276955

---

①埃德加·斯诺：《西行漫记》，童乐山译，生活·读书·新知三联书店，1979，第 234 页。

②阮英特：《全面抗战时期晋察冀根据地军事工业研究》，硕士学位论文，清华大学，2024，第 13 页。

③岳思平主编《八路军》，中共党史出版社，2005，第 26 页。

随着抗日战争形势的持续恶化，在广大人民群众的拥护支持下，八路军在华北的革命队伍迅速壮大。但是，在人员增加的同时，武器装备却不能随之补充，导致武器装备与人员数量的差距越来越大。

1938年2月18日，任弼时在给中央的报告中提到："八路军人员新增57395人，而枪支只新增万余支。"这直接导致八路军的人均枪支配备数量下降，此时八路军平均4.38人才拥有1支枪，八路军第一二〇师略高于平均水平，但也是4.18人配备1支枪（表3-9）。

表3-9　1937年12月八路军人员数量和1938年1月第一二〇师

人员数量及武器情况统计表[①]

类别	人员数量	总枪械	备注
八路军	约9.2万人，其中新增人员57395人	2万余支，包括短枪2070支、手枪400支、手提花机枪514支、轻机枪520挺、重机枪74挺。其中，新增枪支万余支	按照2.1万支枪测算，人均持枪比为0.23，平均4.38人持有1支枪
第一二〇师	29162人	各种枪支6979支	人均持枪比为0.24，平均4.18人持有1支枪

国民党政府补给八路军的军备很少，在全民族抗战时期，八路军作为国民革命军编制序列内的正规部队，仅在1937年8月至1939年下半年得到国民政府给予的军需支持，且补充的军需只有少量的枪支与火炮，以弹药和炸药为主。在此期间，国民党提供给八路军的军火补给，"仅有千余支步枪和轻重机枪，20余门炮，数千把大刀和刺刀。子弹共有560万发、手榴弹30.05万个、各种炮弹15120枚，还有数百吨炸药"[②]。

---

① 参见《任弼时关于八路军情况向中央的报告》（1938年2月18日），载总政治部办公厅编《中国人民解放军政治工作历史资料选编》第4册，解放军出版社，2004，第111页；《一二〇师1938年1月份现有人员武器弹药工作器具统计表》，载卢云山、杨弘编《周士第将军阵中日记》，石家庄机械化步兵学院印刷厂，2005，第111页。

② 崔军锋、杨丽平：《抗战期间国民政府对八路军的军械补充》，《南华大学学报（社会科学版）》2015年第6期。

中共中央很早就已经意识到武器装备短缺尤其是枪支短缺，会是八路军队伍扩大后最难解决的问题。1937 年 10 月 21 日，毛泽东就关于建设兵工厂造枪问题专门向周恩来、朱德等人致电："在一年内增加步枪一万支，主要方法自己制造。"[①] 为保证八路军能够得到充足的武器装备补给，在建立根据地的同时，即着手建立相应的军事工业。之后各军区都开始兴办修械所，确保能够及时修复损坏的武器，补充武器弹药，提供军火保障。

1939 年春，为进一步加强陕甘宁边区的兵工建设，军委后勤部、军工局将茶坊兵工厂的机器制造部独立出来，成立陕甘宁边区机器厂，或称军工局兵工一厂，后陆续建立军工局兵工二厂（造枪厂）、军工局兵工四厂（火炸药化工厂）、军工局兵工三厂（迫击炮弹厂）。1939 年 4 月，晋察冀军区和边区政府分别成立军事工业部和工矿处（后扩大为工矿局）。1939 年 5 月，八路军总部正式成立军工部，同年 7 月，军工部将总部修械所迁往更为隐蔽的黎城县水窑山黄崖洞，扩大规模，建成总部军工一所，后又相继创办了"二所""三所""四所"，均为枪炮制造所。此外，还创建了 3 座辅助性工厂，即柳沟铁厂、下赤峪复装枪弹厂和试验厂。1941 年初，国民革命军新编陆军新四军（简称"新四军"）在江苏盐城附近的岗门镇成立军工部。

1939 年 4 月，晋察冀军区军事工业部成立，地点设在河北完县神南镇，任务是负责统一领导边区的军事工业，刘再生任部长，杨成任政治委员，张珍任副部长，军区将原来属于供给部管辖的 4 个修械所和冀中军区的 5 个修械所，一并划归工业部领导。司令员聂荣臻对所属兵工厂整编提出"集中领导，分散经营，就地取材，小型配套"[②] 的 16 字方针，将原供给部所属修械所整编为 6 个制造所，地址分散在京汉铁路两侧。到 1940

---

①中国人民解放军历史资料丛书编审委员会编《后勤工作·回忆史料（1）》，解放军出版社，1994，第 18 页。

②周均伦主编《聂荣臻年谱（上卷）》，人民出版社，1999，第 282 页。

年初，工业部按照产品类别对所属兵工厂进行改组改编，将制造所改为连队编制，共组建了7个连队，即7个工厂（一个连队为一个工厂）。1941年下半年，军事工业规模发展到11个制造连、1个化学厂和1个矿工队。

随着晋察冀军事工业领导机构的成立和新兵工厂的不断增设，军事工业生产的军火补给数量和品类也不断增多。

1939年12月的《晋察冀军区兵工生产总结报告》指出现有工厂主要为两种类型：一种是机器厂，主要负责制造枪支、刺刀以及维修枪支；另一种是制造厂，主要负责制造迫击炮弹、手榴弹和步枪子弹。机器厂的数量是4个，制造厂的数量是2个。"所能制造的数量，每月大概是刺刀300把，手枪10支，维修枪械545支，左轮4支，造手榴弹16000个，迫击炮弹未出成品，子弹也因为新模具问题没有正式开工。"[1]

1940—1941年是晋察冀军事工业发展的重要时期，扩编建厂、壮大队伍、增强力量均在这一时期进行。这一阶段生产的军工产品品类增多，生产数量增加，产品质量提升，军事工业生产实现全面升级。比如，1940年平均月产手榴弹10万枚、复装子弹8万发、迫击炮弹2000发、步枪400支，生产产品的数量较未成立军区工业部之前有了大幅提升，在复装子弹的数量和步枪的产量方面几乎是之前的4倍。

1942年5月，聂荣臻、唐延杰在给彭德怀、左权、叶剑英的《晋察冀军事工业情形》报告中提到生产情况："手枪184把，步枪156支，手榴弹30.8万枚，子弹59.5万发，地雷50个，刺刀4.7万把。工人数量为943人，工厂数量为10个。1940年1月成立了硫酸厂，开始数量少而质量坏，每天不过1～2斤。四月间换新所长，每天3～4斤，并继续研究，改进数量与质量，现在每月可出3000斤左右。1940年至1941年，开始制造无烟硝药，不但质量不好，且因工人和工具不好，数量也少。现在每

---

[1] 中国兵器工业历史资料编审委员会编《晋察冀根据地军工史料》，兵器工业出版社，1993，第16页。

月可出 300 余斤。"①

1942 年秋，军区司令员聂荣臻为了进一步加强军区的军事工业力量，决定将晋察冀边区政府工矿管理局纳入军区工业部。工矿管理局技术研究室的人员由军区工业部管理，工矿管理局下属的工厂除纺织、制革等少数工厂外，均被纳入军区工业部。技术人员、企业工厂、工矿工人等多方资源的汇聚，为军工科研攻关、创新研制产品、实现批量生产奠定更加坚实的基础，进一步加快了武器弹药的发展步伐。

1941 年 8 月至 1943 年 7 月，是晋察冀根据地最为艰难的时期。在 1940 年 8 月，八路军在华北战场发起了一场规模最大、持续时间最长的对日战役——百团大战，给予日军沉重打击。百团大战后，日军加大了对各根据地的残酷扫荡，外部形势十分严峻，晋察冀根据地的军事工业生产遭到严重破坏。1942 年 5 月，冀中军区在"五一大扫荡"后沦陷，根据地面积大为缩小，战斗频繁，人员和物资多有损失，面临抗战以来最为严重的局面。1942 年的军事工业产量较 1941 年的产量下降较多，枪支近半年的生产数量不及 1941 年的月产量，手榴弹月平均产量也下降了近 60%。为了完成生产任务，促进军工事业发展，各军工生产部门被迫进行多次拆分与合并，在此期间经常迁址转移。比如，晋察冀军区军事工业部第二子弹厂（九连），曾先后三次搬迁，最后定址在阜平县吴家庄村；大岸沟化学厂（第一化学厂），也曾三度改名、三易其址。1943 年 5 月，五连被日军包围，导致设备被损毁，人员分散走失，部分军工人员隐蔽在荒僻之处，损失惨重。1943 年 6 月，工业部将五连、十连和矿工队合并，并改连队名为七连。

①中国兵器工业历史资料编审委员会编《晋察冀根据地军工史料》，兵器工业出版社，1993，第 26 页。

二、抗日根据地的军事科技成果

全民族抗战时期，在中共中央、中央军委的领导下，军工技术人员勇于探索、敢于创新、勤于研究，军事工业的科技事业蓬勃发展，新的技术工艺和发明创造不断涌现，有力地推动了根据地军事工业的建设发展。

军事工业科技的进步，在很大程度上得益于晋察冀军区军事工业部技术研究室的建立。在研究人员的努力下，研究室先后成功研制出硫酸、硝酸、乙醚、甘油、雷银等基础化工原材料，并在此基础上不断创新工艺，陆续成功研制出硝化棉、硝化甘油、单基无烟药、双基无烟药、纸雷银雷管等高级化工材料，最终实现全新子弹壳、高级炸药等军工产品的自主生产。其中，"缸塔法制酸""坩埚蒸锌炼铜""焖火法加工白口生铁"被誉为抗战时期人民兵工技术的"三大创造"。[①]

（一）子弹的制造

子弹是现代战争中不可或缺且消耗数量最大的武器装备之一，是否有充足的子弹装备甚至成为决定战局的关键。在全民族抗战初期，晋察冀根据地既缺少冲床、紧口机等基本设备，也缺乏黄铜、无烟火药等原材料供应，使得八路军在很长一段时间内都是通过收集旧弹壳，复装子弹来供应部队需要。

1. "坩埚蒸锌炼铜法"突破锌铜合金制造技术

子弹主要由弹壳、底火、发射火药和弹头4个部分组成。所谓复装子弹，是将回收的弹壳先清洗烘干、修复整形，然后安装底火，最后重新装填弹药和弹头。复装子弹一直存在许多问题，其中最大的问题是弹壳原料的供给。复装子弹的弹壳都是从战场收集回来的旧弹壳，一般子弹经过火药爆炸会导致弹壳形变，大多数弹壳不能再次使用。同时，随着战争形

---

① 《红色基因》编写组编《红色基因》，党建读物出版社，2016，第64页。

势不断恶化，战场消耗与日俱增，单纯依靠回收旧弹壳复装子弹，已不能满足部队的弹药补给需求。尤其是在进入抗日战争战略相持阶段后，日军发现八路军通过复装子弹的方式补充弹药，为断绝八路军弹壳来源，日军会在战斗后有意识地回收旧弹壳，使八路军弹壳的供给日趋艰难。

要实现子弹的复装或者自主制造，有两个比较关键的技术问题需要解决：一是硝化棉与无烟火药的制造；二是黄铜子弹壳的制造，即高纯度锌铜合金的制造。

1940 年 7 月，晋察冀军区军事工业部化学厂对硝化棉和单基无烟药进行研制。硝化棉与无烟火药的制作紧密相关，要想生产出无烟火药，就必须先生产出硝化棉。技术工人用碱性溶液将棉花漂洗制成脱脂棉，最后用硫酸和硝酸按比例配成的混合液浸泡，得到硝化棉。无烟火药则是将硝化棉洗净晾干，再用酒精和乙醚的混合液溶解，然后进行胶化、压片、切块上石墨，即可制成。1941 年 5 月，在成功研制出硝化棉的基础上，技术人员顺利研制出了无烟火药。

无烟火药制造成功后，子弹壳的数量直接决定了复装子弹的数量及自主生产子弹的情况，而能否自制子弹壳，关键在于是否拥有质量很好的黄铜。黄铜是纯铜与纯锌按照 7 ∶ 3 的比例混合而制成的合金，是制作弹壳的理想材料。要制造出高纯度的锌铜合金，关键是要提炼出高纯度的铜和锌。要提炼出高纯度的铜和锌，首先要找到能够提炼的原材料。

晋察冀根据地获取铜的主要方式有三种：一是从民间收集，比如旧铜器、铜钱；二是从敌方夺取，可以发动群众在铁路沿线破坏敌人的电线，从中获取原料；三是在工厂复装子弹时，用铜元冲压弹头所剩的余料。但是用上述方式获得的铜所含的杂质较多，不能直接用来制作弹壳，因此必须提纯炼制。

晋察冀根据地获取锌则比较困难，当时晋察冀军区军事工业部工矿队曾派出相关技术人员四处寻找锌矿，但是最终无果。一次偶然，有人发现在材料科征购来的明清时期的制钱和铜铸香炉、鼎等杂铜中含有一定量的锌，这为解决原材料锌的来源问题提供了可能。[①] 如何将原材料中的锌进行提纯成为一个难题，晋察冀军区军事工业部的张方与张珍在收集杂铜的过程中，见到熔铜时的氧化锌粉末，便想通过收集氧化锌粉进行蒸锌获得金属锌。张方受其启发，通过"蒸锌"联想出了能够得到纯锌和纯铜的办法。通过蒸馏杂铜使锌升华，锌气冷凝成液体，再凝结为锌块，杂铜中所含的锌便会和粗铜分开，然后再通过精炼的方法获得纯铜。若有纯锌，又有纯铜，配制压出子弹壳所需的黄铜不成问题。[②] 至此，他们有了一个初步的蒸锌炼铜的提纯方案。首先通过利用铜与锌的沸点不一致的原理，在熔炼加热过程中，锌在高温时先产生锌蒸汽，在与氧隔绝的条件下逐渐冷却而得到高纯度的锌。然后将剩余的杂铜通过电解法进行精炼，从而得到高纯度的铜。但这仅仅是理论上的方案，能否成功实现，不仅需要靠实验来检验，还需要考虑根据地的实际情况，因地制宜、自主创新才能真正实现大规模批量生产。

为了能够实现较大规模的蒸锌实验，张方找到玻璃厂用来熔化玻璃的"坩埚窑"。他们将已经烧过的旧坩埚碎片，加上部分新陶土，通过反复捏合、粉碎、揉压等工序，制作出一个大的坩埚。等新的坩埚风干之后，对坩埚进行加热，并保证加热过程缓慢，防止加热太快而导致坩埚变形或破裂。等到坩埚升温变成亮红，此时再将购来的大量制钱导入坩埚之中进行蒸馏分离。在坩埚口上有像茶杯一般粗的陶瓷管作为冷凝器，锌蒸汽在此凝结成液体滴下，最终凝结成锌块。

接下来是提炼纯铜，提炼纯铜有两个步骤，即火法精炼与电解法精炼。首先通过火法精炼继续熔炼粗铜，将粗铜熔炼、氧化、去液，在这一

---

① 张成江主编《革命老根据地冶金军工史》，陕西人民出版社，1990，第78页。
② 张方：《敌后军工生活的回忆（1938—1948）》，晋察冀根据地军工史编辑部，1986，第115页。

过程中不断搅拌，将得到的铜水铸成铜片，得到纯度相对较高的铜。然后，通过电解法，将铜片进一步提纯，得到精铜。最后，将得到的纯锌和纯铜按照 3∶7 的比例制成黄铜，将所得的黄铜铸成黄铜片，就可以用于制造子弹壳。

大规模量产时，选用冶炼产量较大的反射炉作为熔炼器皿来熔炼粗铜。当时反射炉的铸造使用的是当地石料和耐火土。反射炉内温度能够达到1100摄氏度以上，烟囱是用石块砌成，内部是耐火材料，炉上部设有通风口，用于输送二次风，以达到炼铜氧化阶段要求，炉膛内形成高温氧化性火焰，使铜内杂质氧化，而当铜的纯度达到要求时，又能形成还原性火焰，使被氧化的铜还原成铜液。将蒸锌后的杂铜放入炉膛内经过高温火焰熔化成液态杂铜，在氧化性火焰中，铜内杂质被氧化，此时不断除去已被氧化的浮在铜表面的杂质。当铜内杂质被大量氧化时（可根据杂质颜色变红的程度判断）随即关闭二次风，使炉膛内形成还原性火焰，并用粗树枝搅动，借树枝烧成的木炭，将已氧化的铜还原成铜液。然后，将炉膛放铜口打开，使铜液流入事先准备好的模子里，此时反射炉炼出来的铜还不是纯铜，但是杂质已经大大减少。接着将第一步火法精炼得到的铜作为阳极板，再用纯铜薄片当作阴极板，用硫酸和硫酸铜制成的水溶液做电解液，然后通入直流电进行电解作业。随着电解反应的发生，阳极板不断溶解，阴极板不断析出纯铜，最终获得纯度较高的铜。

在解决黄铜冶炼问题后，子弹厂又自行设计制造出铜板压延机。利用压延机将黄铜压制成铜板，再利用压制的铜板冲制出弹壳的坯料，最后经冷却加工成型制成子弹壳。至此，晋察冀根据地就有了完全不依赖外界原料的自制子弹壳。

2. 完全自主生产子弹

无论是子弹的复装还是新子弹的制造，每个环节都可能出现问题。子弹的复装需要经过筛选、挖取旧底火帽、煮洗烘干、弹壳收身、切口、制新弹头、装填发射药、制造底火、组装等共计20余道工序。而在整个复装过程中，八路军没有可参照的技术资料和具备专业技能的技术工人，每一道工序都经过反复摸索、不断调整修正才得以实行，比如子弹头壳因壁厚较薄、强度较低，导致子弹头容易破裂，通过调整子弹头壳壁厚度来改变强度。在制造全新子弹的过程中，遇到需要解决的问题则更多，除了要解决黄铜、无烟火药等生产原料的问题，还需要自主设计碾片机、打孔机、切槽机以及大量模具等子弹制造设备。

1941年无烟火药研制成功，1942年底蒸锌炼铜技术发展成熟，1943年上半年自主设计的碾片机、打孔机、切槽机以及大量模具制造完成，经过不断探索与反复试验，从弹头到弹壳，从底火到无烟发射药，逐项调试20多个步骤环节，八路军最终实现完全自主制造全新子弹。到1943年秋季，晋察冀军区军事工业部第九连月产全新自制子弹3.5万余颗，年产40万余颗（图3-12）[1]。

图3-12 晋察冀根据地的标语"多造一粒子弹，多杀死一个鬼子"

至此，晋察冀根据地全面掌握了制造子弹的全部生产技术，这是在极端困难的条件下，完全自力更生、自主创新、因地制宜地闯出了一条利

①中国兵器工业历史资料编审委员会编《晋察冀根据地军工史料》，兵器工业出版社，1993，第223页。

用根据地现有的原料和自制的设备，独立生产包括弹头、弹壳和发射药及底火的全自制子弹的道路。大批量的子弹生产，不仅为抗日根据地的军火补给提供了重要支撑，更在中国军事工业史上书写了光辉的一页。

（二）炮弹的制造

1940 年秋，彭德怀副总司令指示军工部部长刘鼎研制八路军自己的50 小炮，以抗击日寇。原来日寇扫荡根据地，多为山地作战，日军利用50 小炮体积小、携带方便的优势，用来对付八路军短距离冲锋，压制八路军，使八路军难以发挥近战优势。50 小炮筒结构简单，可以利用铁路道轨加工炮身，这既破坏了敌人交通网，又能源源不断地取得钢材。

八路军总部柳沟铁厂当时已经能够生产掷弹筒（迫击炮）等武器。1939 年 11 月 7 日，日军蒙疆驻屯军最高司令官兼独立混成第二旅团旅团长阿部规秀，这个恶贯满盈、双手沾满中国人民鲜血的刽子手，在黄土岭战斗中被击毙。阿部规秀是抗战中八路军击毙的日军最高将领，击毙阿部规秀的就是柳沟铁厂生产的一门迫击炮。[①] 但此时柳沟铁厂生产的炮壳，是用土法炼出的白口铁，含碳量高，质脆且硬，弹带、弹口无法切削车丝扣，也无法安装引信和尾翅，不能满足 50 小炮的使用要求。如何解决白口生铁（白口铸铁）韧化处理，突破车削加工的技术难关，成为摆在八路军面前的难题。

为解决上述难题，刘鼎委任八路军军工部中从德国留学归来的冶金专家陆达、从英国留学归来的冶金博士张华卿为炼钢技术顾问（张华卿此时已年逾六旬），并前往山西武乡县，与柳沟铁厂的工人师傅一同合作。柳沟铁厂多次组织专家和工人召开座谈会，研究解决方案。张华卿曾设想过使用土法炼钢，但温度又上不去。厂里的一名翻砂工人孙兆喜提出"焖火法"，就是将生铁弹壳埋在焖火炉砂堆中，炉中加高温火焰，利用

---

① 中共武乡县委宣传部编《红色藏品故事》，三晋出版社，2021，第 153 页。

砂堆高温使表面碳素渗出。大家觉得此法可以尝试，于是建起了焖火炉。焖火炉用耐火砖砌成，但炉中温度高低难以掌握、砂土黏结弹皮，均会造成废品，最终成品率只有 30%。

尽管成品率不高，但这种方法具有加工可行性，为解决难题找到了一条新路。陆达利用在德国专攻冶金专业时学习的知识，将美国式的黑心韧化处理技术与当地的土法焖火技术结合起来，发明了火焰反射炉，通过将银元切成小块放在炉窑不同部位，根据银元熔化时火焰的颜色就可以判断炉温。经过加热炉焖火处理的白口铁（白口铸铁）表面，在 950 摄氏度高温下将碳析出，形成中性碳粒铁，转化为具有韧性的铁素铁组织。此法从理论上找出碳化铁的热裂解规律，从而使弹壳合格率由 30% 提高到95% 及以上，并生产出了可加工的铸铁，结束了八路军不能生产炮弹的历史。这种生产铸铁的方法被称为"窑炉焖火法"。

在当时敌后抗日的艰苦条件下，白口铁韧化处理技术使八路军得以制造大量较高质量的炮弹，为抗击日寇提供了重要物质基础，更是抗战时期科技工作者与工人相结合、理论与实践相结合的模范事例。[1]

（三）烈性炸药的研制

烈性炸药的生产制造过程极其复杂，所需要的原材料品种多、要求高。其中的硫酸、硝酸、乙醚等材料都难以从根据地直接获得。晋察冀根据地因地制宜，就地取材，使用土法，将上述问题逐一解决。[2]

1. "缸塔法"制硫酸的突破

在制造火炸药所需要的原材料中，硫酸是最重要、最基本的化工原料，因为通过硫酸可以制备硝酸、乙醚、硝化棉、无烟火药以及高级炸

---

①魏春洲主编《红色之旅》，山西人民出版社，2006，第 40 页。
②阮英特：《全面抗战时期晋察冀根据地军事工业研究》，硕士学位论文，清华大学，2024，第 41 页。

药。但当时根据地既没有原材料，也没有机器设备，更没有现成可参考技术，完全不具备生产硫酸的条件。但是，根据地的技术人员从实际情况出发，打破书本知识的束缚，土法上马，不断实践，在较短的时间内探索出制造硫酸的方法。

当时已经成熟的制造硫酸的方法主要有两种：一种是接触法，另一种是铅室法。这两种制酸方法的原理基本一致，都是通过燃烧硫化物生成二氧化硫气体，在催化剂和一定反应条件下二氧化硫气体再次反应生成三氧化硫，最终三氧化硫溶于水形成硫酸。然而，接触法要用铂或者五氧化二钒作为催化剂，且对反应容器的温度和压力都有一定的要求。当时的晋察冀根据地完全没有条件生产硫酸，因此只能尝试通过铅室法来制造硫酸，但受限于当时的客观条件，根据地没有铅制的方形反应容器，需要找到其他耐酸、耐腐蚀、耐高温的材料来替代铅室。

1938 年底，张方在《无机化学通论》一书中找到了"铅室法制酸原理"的示意图：放置一个大烧瓶，瓶口上方通有四根玻璃管，一根通入水蒸气，一根通燃烧硫黄得到的二氧化硫气体，一根通硝酸加热后蒸发得到的氮氧化物气体，还有一根管排废气。张方会同阎裕昌、张奎元等人一起配合做试验，阎裕昌负责烧制所需的玻璃管，张奎元负责制作提供空气的装置——用自行车打气筒往空煤油桶打气。最终，用烧瓶玻璃管的方法制造硫酸试验成功，他们将制得的液体用蒸发皿蒸发水分以提高浓度，从而得到了洁白而浓稠的硫酸，且质量良好。但仅靠这种方法制硫酸，不管是生产量还是生产效率都比较低，远不能满足军事工业生产的需要。

1940 年 3 月，晋察冀军区军事工业部批准将硫酸研制作为军区技术研究室的重点课题，安排韦彬、张方和任一宇等人负责技术理论上的研究，胡达佛、张奎元等人负责配合制作设施设备。要想用"铅室法"大批量制造硫酸，就必须制造容积较大的"铅室"，而这需要大量的铅板。但是在物质条件匮乏的晋察冀根据地没有大量的铅，只能选用其他耐酸、耐腐蚀的东西代替，最终张方与张奎元选用在华北平原比较常见的大缸代替铅板作为反应容器。这种水缸制作方便、资源充足，且易于隐蔽。敌后根据地随时都有可能面对日伪军的扫荡和攻击，而这种民众家里常见的容器不显眼，便于运输转移，也便于隐藏其真实用途。

用大缸代替铅室作为反应容器，需要先对大缸进行改造，即在缸的侧面打出圆孔，然后将两个水缸一正一反对扣起来，并在缸口接缝处用铅铸封起来防止漏气，形成一个套缸作为反应室，这些反应室也被称为塔。整个反应装置由五个塔构成（图3-13），第一个塔为前塔（脱硝塔），中间三个塔替代铅室作为反应室，最后一个塔为后塔（吸硝塔）。焦炭作为增加反应效率的填充物，用于延缓液体下降速度，增加液体和气体的接触时间，起到阻尼作用，分别放置在前塔和后塔中。前塔还与两个容器相连：一个是用铁板制作的燃烧硫黄的盒子，用风箱鼓风，将燃烧硫黄（硫与二硫化铁的混合物）产生的二氧化硫从前塔的下部导入；另一个是用烧水的生铁壶装上火硝（主要成分是硝酸钾）和硫酸，加热后产生氮氧化物，也从前塔的下部导入。中间放置的三个空缸作为铅室，用铅管上下交错地将它们互相连接起来，用烧开水的小锅炉烧水蒸气导入中间三个空缸中。

图 3-13　第一代"缸塔法"制造硫酸设备

按照搭建好的设备进行操作，将稀硫酸从后塔的顶部淋下，用来吸收前面反应室产生的氮氧化物气体。接下来，再把中间三个反应塔生产的稀硫酸，以及后塔下流出的含稀硫酸的混合液体，全部移至前塔，从顶部淋下，用来提高从前塔生产硫酸的浓度，并释放氮氧化物气体，以再次利用。最后，将前塔下流出的半成品硫酸进行蒸浓以调高浓度。蒸浓方式是在火炕上摆铁板，在铁板上铺沙子，在沙子中摆陶瓷盆。但是按照上述流程进行操作后，却没能制造出合格的硫酸，只得到有黑色渣子的液体，并析出了黑色结晶。这是因为在制造硫酸过程中，使用了晋察冀根据地的焦炭作为填充物，这在原理上没有问题，但是晋察冀根据地自产的焦炭纯度较低，含有铁元素，铁元素与硫酸反应形成硫酸铁，从而影响了硫酸的制造。

1940 年 7 月，河北省唐县大安沟村成立了化学工厂，张方、胡达佛、张奎元、韦彬、任一宇等人对制造硫酸的新设备进行改良（图 3-14）。这些科技人员通过改变原来塔的搭建方式，将四个缸一正一反叠起来作为一个塔，将四个缸中在上面反放的两个缸相连，相比此前将两个缸作为一个塔，四个缸的容积更大，便于充分反应和散热。塔与塔之间通过其中一个缸的底部相连，相连的管道也不再采用铅管，而是用较粗的玻璃管作为连接管。他们在实践过程中发现用直径 13 厘米左右的大白色玻璃酱油瓶的瓶身作为连接管效果很好，但是这种玻璃瓶较少，故使用陶瓷管代替中间反应室连接的玻璃管，只保留前塔和后塔的两个玻璃连接管，便于观察气体颜色和流通情况。前塔和后塔中的填充物不再使用焦炭，而是使用性质稳定的干净瓷片。前塔和后塔的四个缸中，只有一对缸中放置有

图 3-14　晋察冀军工部技术研究室第三代、第四代"缸塔法"
制硫酸的主要设备示意图

填充物。全套装置的塔大约有五个，随着容积的增加，燃烧硫黄和产生氮氧化物的容器也相应扩大。

在整个硫酸制造的过程中，根据地没有"接触法"和"铅室法"制造硫酸的催化剂及设备，甚至连一些必要的实验仪器设备都没有。没有监测气体流动的设备，技术人员就通过眼睛观察玻璃管内气体的颜色，判断气体是否流转通畅；没有监测仪器温度的设备，技术人员就用手触摸各个塔的反应温度，判断反应是否正常；没有测量硫酸浓度的设备，技术人员就参照在敌占区买的比重计标准，用边区玻璃厂自产的"土"比重计，来测量硫酸的浓度。晋察冀根据地用自创的方法生产出了优质的硫酸。硫酸的产量也在一次次的设备升级后不断提高，从最开始的一天 1～2 斤，到每月 3000 斤，为制造子弹和火炸药提供了大量的原料。

2. 硝酸、酒精、乙醚、甘油与硝化甘油的研制

能够制造硫酸后，大安沟化工厂的军工技术人员便着手进行硝酸、酒精、乙醚、甘油与硝化甘油的研制。国际上制造硝酸一般采用奥斯特瓦尔德法（也称为"空气固氮法"），该方法在 1902 年获得专利。具体做法是：首先将氨气和氧气混合，以铂铑合金为催化剂反应生成一氧化氮和水，其次将一氧化氮氧化生成二氧化氮，最后通过水吸收的方式得到硝酸。晋察冀根据地没有条件用这种方法生产硝酸，胡达佛通过查阅资料，采取了用浓硫酸和火硝（即硝酸钾）加热反应之后冷凝得到硝酸的办法。胡达佛借鉴了硫酸的生产方式，设计了用陶瓷大缸作为反应器、大水缸作为冷凝器的研制方案。黄锡川利用胡达佛设计的方案蒸制硝酸，一开始蒸出的硝酸很稀，同时产生大量的不易再溶解的黄色二氧化氮气体。黄锡川等人用铁锅先将火硝加热成液态，再将它倒在铁板上冷却凝成硬块，制成"无水硝"，再改用大缸生产硝酸。先用导热慢的浅陶瓷盆，盖封缸口。为了防止陶瓷大缸被火烧裂，在缸身上糊一层耐火黏土，再在缸下部用小火加热。如此一来，火力均匀，缸的上部和下部的温差较小，蒸出的硝酸蒸汽不易遇冷凝成液体滴回缸里再度受热分解。此外，摒弃弯管冷凝器，

用大缸代替弯管进行冷凝。化工厂于 1940 年 12 月成功研制出浓度高、质量上乘的硝酸。

1940 年 6 月 30 日，八路军副总司令彭德怀、参谋长左权致电聂荣臻："（一）接廿六日电。你们已能自造硫酸、硝酸，这是我们工业建设上一大进步，也是解决工业建设特别是兵工工业建设之主要关键。总部亦曾试验自造硫酸，但未成功。现晋东南硫磺产地为敌占领，无来源，自造不可能，边区产硫磺且已能自造硫酸，希大量扩充以能供给全华北各工业部门，首先是工业部门之需要为目标，在质量方面亦加强改进，力求变稀硫酸为浓硫酸，以解决火药问题。（二）已电重庆西安收买水银，但因收买不易，特别是输送困难，恐亦难大量供给，主要的还希向平津太原等方面设法。（三）铣车可以分一部给你。"①

酒精的制作原理比较简单，用白酒进行蒸馏即可制作。河北阜平县、山西曲阳县一带盛产红枣，当地农民常用红枣酿制烧酒。黄锡川等人（图 3-15）需要白酒的量很大，就请了一位烧酒的老师傅酿制。他们在大场院里挖了几个大坑供红枣发酵用。因大安沟的土地比较紧张，研究室技术人员只好将酒窖搬到旁边的村子，最后只能放弃酿酒，改为收购白酒。

图 3-15　1939 年，晋察冀军区技术研究室人员合影
（左起：韦彬、黄锡川、任一宇、张方、胡达佛、张奎元）

① 中国人民解放军历史资料丛书编审委员会编《军事工业·根据地兵器》，解放军出版社，2000，第 64 页。

乙醚研制的主要原理是将酒精和浓硫酸按照1∶2的比例混合，在冷却条件下慢慢滴注，得到乙醚和硫酸乙酯，最后通过蒸馏分离出乙醚。酒精制作出来后，黄锡川等人先用铁坛，后改用陶瓷坛来装硫酸，放在油锅里加热，最后通过固定在坛顶上的细管（上连有漏斗）向坛内滴注酒精，成功制造出乙醚。同时，从机械制造工厂调来的一位老工人殷梦秋，解决了制造酒精、乙醚所用冷凝器的材料问题。

甘油制作一般采用皂化法和水解法两种方式，从动物、植物油脂中提取。由于根据地没有所需的减压设备和耐压容器，因此不适合在根据地生产。1943年初，在黄锡川和其他技术研究室人员的努力下，创新了一种"钙皂法"，将甘油分离出来，这为硝化甘油、无烟火药等高级炸药的大量生产奠定了基础。

1943年春季反"扫荡"时，军工部技师张珍、何振廉在阜平县井尔沟试验并成功制造硝化甘油。他们将甘油与浓硫酸、浓硝酸按比例进行硝化，从而制得硝化甘油。硝化甘油制造成功后，技术室人员应用其成功制成"周迪生炸药""双基无烟火药"等高级烈性炸药，这标志着根据地军工技术的成熟发展。

3. 雷银、雷银纸雷管的研制

1943年，装填周迪生炸药的手榴弹等武器大量生产后，雷管的需求量大大增加，尤其缺少起爆药雷汞。雷汞即雷酸汞，是由汞与一定比重的硝酸化合生成硝酸汞，再与酒精作用而得。由于敌人的严密封锁，原料汞的来源几乎中断。为了确保前方弹药供应，技术人员必须就地取材，尽快研制雷汞的替代品。

根据地的技术人员曾在国外出版的炸药学书籍上看到，雷银（即雷酸银）的化学式为$Ag_2C_2N_2O_2$。雷银是一种起爆剂，它特别敏感，稍加触碰就会爆炸燃烧，对热、振动和电都极度敏感，其灵敏度比雷汞高几十倍，即使是产生的雷银晶体自身的重量都可能会引起自爆，因此禁止在武器上使用。生产雷银的主要原料是银，而银在根据地较容易得到。

1943 年春天，晋察冀军区军事工业部研究室安排高霭亭尝试制作雷银。用硝酸银溶液与乙醇混合可以制备出雷银，但在反应过程中必须非常小心，因为雷银极为敏感，所以一次只能制备少量的雷酸银。如何制造出雷银，制造出的雷银性能如何，雷银是否能够替代雷汞作为起爆装置使用，以及雷银是否能够大量生产，这些问题高霭亭在尝试制造雷银时都不了解。当时高霭亭可以参考的书籍是一本由马歇尔（Arthur Marshall）所著的英文版《高级炸药学》（*Explosives*），书籍中没有雷银的制作方案，仅仅是对雷银进行简要的介绍，他只知道雷银非常敏感，每次只能生产极少量。这本书对雷银的具体制作方法及其性能都没有详细的介绍，因此对研制雷银几乎没有太多的指导作用。

于是高霭亭只能摸着石头过河，凭借自身知识与经验，进行一系列的试验与探索。制造雷银的原料是白银，根据地可以收集到许多银元、银元宝或其他银器作为原材料，然后将其与浓度为 70% 左右的硝酸以及浓度为 95% 左右的乙醇进行反应。[①]

生产雷银的目的是用其代替雷汞作为起爆药，并且需要生产足够多的量才能满足军事工业的生产需要。一开始，高霭亭选用了一块重约 22.5 克的银元，按照制造雷汞的办法进行反应，最终在容器底部得到了很细的针状晶体。在收集针状晶体的过程中，他发现即使在晶体带水的情况下，轻微的碰撞也可以使其爆炸并发出声响，此时高霭亭初步认定这应该就是雷银。高霭亭通过多次实验发现，用比重为 1.4 的硝酸不易溶解银元，于是通过调整硝酸与水的比重，最终发现使用比重为 1.38 的硝酸更易溶解银元。能够充分溶解银元后，生产量越来越大，后来可一次溶解 2500 克

---

① 魏宏运主编《晋察冀边区财政经济史稿》，解放军出版社，2005，第 314 页。

银。①

尽管已经能够生产雷银，但雷银的性能如何、制作起爆装置需要安装多少剂量的雷银等问题仍然需要继续摸索。高霭亭将雷银以各种不同的剂量进行装药，先用钉子做爆炸弯曲试验，后来直接将雷银装入手榴弹中进行起爆测试。通过反复实验，高霭亭初步得出可以用雷银代替雷汞做起爆装置的结论。

雷银研制成功后，又出现了新的问题。一是雷银会与铜管发生置换反应，之前起爆装置都是用铜管装雷汞，现在如果将雷汞更换为雷银，由于铜与银之间的金属活性差值更高，因此雷银与铜会发生置换反应，可能会产生雷铜从而影响起爆功能。二是雷银比雷汞更为敏感，在制作安全上有风险隐患，在装药、压药和后续成品处理的过程中容易发生爆炸，如果继续使用铜管装雷银，在生产过程中一旦发生爆炸，被炸飞的铜片也会对人的身体产生严重伤害。

这时，高霭亭想到《高级炸药学》中提及的雷汞纸雷管，于是他想是否可以类比制作雷银纸雷管以代替铜管。如果使用纸管作为容器盛放雷银，只要在制造过程中保持好距离，即使发生爆炸，纸片也不会对人体有太大伤害，制造的安全性远高于使用铜雷管。在这个想法的驱动下，高霭亭开始尝试制作雷银纸雷管。

为了避免在雷银纸雷管生产过程中出现安全问题，高霭亭自主研发了专门的装药台和特制的长柄装药工具，在安装时可保持一定距离，最后在装药台前安装一个隔板，这样即使在制作过程中发生爆炸，隔板也能够起到安全隔离的作用，防止人员受伤。

制作雷银纸雷管需要先将纸卷成纸筒，用厚的圆纸垫作为管底，封

---

① 中国兵器工业历史资料编审委员会编《晋察冀根据地军工史料》，兵器工业出版社，1993，第 142 页。

住纸筒的一端，然后将雷银装入纸筒后压实，再取出纸雷管放入硝化棉并安装导火索，最后用蜡将导火索和雷管封住。经过测试，纸雷管和铜雷管的起爆效果没有特别显著的差别。到 1943 年下半年，雷银纸雷管实现了工业化大批量生产。雷银和雷银纸雷管的大量生产，既节约了铜这种战略物资，又避免了生产过程中的恶性安全事故，对根据地的军火补给起了重大作用。

军工部化学厂迁至阜平县齐家庄后，几个化学厂合并，其生产能力有了很大的提高，主要产品有无烟火药、雷汞、雷银和雷银纸雷管。据1945 年晋察冀军区兵工管理处统计，该处化学厂所生产的雷银纸雷管，不仅能够月产 10 万枚手榴弹，而且还能够供应本区各县、区生产地雷所需的全部雷管。[①]雷银纸雷管在手榴弹、炮弹、地雷等武器的实际应用中，完全代替了雷汞铜雷管，解决了起爆的问题。用雷银纸雷管代替雷汞铜雷管作为起爆装置，这种做法只出现在中国的抗日根据地，其他国家都未曾使用过，正是根据地的技术人员将科学理论与大胆实践相结合，才创造世界武器史上的奇迹。[②]

发展军事工业必须发展军事工业技术，抗日根据地在工作厂房简陋、仪器设备不足、技术资料残缺、制造工艺落后等不利条件下，充分发挥科技人员、技术工人和人民群众的智慧，自力更生，艰苦奋斗，因地制宜，土洋结合，反复实验，研发出可靠有用的军事工业技术，研制和生产了一大批武器弹药，有力地支援了抗战。这也是晋察冀根据地的军事工业技术从简单到复杂、从低级到高级的发展过程。

---

① 魏宏运主编《晋察冀边区财政经济史稿》，解放军出版社，2005，第 315 页。
② 阮英特：《全面抗战时期晋察冀根据地军事工业研究》，硕士学位论文，清华大学，2024，第 53 页。

三、国防军工体系的形成

军工技术人才是根据地取得军工技术成果的关键，也是根据地军事工业能够发展起来的基本要素。根据地的军工技术人才主要有以下三种来源。[①]

第一，来根据地参加抗战的知识分子。中国共产党非常注重科技人才队伍建设，始终尊重知识、重视人才，对来根据地参加抗战的知识分子，主动提拔他们当干部、做骨干，让技术专家充分发挥他们的本领和才干。1938 年 4 月，晋察冀根据地曾通过京津冀等地的地下党组织，积极动员掌握科学技术的知识分子到晋察冀根据地工作。时任冀中军区司令员吕正操、政治部主任孙志远和冀中区党委书记黄敬，专门嘱咐中共北平地下党员张珍，到京津冀等大城市建立知识分子来冀中参加武装革命的交通线，尽可能地动员清华大学、北京大学、燕京大学、南开大学等高校的师生来根据地工作，最好能再多动员一些军工、医疗和通信等方面的人才。张珍回忆，他先后动员了近 200 名知识分子到根据地工作。其中，直接从事军工的科技人才有燕京大学的高礍亭、张方等人，北京大学的蔡鸣歧、丁世超等人，清华大学的熊大缜、胡达佛、阎裕昌等人。到根据地后，他们立刻投入火工品研发、机械设计、金属冶炼等工作中。正是这些高校的知识分子，在晋察冀根据地创建了第一个军工技术研制单位"冀中军区技术研究社"和第二个军工技术研制单位"晋察冀军区工业部技术研究室"，为根据地军事工业的科技发展作出了卓著贡献。据统计，"1939 年上半年，晋察冀根据地内有 200 名左右的初级专门技术人才；1940 年 10 月，在晋察冀军区召开成立三周年纪念总结大会上，有 74 名工程师和职工受到军工生产系统的表彰"[②]。

---

①阮英特：《全面抗战时期晋察冀根据地军事工业研究》，硕士学位论文，清华大学，2024，第 29 页。

②谢忠厚、肖银成主编《晋察冀抗日根据地史》，改革出版社，1992，第 408 页。

第二，技术工人。以晋察冀根据地为例，军工技术工人的主要来源共有四类。一是此前在红军队伍从事过枪械修理的老兵工。但是老兵工的人员数量相对较少，据统计，全民族抗战爆发之际，未改编前整个红军队伍中的军工技术工人总数也不过160余人。二是招收晋察冀根据地及周边地区工厂工人。来自铁路、矿山的产业工人是根据地军事工业创建的最重要的人员力量，这些工人来自北平、天津、河北各县城的工厂。这些工人成为日后根据地军事工业发展的骨干力量，因为他们有操作机器生产的工作经验，能迅速掌握军工生产技能，很快就能在军工生产中发挥才干。其中，冀中生产管理处处长张志渊是优秀的技术工人代表，他曾在北京永增铁工厂工作，掌握样板技术，在机械制造方面颇有经验。三是接收原籍为晋察冀根据地的返乡工人。这些人大多是国民党兵工厂的工人，主要来自太原兵工厂。沈阳、太原、南京等地沦陷后，原籍是晋察冀根据地的工人回到家乡，也加入了抗日的队伍，他们中就有不少人曾在沈阳兵工厂、辽宁迫击炮厂、金陵兵工厂等工厂工作过。根据地的国民党军队被八路军整编后，原国民党修械所的工人也随之加入了根据地兵工的队伍。比如，晋察冀军区的复装子弹技术，就是由在国民党兵工厂工作过的技师舒寿瀛帮助改进的。这些工人技术熟练，经验丰富，后来为根据地的军事工业生产作出了很大贡献。四是招收各地的手工业者。具有一般技艺的手工业者，也是根据地兵工厂的招收对象，如阳泉的铸铁工人、枣强的铁匠、冀县（今衡水市冀州区）的木匠及安平的小炉匠等。

第三，培训发展的技术骨干。晋察冀根据地培养技术骨干主要有两个渠道，一是选派参加外学，二是内部组织授课。八路军总部成立的太行工业学校，从1940年4月开办到1943年9月停办，在近3年的时间里，共培养了将近400名技术骨干和中级管理干部。在此期间，晋察冀根据地的兵工厂也多次派出学员到太行工业学校进修学习。例如，1941年，太行工业学校有两个培训分队，分别是第一分队的军事工业技术干部训练队、第二分队的军事通信联络队。两个培训分队共有70余名学员，其中第一分队的27名学员均来自晋察冀根据地，第二分队的40多名学员大多数也来自晋察冀根据地。[1] 资料显示，在太行工业学校进修学习后，传统手工匠人学会了操作并使用机器作业，各地党政军机关抽调来的青年学员掌握了军工生产的工艺技术，如锉棱角、做角尺、钻孔等，培训后其技术操作水平可以达到三年学徒的标准。[2] 同时，除了专业学校的培训，在晋察冀根据地的各兵工厂也都办起了工人夜校，由青年学生和专业技术工人共同教授文化课、基础课和专业课，以提高工人的文化水平和操作技术水平。经过夜校培训，不少工人的基础文化水平有了较大提高，普遍能够识字写字，他们学会使用测量工具，能够识图绘图，掌握一些基础机械原理，生产技能有明显进步。根据地培养的不少工人后来成为工人技术骨干和技术干部。例如，大岸沟化学厂通过开办夜校培训女工，教会她们掌握公制、英制尺寸，学会使用量具、模具、样板等工具。同时，化学厂还培养了华北联合大学抽调的一批中学学历的青年学生，这些学生通过学习，成为化学厂的厂级、股级、班级的各级干部骨干。为了提高晋察冀军区军事工业部新建第九连（即第二子弹厂）连队指战员的技术水平，胡达佛等技术人员亲自给指战员上课，讲述机械原理，传授绘图知识，提高他们识图、画图的专业能力。

有了发展军事工业的科学技术人员，还需要发展军事工业生产的原材料作为物质基础。抗战时期，尽管不少知识分子学习了先进的科学技术知识，但是没有原材料和相应的设备，巧妇难为无米之炊。在全面抗战时期，根据地进行军工生产的原材料来源主要有以下四个渠道[3]。

第一，在民间征集废旧物资和征购原始材料。这是全民族抗战初期八路军获得生产原材料的主要渠道。如1938年，冀中军区曾通过地方政府下达了征集生铁和木料的任务，为生产手榴弹提供原材料。抗战初期，

---

① 宋庆伟：《抗战时期中共对军工人才的引进、培养与改造》，《党史研究与教学》2023年第1期。

② 吴东才主编《晋冀豫根据地》，兵器工业出版社，1990，第251-263页。

③ 阮英特：《全面抗战时期晋察冀根据地军事工业研究》，硕士学位论文，清华大学，2024，第26-27页。

群众的抗日热情十分高涨且物资相对充裕，在每个县均可以征集到百余根木料和几万斤生铁。[①]1939 年 3 月，晋察冀边区行政委员会下达了《关于搜集制弹材料的指示》，征集方式改为征购，多数是定价征购。随着军工事业的发展，能够生产的产品与数量不断增多，征购的项目类别与数量也与日俱增，在最初的生铁与木料的基础上，还增加了铅、铜、银等物资。后来为了保证军工生产的原材料来源，专门成立了"资源统制委员会"，拟定了《关于资源统制委员会的意见》，对军事工业原材料的采购、分配等都提出了明确的具体措施与实施办法。例如，在各地成立采购委员会，设立采购商店，代购军需原料。据统计，1942 年边区各商店代收铁、铜、锡、硫黄、火硝及其他军工原料，价值达 559.6473 万元。[②]

第二，多种渠道采购原材料。采购是军工生产获得原材料的重要途径之一，采购有两种不同的渠道，分别是在根据地内采购和到敌占区采购。其中，在根据地采购原材料的获取量较大，这得益于根据地拥有较为丰富的自然资源。比如，五台产硫黄，冀中产火硝，而火硝与硫黄又是制造硫酸、硝酸和炸药的主要原料。通过地方政府组织群众进行生产，再按照合适的价格进行采购。根据地内的木材产量十分丰富，八路军采购了大量木材用于制作榴弹的木柄、装弹药的木箱等。根据地特有的胡桃木和楸木，因其木材本身坚固耐用，不易变形和开裂，可代替红木用于制造步枪的枪托。潜入敌占区采购也是重要的手段，到敌占区采购有两种方式，一种是派工作人员潜入敌占区采购，另一种则是依托商人采购，再通过伪装、收买打通关卡等方式将物资运回。由于日军加强对华北的经济掠夺与封锁，且 1941 年 7 月后日军在各地普遍设立经济封锁委员会，对物资实施禁运，1942 年后从敌占区采购原材料的渠道基本断裂。

第三，资源开采和战场回收。兵工厂对炭的需求很大，尤其是铸造

---

①中国兵器工业历史资料编审委员会编《晋察冀根据地军工史料》，兵器工业出版社，1993，第 200 页。

②魏宏运主编《晋察冀边区财政经济史稿》，解放军出版社，2005，第 306 页。

所使用的焦炭。晋察冀军区军事工业部为解决铁、铜、锌等金属材料短缺问题，专门成立了矿工队，集中组织力量不断进行勘探。得益于晋察冀地区较为丰富的矿产资源，矿工队在根据地内先后发现铁、铅、煤等矿产资源，为军工生产提供了充足的原料和燃料。例如，山西的煤矿资源丰富，经过考察，发现曲阳县灵山镇的煤矿产的烟煤更适合炼焦炭。除了自行开采资源，在战场上回收的旧弹壳也是原材料的重要来源。1941 年 5 月 19 日，晋察冀军区转发了总部《收集弹壳黑铅铜元的通令》，通知中提到目前收集弹壳及材料已成为当前重要的战斗任务，要求开展回收旧弹壳、黑铅和铜元的工作，将回收的材料作为复装子弹的弹壳、弹头的基础原料。其中，晋察冀军区分配到的任务是收集弹壳 50 万发（以七九、六五两种弹壳为主）、黑铅 5000 斤、铜元 50 万枚，要求一年内完成并送达八路军总部。且在 6 月中旬，就要进行首批的运送，运送的数量要达到总数量的 1/4～1/3。[①] 由此可见，战争形势对武器装备补给要求之急，军工事业生产对原材料的需求之大。

第四，缴获和没收敌人物资。缴获敌人物资也是获取原材料的重要手段，如破坏敌人的铁路缴获铁轨得到钢材，破坏敌人的通信线路并割断电线以补充线材，从而获取军事工业生产所需要的钢和铜。在一段时间内，依靠破坏铁路获取钢材，甚至成为根据地钢材的主要来源。1940 年，晋察冀军区军事工业部的武万善、任九如曾带领 30 多名修械所的工人，穿过封锁线前往敌占区，获取 100 多节铁轨，解决了钢材一时短缺的问题。[②] 据统计，这一时期八路军通过破坏铁路缴获钢轨 2212 条，缴获电线 22.6705 万斤。[③] 1941 年，晋察冀军区司令员聂荣臻向边区委员会专

---

① 《中国近代兵器工业档案史料》编委会：《中国近代兵器工业档案史料（四）》，兵器工业出版社，1993，第 24 页。

② 中国兵器工业历史资料编审委员会编《晋察冀根据地军工史料》，兵器工业出版社，1993，第 209 页。

③ 转引自魏宏运主编《晋察冀边区财政经济史稿》，解放军出版社，2005，第 308 页。

门下达了《晋察冀军区关于奖励搬运铁轨的通知》，鼓励破坏敌人的铁路，有偿回收钢材。其中指出："边区军需工业的生产及农具的补充，均须使用大量的钢铁……为补救计，请命各游击支队配合地方机关不断进行破坏铁路，并大量发动民众向内地搬运。为提高民众搬铁的情绪，由各专员公署负责给价收买，每斤五分，以资鼓励等情。"[①]没收敌伪物资也为八路军军事工业生产提供了原材料。在抗战过程中，敌伪汉奸有的被八路军消灭，有的落荒而逃，八路军对其财物采取没收政策，其中可作为军工原料的材料则被送往兵工厂用于军事工业生产。例如，1938年2月，人民自卫军修械所（大官亭修械所前身）在安平成立后，曾在滹沱河岸发现水运的一大批军工原材料，其中有各种类型的钢，如圆钢、方钢、扁钢、锋钢、八角钢，以及润滑油、水泥、氯酸钾、萘粉、雷管、导火索等。据了解，这部分原材料是国民党军队撤退时遗弃的。[②]

在军民的共同努力下，通过多元化的原材料供应渠道，晋察冀根据地军事工业生产所需的原材料，大部分都可以实现自给自足。据1945年2月统计，晋察冀根据地所需军工材料除常用的水银、硫酸铵、卫生球、碱面等还需从敌占区购买外，其余如火硝、硫黄、生铁、黄蜡、棉花、铁轨、大铜元、制钱、碎铜、锡、铅、银、石炭、石灰和动物油、植物油均可自给。自给品价值达16275.113万元。[③]

抗日根据地的化学工业和冶金技术不断发展，逐步实现了军事工业生产所需基本化工原料的自给自足，为建立火炸药及弹药的自主军工生产体系奠定了基础。[④]1945年1月，晋察冀边区展览会展出了各种军工产品。

---

① 中国人民解放军历史资料丛书编审委员会编《军事工业·根据地兵器》，解放军出版社，2000，第70页。

② 北京军区后勤部党史资料征集办公室编《晋察冀军区抗战时期后勤工作史料选编》，军事学院出版社，1985，第356页。

③ 魏宏运主编《晋察冀边区财政经济史稿》，解放军出版社，2005，第309页。

④ 中国兵器工业历史资料编审委员会编《晋察冀根据地军工史料》，兵器工业出版社，1993，第3页。

会后，边区政府特为晋察冀军区军事工业部授予头等功。1945 年 2 月 22 日《晋察冀日报》报道称："军区工业部，几年来克服了重重困难，制造了许多武器，创造了新武器，对敌后抗战有莫大贡献。奖洋 8 万元，边区政府给予头等奖状。"

第四章

坚持：建立科学的战时保障体系

抗日战争是一场实力悬殊的持久战，这是由半殖民地半封建的中国与帝国主义的日本之间的国力差距决定的。持久战的特点是长期性和残酷性，因而对后方保障有极大的依赖。持久抗战的全面展开不仅对军事技术的引进、消化和提升产生持续的推动作用，还对战地保障和大后方建设提出更高的技术要求。

在抗日战争战略相持阶段，公共卫生状况不佳和营养状况不良所造成的部队非战斗减员和后方民众死亡的情况十分严重。其中，士兵的营养不良问题在战争爆发初期就已显现，而士兵营养状况的改善关系到战略相持阶段部队战斗力的维持，实为影响全局的重大问题。

战时营养保障体系建设是持久抗战的关键任务，需要了解、评估各战区士兵的膳食供应和营养状况，这是改善士兵营养状况的第一步。值得注意的是，国民公共卫生和营养问题也是一个重大的社会性问题。面对后方更加复杂的人口结构和多元化的公共卫生需求及膳食结构，中国科学家需要在掌握这些情况的基础上开展战时保障体系的建设工作。

第一节　持久战与战时营养保障体系的建立

一、战时营养保障问题的提出

抗战爆发后，中华民族奋起抵抗日本帝国主义的侵略，以誓死抗争的决心构筑起抵抗侵略者的抗日民族统一战线。这是一场实力悬殊的战争，中国若想赢得最后的胜利，就必须做好坚持到底、打持久战的准备。所谓持久战，是与"速决战"相对的战略概念，指持续时间较长的一种作战形式，通常是战略态势处于相对劣势的一方采取的作战方针。中国的抗日战争就是典型的持久战，要想赢得这场战争，必须依靠广大的后方为前线提供人力、物力的支持，其中保障前线战士的营养供给是维系军队战斗力的关键环节。

战时军民的营养保障是影响战争胜负的重要因素，在第二次世界大战中表现得尤为突出。第二次世界大战期间，英国、美国、日本等当时经济发达、科技先进的国家，十分重视如何尽可能为士兵和国民提供营养保障，进而增强军队的战斗力。

日本在日俄战争后就开始进行军队营养研究。1920 年，日本内务省成立营养研究所，对日军的饮食供给进行多次改进和调整。第二次世界大战时期，日本已经建立起完整的军队营养保障体系。1938 年，日本国立营养研究所转至新成立的厚生省管理，并发布了《军人战时给予规则细则改正》，对军人的口粮定量标准进行修正，制定了侵华日军的伙食标准。该标准规定，战时日本陆军的营养供给相对平时大大增加，除主食增加10% 的供给外，还增加了肉类、蔬菜、腌菜等多种副食及酸梅、砂糖、茶等多种调味品、饮品的配给，使日军战时的口粮基本兼顾了日常行军和战斗期间人体所必需的热量、蛋白质、维生素需求，而且也十分接近日本人平时的餐饮习惯。[①]

英国在第一次世界大战后逐步建立了营养科学研究体系。第一次世界大战前，除少数生化分析研究外，英国既未开展过系统性的国民体质调查，也未建立制度化的营养保障机制。因此，第一次世界大战中的英国士兵和民众饱受饥饿和疾病的威胁。1918 年第一次世界大战结束后，英国

---

① 藤田昌雄：《日本陆军兵营的食事》，光人社，2009，第 20—52 页。

成立了食品调查研究委员会（Food Investigation Board），开始进行食物供给和营养需求方面的调查研究。在食物研究方面，英国开展了战备食物的制备、储藏、运输等方面的研究，一系列新的方法如充氮、低温、脱水等被应用于这些研究。作为新兴的交叉学科，营养学研究拥有来自生物化学、生理学、医学、动物医学、农学等众多领域的学者。这些学者从各自的领域出发，从不同方向进行营养科学研究。随后一大批营养研究机构逐渐成立，例如1927年英国医学研究理事会（Medical Research Council）在剑桥大学成立的邓恩营养研究实验室（Dunn Nutritional Laboratory），在进行营养科学研究的同时，也成为剑桥大学生物化学、农学、动物医学等领域的专家学者进行交流的中心。1935年，英国政府成立营养咨询委员会，并于1941年正式成立营养学会（Nutrition Society）。1939年欧洲战火初起时，英国政府就制订了一系列食物和营养计划，其中包括为不同人群设计不同营养保障方案，提高牲畜产奶产肉量试验等，还提出口号——"无论贫富，所有英国人都应该得到生存必需的食物"。数据显示，第二次世界大战欧洲战场爆发后，由于德军的海上封锁，英国每年食品进口量减少了1/3，然而英国民众的营养标准并没有降低。根据英国营养学家的建议，英国政府在战时调整了食物进出口的种类和数量，只进口吨位相同但能提供更多热量的食物，如小麦、油脂、黄油、乳粉、乳饼、糖、干豆、干果等，同时减少牲畜饲料、肉类、鸡蛋等产品的进口。针对这些物资的不足，英国政府则通过多种营养改进措施来弥补，如夏季通过高温快速脱水处理青草，将其储藏至冬季作为牲畜饲料；通过改良饲料和养殖方法提高国内牲畜的肉、奶产量；种植高产的马铃薯以代替部分小麦等。此外，通过科学计算不同年龄、不同阶层民众每餐所需要的食物，在包括英国王室在内的全国范围内统一执行，使英国战时的食物能够最大限度地被利用，英国民众的营养水平受战争影响较小。[1]

---

[1] David F. Smith, *Nutrition in Britain: Science, Scientists and Politics in the Twentieth Century London* (New York: Routledge, 1997), pp.5-20.

美国在第二次世界大战时期极为关注战士的营养，其营养学研究水平也一直处于世界领先地位。世界上第一个营养学学会的成立，即 1934 年成立的美国营养学会（American Society for Nutrition），标志着营养学成为一门独立的学科。第二次世界大战期间，美国营养学家在原有研究的基础上，进一步扩大研究范围。他们开展了全美各区域的营养状况调查，分析食物营养成分，对肉和蔬菜等食物的脱水保存技术展开相关研究[1]。在为美国战士提供最佳的营养保障方面，美国政府和营养学家煞费苦心。美国总统罗斯福（Frank Delano Roosevelt）曾经发表言论称："没有人能够在纸上画出一条线，使其一边是前方，另一边是后方，对于每一个美国士兵来说，他们的装备和食物就是他们的力量，而这些恰恰是要依靠其他所有的美国人。"美国营养学家依靠美国的丰富物产和广大民众的支持，为美军研制了多种美味且营养丰富的军粮。这些军粮在强化战时军队营养保障、提高战斗力方面发挥了很大作用。

西方国家在战时营养研究方面取得了令人瞩目的成绩，这引起中国的关注。中国在抗日战争战略相持阶段中，"战斗减员与非战斗减员的比例曾一度达到 1:5，军医院中超过 20% 的伤病是缺少营养而导致的"[2]。曾担任国民政府卫生署署长的金宝善回忆："抗战期间，我国每年由于卫生问题死亡的人数可达到 675 万。"[3] 在抗日战争战略相持阶段，因营养问题引发的前方士兵大量病亡和后方民众死亡等一系列问题，迫使中国加快开展自己的战时营养学研究。

国内学者和政府官员对国外战时营养保障体系的建设极为关注，并将其介绍到国内。中国政府高度重视日军军粮补给问题，对侵华日军的军粮情况进行了细致的讨论，《倭陆军粮秣补给之研究（极机密件）》内容包

---

① 《科学消息：美国战时营养研究》，《科学》1944 年第 1 期。
② 《中国红十字会总会救护委员会第三次报告》，贵州省档案馆藏中国红十字会总会救护总队（1937—1949）档案，档案号：M116-14。
③ 金宝善：《我国之公共卫生》，《时代精神》1941 年第 4 期。

括"倭军平时一人给养（饲养）定量表""倭军战时战斗人员一人一日粮食
定量表""侵战初期倭军战时一个师团所需粮秣定量基准表""最近倭军战
时一个师团所需粮秣定量基准表""倭军野战使用燃料定量表""倭军在华
作战夏季用冰补给基准表""倭军军犬饲养定量表"等（图4-1）。[①]

图4-1　军令部《倭陆军粮秣补给之研究（极机密件）》的封面及目录

此外，英国作为较早进行战时营养保障体系建设的国家，其相关研
究也较早被中国关注。1939年第二次世界大战欧洲战场爆发，该年创刊
的《第二次世界大战画报》杂志，于1940年整页报道了英国战时的军粮
状况，介绍了英国军粮的来源、配给状况，英国本土军队及驻巴基斯坦、
澳大利亚英军每天的伙食状况等（图4-2）。实际上，中国的报刊曾多次
报道战时欧洲各国的食品和营养状况，北平生理研究所所长、生理学家经
利彬曾撰文介绍英国战时的粮食政策[②]。青年动物营养学者梁余鑫在《英国
粮食部的科学营养政策（译述）》中也介绍了英国自战前开始实施的牛奶

---

①《倭陆军粮秣补给之研究（极机密件）》，中国第二历史档案馆藏，全宗
号787，案卷号5307。

②经利彬：《英国战时营养》，《科学》1946年第4期。

计划、食物替代、指导烹饪等一系列粮食政策，并通过调整不同人群的食物配比，在工厂和社区推广集体用膳，以及进行营养知识宣教等措施，使战时英国的食物价格保持平稳，各阶层民众的营养摄取量不低于战前[①]。除了英国军民的营养状况，英国战时军民食物营养保障的政策也一直被关注。以"鞭策政府、改良政治"为己任的《礼拜六》杂志介绍："英国食物检查队每天早上有一次集会，讨论、检查过去的工作，决定这一天的工作要点……在欧战中最能注意人民食物的是英国，监督极严，配给制也最好。"[②] 侧重介绍西方文化及科学发明的《西点》杂志记载："英国的一般死亡率在欧战开始的 1939 年是 1.21%，到 1940 年增加为 1.44%，但随之逐年递减……就一般人的营养状况来讲，全英国人民要比战前好很多，妇女和儿童的营养状况更好，英国有根据不同年龄配给食物的条例，10 岁以下的儿童尤其得到照顾。"[③]

图 4-2　1940 年《第二次世界大战画报》杂志对英国战时军粮状况的报道

---

①梁余鑫：《英国粮食部的科学营养政策（译述）》，《粮政季刊》1945 年第 2-3 期。

②礼拜六报馆：《儿童与营养》，《礼拜六》1947 年第 69 期。

③西点杂志社：《英国的营养问题》，《西点》1947 年第 15 期。

中国也格外关注美国的战时营养研究，尤其是美国士兵的军粮研究。第二次世界大战期间，美国军队有1200万人，相当于全体国民数量的1/10。面对如此巨大的比例，美国政府实施了高效的后勤保障体系，累计有4400万人在工厂和农田工作。美国士兵的军粮有多种，既有标准行军的口粮（B类口粮），也有作战时使用的口粮（C类口粮和K类口粮）。其中，C类口粮包括5种肉类合成食品（鸡肉、火腿、肉煮青菜、碎肉与青菜泥、肉炖豆）和3种饼干。每种饼干通过与不同副食混合来增加相关营养素，例如，与糖混合提高热量，或与水果饮料粉混合提高维生素含量，或与胶皮糖混合提高蛋白质含量。这种口粮每份装进6个紧密的罐头，可供每个士兵一天食用，可以冷食也可以加热食用。K类口粮在C类口粮的基础上进行改进，食物总热量稍有减少，但搭配更为合理。每份有饼干、肉类、水果条、咖啡、糖、胶皮糖、柠檬粉、巧克力等。这些都是经过烹饪的罐头食品和脱水食物，可以直接食用，如果条件允许，加热或煮熟后再食用，其口感和吸收效果会更好。[1]

当时，中国尚不能达到英、美、日等国的军粮标准，中国军队的战时给养水平与英、美、日等国相比也较为落后。中国当时尚未制定军队补给的标准，与欧美国家所采用的口粮制不同，中国大多采用代金制，即将士兵的给养折算成现金，由所在部队自行办理。在伙食制作方式上，采用传统的埋锅造饭。这种方式既浪费时间，也容易在战斗中暴露目标，从而遭受袭击。此外，各部队自行采买、制作伙食，一方面容易出现营私舞弊的情况，另一方面也造成各战区的伙食标准差距较大。这些问题迫切要求中国建立自己的营养学研究体系。

二、战地和大后方科学家的集结

近代营养学的基本理论主要源于生物化学，这一新兴学科于20世纪

---

[1] 柯里尔斯：《美国士兵的营养》，《西北经理通讯》1945年第28期。

初从医学生理学中独立出来，并随着西方科学技术的东渐传入中国，其理论体系包含早期现代营养学的研究内容。除医学生理学和生物化学外，战前一些从事营养研究的学者还分散在其他相关学科专业中，主要分布于农业科学、家政学、公共卫生学等相关专业。

抗日战争爆发前，中国还没有建立系统的营养学研究体系，相关研究最早发轫于部分教会学校、医院和医学院校。1915 年前后，一些医学院校开始在生理课中讲授生化知识。例如，1917 年湘雅医学院唐宁康开设的生物化学课程，该课程含有一些现代营养学知识；1919 年北京协和医学院的伊博恩（Bernard E. Read）①和汪善英开设的生物化学课程，可视为中国生化营养研究的早期萌芽。对中国营养学研究影响最大的是北京协和医学院教授吴宪及其领导的生物化学系。

吴宪是中国生物化学和营养学的奠基人，他于 1919 年取得美国哈佛大学医学院生物化学博士学位，1920 年回国在北京协和医学院任教，1924 年担任生物化学系主任。当时，营养研究是生物化学领域的一部分。吴宪对北平城内中等收入家庭、郊外农民、大学生、中学生、工厂工人的膳食进行了多次调查，这是中国较早进行的膳食调查之一。1926 年，吴宪和北京协和医学院生理系主任林可胜等人发起创建了中国生理学会。1927 年 1 月，英文版的《中国生理学杂志》（*Chinese Journal Of Physiology*）问世，吴宪等人在这本杂志上发表了多篇生物化学和营养学的研究论文。1929 年，吴宪出版了中国第一部现代营养学专著《营养概论》，书中首次编制了"食物成分表"，分析了 400 多种食物的营养成分。

---

① 伊博恩，1887 年 5 月出生于英国南部城市布莱顿（Brighton），1909 年毕业于伦敦药剂学院（London College of Pharmacy），并受伦敦会派遣来到北京，在北京协和医学院担任讲师，教授化学与药剂学课程。伊博恩在 1918 年、1923 年两次赴美，于 1925 年取得耶鲁大学药理学博士学位，并再次回到北京协和医学院担任药理学教授，担任药物学系主任。1932 年，伊博恩接受上海雷士德医学研究所邀请，担任该所生理部主任。

在吴宪的领导下，北京协和医学院生物化学系成为中国营养学研究的人才培养基地。该系汇聚了万昕、刘思职、周启源、杨恩孚、张昌颖、王成发、刘培楠等一批回国的留学生和进修生，他们在吴宪的指导下开展营养学研究。其中，在战时营养学研究工作中起到重要领导作用的是万昕和王成发。

万昕，1896 年出生，1918 年在日本学习日文，1920 年转学至美国加州大学农学院，后又转到爱荷华州立大学农学院，1925 年取得学士学位，1927 年进入印第安纳州立普渡大学研究院攻读家禽家畜营养学及生物学，1928 年取得硕士学位。1929 年，万昕回国后受聘为河南大学农学教授，但他在美国一本世界权威生理杂志上看到吴宪的文章后，决心追随吴宪从事生物化学研究。随后他在北京协和医学院生物化学系担任助教，在吴宪指导下开展生物化学和营养学研究。1929—1934 年，他在北京协和医学院生化科先后任助教、襄教（讲师）、副教授等职，受到吴宪器重。在这期间，万昕在吴宪的指导下开展纯素食与荤素杂食对动物生长、繁殖及寿命的影响等方面的研究，在英文版《中国生理学杂志》上先后发表营养学论文 10 余篇。1934 年 10 月，万昕调任南京国民政府全国经济委员会卫生实验处营养专员，1935 年任军政部南京陆军军医学校生化科教授兼主任，正式开设生化课，建立生物化学教研室与实验室。

万昕离开北京协和医学院后，王成发于 1936 年来到北京协和医学院生化科，接替万昕跟随吴宪从事生物化学和营养学研究。王成发，1906 年出生于辽宁鞍山，1931 年毕业于沈阳辽宁医学院（小河沿医校），之后在小河沿医校附属医院工作。他曾编写《实验生物化学》一书，该书被审定为高等医科学校教材，在东北地区广泛使用。华北事变后，王成发于 1936 年转至北京协和医学院，在吴宪的指导下从事生化研究，进行蛋白质代谢研究[1]和抗体在组织中的分布研究[2]等。1937年6月，曾在满洲医科大学任教的侯宗濂邀请王成发前往刚成立的福建医学院任教。王成发在当时非常困难的环境下，组织生化研究小组开展了居民膳食调查和蔬菜中维生素C含量测定等活动[3]。随着战事的进一步恶化，1940年王成发携妻儿迁往贵阳，在国民政府卫生署下属的战时卫生人员训练所任职。

此外，其他医学机构中进行营养研究的还有上海的雷士德医学研究所。该所用建筑师、英商亨利·雷士德的遗产基金建造，首任院长为安尔[4]（H. G. Earle）。研究所初创时期有临床与实验外科部、生理学部、病理学部3个部门。生理学部的研究范畴包括生理学、生物化学、药理学及营养学等，伊博恩（Bernard E. Read）任组长，侯祥川、李维鏛、杨恩孚、鲁桂珍等人从事营养学研究。侯祥川是1924年北京协和医学院首批毕业的3名学生之一（另外2名学生是梁宝平和刘绍光），毕业后曾在北京协和医学院担任住院医师和生理学助教。1927年7月，他获得美国洛克菲勒基金会奖学金，当年9月前往加拿大麦吉尔大学进修，1928年6月取得理学硕士学位，后转入美国宾夕法尼亚大学、美国海洋生物研究所、美国华盛顿大学医学院担任临时研究员。1929年初，侯祥川回国在北京协和医学院药系从事教学和科研工作，1930年7月晋升为副教授。在北京协和医学院期间，侯祥川主要进行生理学、药理学的相关研究。他曾发现胃细胞分泌盐酸时，盐酸的分泌浓度并不恒定，影响胃分泌的因素是迷走神经而不是交感神经。此外，他还对麻黄素等药物的药理作用进行系统

---

① Wang Chengfa and Wu Hsien, "A method for the determination of protein in normal urine with some observations," *Chinese Journal of Physiology*, No.3（1937）：371-380.

② Wang Chengfa and Wu Hsien, "Distribution of antibody in different tissues," *Chinese Journal of Physiology*, No.4（1938）：417-430.

③ 陈学存：《缅怀恩师王成发教授》，《营养学报》2006年第4期。

④ 安尔（Herbert G. Earle，1882—1946年），著名生理学家，英国皇家医学会会员。1913年取得剑桥大学硕士学位，1915年来到香港，担任香港大学医学生理学教授，1928年担任上海雷士德研究所首任所长。

分析。1933年，侯祥川转入上海雷士德医学研究所生理学系，任生物化学与营养学研究员，专门从事营养学研究（图4-3）。进入雷士德医学研究所后，侯祥川的主要研究方向转为营养学，他主要致力于食物营养成分中维生素的分布规律及营养素缺乏症的研究。在维生素分布方面，他分析了多种蔬菜、水果中维生素C和胡萝卜素的含量。在营养素缺乏症方面，侯祥川研究了维生素B_1、维生素B_2、维生素B_5缺乏症和蛋白质缺乏症。1932—1939年，侯祥川共发表了23篇与维生素相关的研究文章，开创了中国维生素研究的先河。

图4-3　上海雷士德医学研究所食品科学和营养学实验室[①]

这一时期，中国各医院的内科（代谢病组）、儿科、眼科、皮肤科、口腔内科均有不同营养素缺乏症的患者就诊。此外，公共卫生相关研究单位对妇幼营养问题也给予了极大关注，针对婴幼儿和青少年的生长发育、孕妇和乳母的营养保健等进行普及宣传教育，派出相关研究人员到基层进行膳食指导。

在教会大学、医学院校的生化营养研究兴起时，当时的国立大学也逐步展开相关研究，郑集是国立大学中较早开始进行这方面研究工作的学者。郑集，字礼宾，四川南溪人，1928年毕业于国立中央大学生物系。大学毕业后，他应秉志的邀请前往中央研究院生物研究所工作。在那里，

---

① 上海雷士德医学研究所1933年年报，英国剑桥李约瑟研究所藏。

郑集对生物化学产生了浓厚的兴趣，决定参加公费留学考试并去美国攻读研究生。1930 年，郑集考入美国俄亥俄州立大学医学院的生物化学与药理学系，在教授布朗（J. B. Brown）的指导下开始从事"骨髓的酯类化学"研究，并将其作为硕士毕业论文的题目，文章后来发表在德国《生理化学杂志》上。取得硕士学位后，郑集参观了美国的多个著名大学，最后在耶鲁大学生理化学系学习了一年。在这一年中，他学习了营养学研究技术、生物化学制备工艺、有机合成技术，并接受植物蛋白质研究的训练。同时，他还与多位著名的生物化学家交流学习，如植物蛋白质化学和营养学专家孟德尔（L. B. Mendel）、维生素 B 营养专家考格尔（G. R. Cowgill）、矿质营养学专家史密斯（A. H. Smith）、脂类化学专家汉德森（Henderson）、植物蛋白质化学专家威克瑞（H. B. Vickery）等。他还见到了美国生物化学开路人之一的奇滕登（R. H. Chittenden）、营养学专家舍曼（H. C. Sherman），以及氨基酸营养学家、苏氨酸的发现者罗斯（W. C. Rose）。1932 年暑假过后，郑集重新回到俄亥俄州立大学，选修了化学系开设的立体化学、有机合成、有机定量分析及物理化学等课程。通过这些学习和经历，郑集对蛋白质化学和蛋白质营养学产生了浓厚兴趣，决定从事植物蛋白的研究，并选择与中国关系密切的大豆蛋白质作为研究对象。1934 年，郑集取得博士学位并于同年夏天回国，其博士论文的一部分在美国《物理化学杂志》上发表。回国后，郑集回到中央研究院生物研究所工作。所长秉志决定在该所增设生理学和生物化学两个研究室，由郑集负责创办生物化学研究室。此时，日本已经侵占东北，觊觎华北。鉴于严峻的局势，郑集一方面继续进行大豆蛋白质的研究，另一方面开始进行中国的食物营养分析与营养调查工作，特别是大豆蛋白质的营养效价、米、麦营养价值的比较，以及各阶层人民营养情况的调查。与此同时，他还开展营养知识的宣传普及工作，在《科学》杂志上连续刊载 21 篇《营养讲话》。1935年，中央大学新办医学院，院长戚寿南①邀请郑集筹办医学院生化科。1936年，郑集开始在中央大学医学院生化科工作，担任教授兼主任，他写了《民食与国防》一文，这篇文章刊载在1936年4月6日的《中央日报》上。随后，《新民报》又全文转载了郑集的这篇文章。在文中，郑集主要谈了5个方面的问题，包括粮食储备对国防的重要性、国民营养与国防的关系、士兵营养的重要性、战时给养问题及政府平时对于民食军粮应有的准备。在谈及粮食储备对国防的重要性时，郑集指出："我国当此千钧一发之际，人皆知非抵抗不足以自存，非有坚固之国防，不足以言抵抗，故国防建设之内容，除备置兵器、训练民众及工商开发工矿外，尚有绝对重要而又极易为人忽视之问题，却为粮食。"郑集认为："吾人设一旦被迫与敌人交锋，不仅要预计国内有若干有训练之壮丁，可供兵役，若干兵器及交通设备，可供使用，尤需熟筹国内之粮食可以支持若干时日，盖战争一起，何日停止，不得而知。国内农村，届时势必因军事影响，减低产量，战时食物之消耗又较平时为多，若食物缺乏，则虽兵器精良，人口众多，亦将无补于战局。"为了更好地储备粮食，郑集提出自己的建议，包括储藏粮食与减少浪费，调查全国各省每年的粮食产量，研究国民每人每日必需食物最低量（郑集强调，若战时食物不足，则应限制后方不积极参加战斗人员的粮食，将剩余食物供给前线，同时对战时军粮的配合、制造及运输，平时尤须有充分的研究和准备）。此外，还应改良农村，增加生产。在谈及战时给养问题时，郑集指出："战时之给养等于战时之枪弹，枪弹不足，影响战局之胜负，给养不足或不当，亦同样可以影响战争之胜负。"郑集提出："为欲使国防稳固，除军用器具、外交、内政有充分准备

---

① 戚寿南（1893—1974年），浙江宁波人，医学家，医学教育家。1916年毕业于南京金陵大学，因成绩优异获得美国洛克菲勒基金会推荐并保送美国留学，就读于美国约翰·霍普金斯大学医学院。1920年取得美国医学博士学位，并在美国麻省总医院任职，一年后返回中国。1922—1934年，任教于北京协和医学院，讲授内科学，并任其附属医院内科主任。1934年，任中央大学医学院院长，同时担任南京中央医院总住院医师。1938年任中央大学、华西协合大学、齐鲁大学联合医院总院长。1948年以首席代表、团长身份率领中国代表团参加"日内瓦国际卫生会议"，会后应邀赴加拿大讲学，后赴美，1974年去世。

之外，对于国内食物之储备、调查、生产、军民营养之改良及战时军粮之研究、制造等亦应有充分准备，乃可免战时民粮军食之发生问题。政府应有特设机关，专门研究全国之食物营养问题及军粮给养问题。"郑集在文章中还指出，德国、日本等国家此前就十分重视战时营养问题，因此这些国家的军队战斗力和人民体质状况均有所提升。

粮食问题作为营养问题的重要因素在中国尤为突出，农业科学与粮食问题关系密切。战前中国营养学研究部分隶属于农业科学的相关学科，是战时营养学研究的重要基础和组成部分。农业科学的范围很广，其中和营养学关系最为密切的是农业化学系中的农业生化专业和畜牧兽医学系下的动物营养与饲料专业。战前在农业科学领域开展的营养学研究发端于北平大学农学院，由陈宰均主导的动物营养实验室率先开展相关工作。随后，相关工作主要在陈宰均的学生所在的四川大学农学院生化组（陈朝玉负责）和浙江大学农学院生化组（罗登义负责）展开。罗登义和陈朝玉曾在多所高校的农化科工作，是这一领域的代表人物。

陈宰均，字孺平，1897 年出生于浙江杭州，是中国动物营养学研究的开拓者。他 1916 年考入北京清华学校，求学期间正值第一次世界大战战事胶着之际，面对积贫积弱的中国，他树立了以科学救亡图存的远大志向。在清华学习期间，他对化学特别感兴趣，先后在《清华学报》上发表了《化学与美国国防之准备》《英国之化学工业》两篇文章。1918 年，陈宰均取得庚款留美资格，他有感于中国以农业立国但农业反而落后，认为改良农业实为图强的当务之急，故在留学美国时进入伊利诺伊大学专攻畜牧。1921 年陈宰均取得农学学士学位，同年考入康奈尔大学深造，研究营养化学及家畜饲养学，1923 年取得硕士学位。在美国学习期间，陈宰均特别关注中国农业改革，曾撰写《中国农业革命论》发表在《东方杂志》上。因化学工业对国计民生极为重要，1923 年他又由美赴德，进入柏林大学研究院，师从生物化学家阿布德海丹（Abderhalden）。当时国外刚刚开始研究维生素，陈宰均把维生素的相关知识和研究引入中国，并把

"Vitamin"译作"威达敏",开展相关研究。

1924年,陈宰均回国后先在青岛担任农林局畜牧组主任技师,后于青岛李村农事试验场兴建种猪舍和种禽舍进行科学试验,推广良种,造福于民,牧场规模与设施为当时全国之冠。他以山东本地猪种为主进行饲养试验,结果表明山东地方猪种晚熟,即使多食甘薯藤等青贮饲料,亦能生长,而早熟的巴克夏猪则难以生长。因此,早熟的猪种需用稠饲料,而晚熟的猪种则能利用青贮饲料。此后,因经费困难,研究难以继续。1926年,陈宰均在保定河北大学任教授,同时接到北京农业大学①的聘请,于同年秋赴北京农业大学担任教授。陈宰均一到北京农业大学,就开始创建动物营养实验室。他着重于蛋白质品质和维生素的相关研究工作,并开始培养学生。罗登义和陈朝玉先后跟随陈宰均学习、工作达六年之久。

罗登义,1906年出生于贵阳,1928年毕业于国立北平大学农学院农业化学系。大学期间,罗登义从事高粱蛋白质研究和窝头消化吸收实验研究,其大学毕业论文是《高粱蛋白质之研究》,相关文章发表在《自然界》和《中国科学与美术杂志》上。罗登义毕业后,经时任《学艺》杂志主编的贵州同乡周昌寿介绍,前往周昌寿兄长周恭寿主持的贵州大学担任教授。当时的贵州大学很落后,设有经济、医学、土木工程、矿业等专科及文、理两个预科,但缺少实验设备。罗登义负责讲授普通化学及科学概论等课程,并被聘为学监。1929年春,贵州军阀与云南军阀发生混战,贵州省政府主席周西成死于流弹,省城贵阳顿时秩序大乱,周恭寿辞去校长职务,学生纷纷回家,1931年1月贵州大学被迫停办。经周昌寿再次推荐,罗登义来到国立成都大学任教,担任有机化学讲师。国立成都大学的教学科研水平明显高于罗登义此前所在的贵州大学,而且有很多留学归国的教员。为了能学习更多的知识,罗登义下定决心再次回到母校北

---

① 北京农业大学前身为清朝京师大学堂农科大学,1923年3月改为国立北京农业大学,1927年8月北京各大学改组为国立京师大学校,北京农业大学并入该校农科,1928年京师大学校改为国立北平大学,农科为该校农学院。

京农业大学跟随陈宰均深造。他在农学院深造四年，进行了大量的农业化学研究，尤其关注工农大众的营养问题。这一时期，他研究的是华北贫苦工农赖以生存的高粱、小米、黑小豆、莜麦、玉米、爬山豆等作物，用生物化学的方法分析这些作物中蛋白质的成分和品质。有些杂粮因缺乏人体必需的氨基酸种类，营养价值不高。他通过动物饲养试验发现这些作物的蛋白质之间具有显著的互补作用，例如黑小豆与黄小米、黑小豆与糜子米等，若将它们混合食用，可互补氨基酸，使蛋白质的营养价值显著提高。1931—1935 年间，罗登义先后发表了《窝头之现代营养学识观》《北平农民膳食之营养问题》《华北膳食中蛋白质问题》《黑小豆与数种谷类蛋白质间的补缺作用》等 10 多篇论文，并出版专著《蛋白质之营养化学》，这些研究是较早对改进工农大众的蛋白质营养的探索。1935 年，罗登义得到中华文化基金会的资助，前往美国明尼苏达大学研究院学习农业生物化学，并于 1937 年取得硕士学位。回国后，罗登义被北京农业大学聘为副教授，而恰在此时，"七七事变"爆发。怀着发展农业、拯救祖国安危的抱负，罗登义和家人乔装成商贩逃离北京，一路南下，经南京抵达南昌。罗登义先在南昌农业科学院工作了一段时间，1938 年他得知母校北平大学已经迁到西安并成立西北临时大学后，又辗转来到西安。同年，西北临时大学的农学院和西北农林专科学校及河南大学农学院合并组建国立西北农学院，不久因学潮爆发，教学科研工作被迫中断。此时，罗登义接到了迁往广西宜山的浙江大学农学院的邀请，他再次启程，从陕西前往广西，担任浙江大学农学院农业化学系教授。罗登义到广西宜山不久，战火再次蔓延，罗登义随浙江大学内迁至他的家乡贵州，在生他养他的贵州大山里投身以农业化学服务国家需求的事业。

陈宰均的另一个学生陈朝玉也是农业化学专家，战时开展了大量营养学方面的研究。陈朝玉，1904 年出生于河南邓县（今邓州市），1923 年考入国立北京农业大学，主要学习家畜营养学。他于 1928 年毕业留校，先后担任助教和讲师，专攻动物营养学。陈朝玉跟随陈宰均通过生化分析和动物饲养试验进行了单纯或混合的动植物蛋白质饲料对白鼠生长、生殖、寿命的影响的研究，维生素 B_4 缺乏症的研究，华北产白菜、洋白菜、菠菜、油菜、香椿等蔬菜中维生素含量的研究，中国食用植物油类中维生素 A 及维生素 D 含量的研究等，这些研究成果集中发表在《国立北平大学农学院调查研究报告》第四号《动物营养专号》上。1933 年，陈朝玉前往日本东京帝国大学研究院进修，1935 年回国担任国立北平大学农学院教授。陈朝玉在日本留学时着重研究维生素 B_4，曾发表了两篇研究论文，一篇为英文，对应中文题名为《腺嘌呤与维生素 B_4 非同一物质》，发表在日本东京帝国大学的刊物上；另一篇为日文，对应中文题名为《 Vitamin B_4 缺乏症与饲料组成的关系》，发表在日本农艺化学会志上。此外，陈朝玉同样关注华北地区普通民众的生活营养问题。他和农业化学家周建侯一起研究了萝卜、白菜、芥菜等食物在腌制过程中加入米糠之后，其维生素 B_1 含量的变化。由于贫苦农民常年的下饭菜就是咸菜，如果能改善其缺少维生素 B_1 的状况，对治疗脚气病和改善民众体质意义重大。通过实验，他们发现上述植物在食盐腌制三天后维生素 B_1 消耗殆尽，加入米糠则可以增加腌制蔬菜中维生素 B_1 的含量，甚至可以达到新鲜蔬菜的 150%。最后他们还通过小鼠实验证实，增加的维生素 B_1 可以被小鼠吸收利用，能够使小鼠健康生长。[1]

家政系是女子教育里特殊的一个系，兼有文、理、艺 3 科的性质，既是 20 世纪初新兴的家政教育事业，又带有强烈的教育救国色彩。中国从晚清开始就设立了家政系。当时，中国社会病态的症结之一是家庭精神要素不健全，要想改造积弱不堪的社会，建设富强的国家，应该从社会最基本的单位——家庭的教育和改革开始，这正是家政教育的前提。与当时被引入中国的公共卫生、清洁防疫等内容一样，这些基于西方卫生的话语体系和分类标准的知识在 20 世纪初被引入中国并传播，表明当时的精英分子和政府试图以一种规范性的话语和制度来重新形塑国人的身体和生

---

[1] 周建侯、陈朝玉：《萝卜芥菜及大白菜之食盐腌渍与添加米糠腌渍时维生素 B_1 含量之比较研究》，《学艺》1936 年第 7 期。

活，寻求救亡图存之路。①

家政系中的营养研究相关内容始见于燕京大学。1922年美国俄勒冈州立大学家政学院院长梅兰（Ava Mylam）到中国进行家庭调查后，在燕京大学建立家政系，并担任首任系主任，其运行模式仿照俄勒冈大学家政学院。1926年，留美攻读家政系的燕京大学理科毕业生何静安任系主任，她将美国的家政学理论和中国的国情结合起来，使其教学和研究更贴近中国现状。家政系属于理学院，其开设的课程和实验与生物系、化学系有共同之处。1928年，燕京大学家政系首届毕业生陈意获得美国哥伦比亚大学硕士学位后回国，并于1931年担任系主任。陈意认为，家政系要面向社会，培养实用人才。在这一指导思想下，燕京大学家政系设立了两个专业，其中之一为营养专业（另一个为儿童保育专业），主要研究食物的性质及其与健康的关系。燕京大学家政系于1932年和1934年先后聘请了哥伦比亚大学化学博士龚兰真②和燕京大学家政系毕业生俞锡璇③任教。燕京大学家政系还首创毕业生赴与燕京大学关系密切的北京协和医学院营养部进修制度，在1～2年内，学习多种临床疾病的营养治疗及管理方法，

①王瑶华、章梅芳、刘兵：《身体规训与社会秩序——近代中国公共卫生和身体"革命"视野下的口腔与牙齿》，《上海交通大学学报（哲学社会科学版）》2016年第1期。

②龚兰真（1904—1987年），也写作龚兰珍，许鹏程夫人，上海人。1926年进入北京燕京大学化学系学习，次年赴美国俄勒冈州大学继续完成学业，于1930年获学士学位。1932年在哥伦比亚大学获化学博士学位后回国在燕京大学化学系与家政系任教，讲授饮食与营养学，1934年任家政系主任。中华人民共和国成立后在广州中山医科大学工作。

③俞锡璇（1912—1988年），浙江德清人，化学家俞同奎长女。1934年，毕业于燕京大学，获理学士学位，在北京协和医院营养部任职。1937年赴美国俄勒冈大学，1939年获营养学硕士学位。1940年，回国出任北京协和医院营养部主任，是第一位担任营养部主任的中国人。1941年后先后在辅仁大学、燕京大学等学校任教。中华人民共和国成立后担任北京医科大学教授。

毕业后可以获得营养师（Dietitian）职称。^①此外，其他教会学校，如辅仁大学、华西协合大学、金陵女子大学等也设立了家政系。

金陵女子大学（后称金陵女子文理学院或金陵女子学院）1914年在南京成立，德本康夫人（Lawrence Thurston）受中华基督教高校联合董事会的委托出任校长。1923年以前，金陵女子大学仅分文理两科，理科偏重数学、化学和生物，招生人数不多，每年仅3～6人。德本康夫人邀请美国史密斯大学化学系毕业的硕士蔡路德（Ruth M. Chester）于1917年秋来校承担化学教学和行政管理工作，她开设了无机化学、有机化学、生物化学和营养化学等课程，为学生奠定了扎实的化学基础，充分激发了理科女学生学习营养学的热情，这期间比较知名的学生有李美筠^②和严彩韵^③。1924年，金陵女子大学撤学科设系，文科和理科各设置4个系，其中理科设数理、化学、生物、医预等系，一些理科学生毕业或经预科教育后，进入其他学校如燕京大学、北京协和医学院或国外高等学校继续深造，逐步投身生物化学与营养学的教学和研究领域。1928年11月，吴贻芳成为金陵女子大学历史上的首位中国校长，在就职演讲上她提出金陵女子大学的办学理念："应光复后时势的需要，造就女界领袖，为社会之用。"这充分说明金陵女子大学十分注重女性特点并借此服务社会，因此设置了一些适合女性工作的相关学科专业。全民族抗战爆发后，金陵女子大学迁往成都。

---

① 根据查良锭教授回忆整理。查良锭（1916—2021年），浙江海宁人，1935—1937年就读于天津南开大学化学系，1937—1941年就读于燕京大学家政系学习营养学(1940—1941年在北京协和医学院实习)。毕业后留在协和任营养师，1947年与沈同成婚。

② 李美筠，1901年生，上海人。1920年考入金陵女子大学，1924年毕业。1928年考入燕京大学家政系，1931年毕业，回到母校金陵女子大学任教。

③ 严彩韵（Daisy Yen，1902—1993年），浙江慈溪人，生物化学家。1921年毕业于南京金陵女子大学。后赴美留学，先后就读于史密斯学院与哥伦比亚大学，曾师从营养学权威谢尔曼（Henry C. Sherman）与罗斯（Mary Swartz Rose），1923年获哥伦比亚大学化学硕士学位。回国后任教于北京协和医学院，1924年与吴宪结婚，协助吴宪一同参与创立了中国的生物化学学科。

三、战时营养保障体系的架构

面对持久战的需求，不同领域的科学家也在思考抗战救国的策略。万昕、王成发、郑集、罗登义、陈朝玉等学者，以及沈同等战时学成归国的留学生，围绕战时的需求，用所学服务抗战，开展营养学研究。

1941 年 6 月，军医学校在贵州安顺成立了营养研究所，万昕担任所长。营养研究所计划开展 3 个方面的研究，包括生理生化研究、军队膳食研究、实验医学研究。其中，军队膳食研究是重点工作，并计划印发两套刊物，即只发表专门研究军队营养文章的刊物《营养研究专刊》和用于宣传营养知识的通俗刊物《营养简刊》。[①]

军医学校营养研究所成立后，除原来生物化学系的万昕、陈尚球、陈慎昭 3 名教师外，营养研究所又聘请了美国哥伦比亚大学毕业的博士陈美瑜担任教师，以及军医学校的汪功立、中山大学的江兆云和广东省立广州女子师范学校的陈瑞环等人担任技术员。

1941 年，中央卫生实验院决定增设营养研究所（最初称为营养实验所）和流行病预防实验所，由吴宪担任营养研究所所长。中央卫生实验院的条例规定，营养所的工作包括营养调查与研究事项、膳食研究与改良事项、生物化学实验研究事项、食物化验与研究事项、营养宣传事项及其他有关营养研究的事项。[②]实际上，由于吴宪仍在北京协和医学院，当时营养所仅有 5 人，由王成发担任组长，还有上海医学院生物化学教授林国镐和从美国回来的生物化学博士任邦哲，此外还有两名刚毕业的学生金大勋和廖素琴。不久，林国镐和任邦哲前往重庆、上海的医学院工作，营养所

---

① 万昕：《陆军营养研究所》，《军医杂志》1942 年第 3-4 期。
②《中央卫生实验院组织条例》（1941 年 9 月），中国第二历史档案馆藏，档案号：十二（6）87；另见国防最高委员会：《中央卫生实验院规程条例》（1941 年 9 月 10 日），第 81 页，中国社会科学院档案馆电子档案，档案号：防 003/1443。

仅剩3人。1943年后，吴宪、周启源、叶恭绍等人来到营养所，人员增加至近10人，吴宪正式担任所长，王成发担任副所长[①]。中央卫生实验院成立伊始，营养所就开始建设实验室，王成发组织学生开展膳食调查，并用带来的仪器进行营养成分分析。1943年后，实验室扩建，营养研究所也分为食物效用、实用营养学、食物化学和维生素化学、营养素缺乏病4个研究室。[②]

1938年，中央大学医学院迁至成都，郑集复建中央大学医学院的生化科，并与齐鲁大学医学院和华西协合大学的生化科一起联合办学，同时又保持相对的独立性。华西协合大学生化科主任蓝天鹤教授给予了他们很多方便。在华西，和郑集一起工作的有李学骥、唐愫、韩国麒、王正宇、唐成功等人，不久周同璧、任邦哲也来到中央大学医学院生化科，大家怀着抗战必胜的信心开展教学和科研工作。为了解决抗战给医学研究提出的这些需求，中央大学医学院院长戚寿南向校长罗家伦和教育部提出申请，要求成立生理学研究部和公共卫生学研究部，分别由生理科主任蔡翘和公共卫生科主任李廷安负责。在成立生理学和公共卫生学两部的报告中，都提到了营养研究的重要性，希望通过营养研究来改良国人膳食，进而消除由食物引起的疾病等问题，营养相关研究则请担任生化科主任的郑集负责。[③]从此，中央大学医学院生化科的研究更加注重与民生关系密切的问题，如蛋白质的营养价值、谷物组分的有效成分和加工方法等。

此外，1941年11月，已经迁到贵阳的国立湘雅医学院，成立了营养研究室。该研究室的工作计划指出："查国民身体健康与营养之关系至为密切，自抗战军兴，国民经济能力低落，健康标准有江河日下之势，然而

---

① 金大勋：《回忆抗战时期的中央卫生实验院》，《营养学报》2006年第2期。
② 朱莲珍：《中央卫生实验院的组建及其变迁》，《营养学报》2015年第2期。
③《关于成立生理学与公共卫生学研究两部申请》，南京大学档案馆藏，01-ZDLS-2475。

具有营养价值之食物，随地皆是，徒以选择无方或因处理失当，遂至精华被弃，未予利用。值此物价上涨，人民生活日渐艰困之际，应如何利用科学方法在经济情形允许之下以谋国民营养问题之解决自为目前最迫切之需要。本学院有鉴于此，拟设立一营养研究室，由药理学教授孙宗彭主持，其事正在筹划进行。"[①]1943 年，孙宗彭因接受浙江大学理学院药学系建系任务而离开湘雅医学院，湘雅医学院的战时营养研究工作未能展开。孙宗彭在浙大药学系开展了一些与战时营养相关的研究。

中国红十字会总会救护总队营养组和清华农学院生理组的营养研究工作的全面展开得益于学成归国的沈同，相关研究活动也由沈同负责。沈同，1911 年出生于江苏吴江，1929 年考入清华大学生物系，1933 年毕业留校任助教，1936 年取得清华庚子赔款公费留学名额，赴美国康奈尔大学主修动物营养学和生理学，师从生物化学和动物营养学专家梅乃德[②]（Leonard A. Maynard）。在康奈尔大学学习期间，梅乃德对沈同格外关注，对他的要求也十分严格。进入高年级后，沈同在康奈尔大学动物营养实验室教授麦凯[③]（Clive Mccay）的指导下进行了大鼠热量摄取试验等一系列研究。在康奈尔大学读书期间，沈同一直在思考怎样利用自己的知识报效祖国、服务抗战。1937 年 10 月 4 日，曾在康奈尔大学做过助理教授的埃斯戴尔[④]（Sydney Arthur Asdell）做了一次题为《动物营养学》的报告。埃斯戴尔早年在剑桥大学攻读博士学位，那时他就跟随导师马歇尔[⑤]（Francis

---

①《国立湘雅医学院营养研究室计划书》，中国第二历史档案馆藏，全宗号 5，案卷号 2193。

② 梅乃德（Leonard A. Maynard，1887—1972 年），生物化学家，1915 年取得康奈尔大学生物化学专业博士学位。

③ 麦凯（Clive Mccay，1898—1967 年），美国生物化学家、营养学家，1927 年任康奈尔大学生物化学系教授。

④ 埃斯戴尔（Sydney Arthur Asdell），英国人，1926 年获剑桥大学博士学位，1930 年任康奈尔大学畜牧学专业助理教授。

⑤ 马歇尔（Francis Hugh Adam Marshall，1878—1949 年），英国剑桥大学教授，皇家学会会员，生理学家。

Hugh Adam Marshall) 从事这方面的相关工作。此次报告,埃斯戴尔介绍了英国战时营养研究的相关情况,尤其是与他在同一师门的哈蒙德(John Hammond)[①]与英国政府合作改进食品生产的一些情况,以及英国战时食物计划等。沈同听了这个报告特别高兴,他相信在学成回国后一定可以依靠自己的专业,以科学服务国家、支援抗战(图4-4)。此后,沈同更加关注战场对于营养学研究的需求,并经常与他的老师和留学生同学一起讨论战时营养学研究的相关问题。1939年6月,沈同通过博士论文答辩,取得康奈尔大学动物营养学和生物化学博士学位,并于当月登船回国;9月,沈同回到位于大后方的西南联大。沈同回国后,经汤佩松介绍,在中国红十字会总会救护总队担任营养指导员,并带领学生和助手开展战地士兵的营养调查和改善工作。与此同时,沈同还在西南联合大学生物系先后担任副教授和教授,并在汤佩松负责的清华大学农业研究所生理组负责营养学研究和相关实验室的建设。

1937年全民族抗战爆发后,浙江大学西迁。罗登义接到浙大农学院的邀请,前往广西宜山创建农业化学系。1939年5月,浙大正式成立了农业化学系。1939年11月,南宁被日寇攻占,浙大再次西迁,刚刚到农业化学系工作不久的罗登义随浙大西迁至贵州的遵义、湄潭,结合当地条件和生产生活需要进行农业化学与营养学的相关研究。

1935年,国立四川大学农学院成立,设立农学系和森林系,1936年又增设了园艺和病虫害系,并在农学系下设畜牧兽医组、农业化学组和农业经济组3个组。随着战局的扩大,1939年,陈朝玉由北京大学农学院转任四川大学农学院教授,并在农业化学组下创建营养研究室,开展营养研究。1944年8月,四川大学增设农业化学系,陈朝玉担任首任系主任。陈朝玉在四川大学农学院开展针对战时营养需求的研究,并且创办了

---

① 哈蒙德(John Hammond, 1889—1964年),马歇尔的学生,英国剑桥大学教授,皇家学会会员,动物营养学家。其战时工作内容详见 *Biographical Memoirs of Fellows of the Royal Society*, No.11(1965):100-113。

《四川大学农学院营养专报》，用于刊登研究报告。

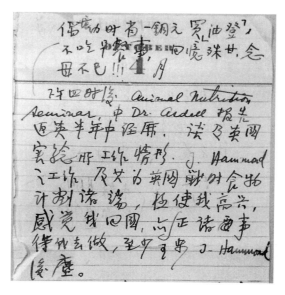

图 4-4　1937 年 10 月 4 日沈同日记[①]

　　抗战爆发前，中国并没有独立的营养学研究。中国的现代营养学研究主要分散在相近的生物化学、农业科学、家政学等与营养问题密切相关的学科领域。进入战略相持阶段后，面对前方战场和后方国民的公共卫生与营养保障需求，经过相关机构与人员的整合，战时国民政府的战地和大后方营养保障体系初步形成（图 4-5）。

---

　　① 此日记正文内容："October 4, 1937，下午四时后，Animal Nutrition Seminar 中 Dr. Asdell 报告返英半年中经历。谈及英国实验所工作情形。J. Hammed 之工作，及其为英国战时食物计划诸端，极使我高兴，感觉我回国，正亦有诸事待我去做，至少可步 J. Hammed 后尘。"

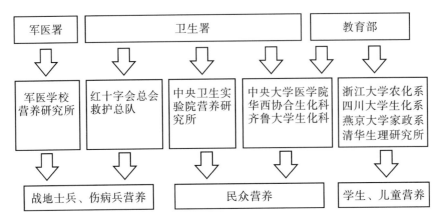

图 4-5　战时营养保障体系

第二节　抗战时期的士兵营养调查与保障研究

抗战时期，中国人体质普遍较弱。1936 年国民政府的选兵标准为：甲等兵身高 165 厘米以上，体重 55 千克以上，胸围是身高的一半以上，身体强健，没有暗疾和畸形，特别适合现役；乙等兵身高 160 厘米以上，体重 50 千克以上，胸围达到身高的一半，当甲等兵不足时，乙等兵也可用于现役；丙等兵身高虽不满 160 厘米，但发育尚属佳良，且无显著疾病或畸形。

1939 年，选定标准下降为：甲等兵身高 160 厘米，体重 55 千克；乙等兵身高 155 厘米，体重 50 千克；丙等兵身高 150 厘米，体重 48 千克。1942 年颁布的《战时补征兵员实施办法》将标准进一步下降为：身高 150 厘米、体重 48 千克即为合格；如果年龄合适、身体精壮，即使与上述规定稍有不合，也应视为合格。作为军队士兵体格和膳食营养研究的主要机构，军医学校较早地开展战时士兵的体格情况和膳食营养状况调查，并在此基础上进行士兵营养保障体系建设的探索。

中国军队的战时给养与当时的英、美、日等国有所不同，这些国家在战时已经制定了各自的给养标准，按照标准发放军粮和给养；而中国的给养大多采用代金制，即将士兵的给养折算成现金，由所在部队自行办理。在部队中，多以连为单位，自行安排人员采买、制作伙食。这种给养方式与中国军队当时的状况相适应，一方面减少了食物供给和运输的费用，另一方面各部队还能就地取材，利用土产。此外，各部队还可以根据自身的具体情况，增减膳食费用。但这种给养方式也存在弊端，中国当时还没有统一的军队给养标准，各地各部队也缺少膳食管理方面的人才，相关知识亦欠缺，购买和制作伙食几乎全凭个人经验。受这些因素影响，各地前线士兵的膳食供给因地域和季节差异而波动较大，导致军队整体的营养状况参差不齐，具体实情难以准确掌握。

一、万昕开展的士兵营养调查与保障研究

（一）士兵体格和膳食营养状况调查

万昕自 1936 年就任军医学校生化系主任起，就带领军医学校的同人对军医学校的学生和士兵及广东、广西、湖南、贵州等地的驻军进行了多次调查，目的是了解战时中国士兵的体格和营养状况，进而修正当时的选兵标准。

1. 士兵体格调查

自 1936 年 4 月至 1943 年 5 月，万昕带领军医学校营养研究所的陈慎昭、陈尚球、张宽厚等人，进行了 6 次士兵体格调查。中国当时的选兵标准纷繁多样，有的地方采用国外标准，有的地方则自定标准，而这些标准大都没有经过调查和试验，很难符合当时的国情。万昕等人一共调查了不同地区的 3428 名士兵，相关情况如表 4-1 所示。

表 4-1 万昕所调查士兵的概况

组别	兵种	籍贯	调查时间	人数/人
甲	某军正式军队	华北	1941—1942 年	2092
乙	某军正式军队	华北	1941—1942 年	468
丙	新入伍壮丁及某军校学生	华中	1937—1942 年	312
丁	某师管区模范队新兵	黔川湘赣	1943 年	200
戊	某师管区模范队新兵	黔川湘	1943 年	296
己	某军校勤务	华北	1936 年	60
总计				3428

资料来源：《营养研究专刊（第 5 号）》。

万昕等人对所调查士兵的身高、体重、坐高、胸围、腰围、血红蛋白、握力等数据进行了测量。为了得到精确的调查结果，测量时万昕等人采取尽可能保证精度的措施。例如，在测量体重时，要求士兵脱鞋，只穿汗衫和短裤；在测量肺活量和握力时，均令士兵操作 3 次，取最大值；等等。通过对测得的数据进行统计和计算平均值，得到了最终的调查结果（表 4-2）。将这些数据和已有标准进行对比分析后，万昕发现，总体上，在士兵体格方面，按照 1939 年所制定的士兵分类标准，中国军队中甲等兵的比例不高于 10%，甲等兵和乙等兵的比例约为 25%。[1] 所调查士兵的平均身高、体重与军政部的标准相近，肺活量比军政部标准还高一些，士兵的胸围也基本符合标准。此外，调查发现，中国士兵的血压低于已有标准，红细胞和血红蛋白含量也比标准要低。万昕怀疑是消化不良导致食物中的铁元素没有被很好地吸收。调查还发现，中国士兵的平均握力只有 28.6 千克，与中北非地区素食者的数据相近。万昕认为，这可能源于中国士兵以素食为主的饮食结构，以及相对矮小的体格特征。同时他还指出，军政部制定的握力 60 千克的标准与实际情况脱节。此外，万昕等人还监测了部分士兵的血压，测量发现士兵的平均收缩压为 104.2 毫米汞柱，舒

---

① 万昕：《中国军队营养之研究：4. 士兵胸围与身长之关系》，《营养研究专刊（第 7 号）》1945 年，陆军军医学校内部资料。

张压为 70 毫米汞柱。这一数值较当时常用的 120～80 毫米汞柱稍低。万昕经过进一步查阅资料发现，北京协和医学院的董承琅在 1928 年的文章中写到："旅美中国学生在美国期间的血压为 113～72 毫米汞柱，返回中国后血压变为 107～65 毫米汞柱。"万昕等人认为："（从人种上讲）中国人的血压和欧美人相比确实要低一些。但董承琅的实验也说明，国内军民血压偏低不仅仅是人种问题，确实也受到了环境的影响。"[①]

表 4-2　万昕对士兵进行体格调查的结果

组别	平均年龄/岁	体重/千克	身高/厘米	坐高/厘米	肺活量/毫升	胸围/厘米	腹围/厘米	血红蛋白/（克/升）	握力/千克
甲	26.4	54.1	167.6	89.6	3488	78.9	68.3	12.5	30.6
乙	25.1	55.1	169.5	88.7	3395	78.8	74.0	12.5	28.5
丙	29.5	56.4	165.1	87.9	3235	—	—	—	—
丁	21.5	55.0	167.1	90.5	3538	—	—	15.6	—
戊	30.4	51.1	156.1	82.6	3122	83.9	73.5	17.3	26.6
己	26.5	57.5	167.6	89.7	—	—	—	14.3	—
平均	26.6	54.9	165.5	88.2	3356	80.5	71.9	14.4	28.6

资料来源：《营养研究专刊（第 5 号）》。

标准值[②]：体重 50～55 千克，身高 158～180 厘米，肺活量 3000 毫升，胸围 81.4 厘米，血红蛋白 17.4 克/升，握力 60 千克。

万昕团队对所调查士兵患有的营养相关疾病情况进行记录，并且重点调查了眼部疾病和口腔疾病的情况。调查发现，士兵中正常视力者约

---

① 万昕、陈慎昭、陈尚球等：《中国军队营养之研究：3. 士兵体格》，《营养研究专刊（第 5 号）》1944 年，陆军军医学校内部资料。

② 万昕此处采用的标准中，胸围一项参考的是 1929 年吴宪的研究数据，见 WU Hsien，"Vegetarianism I Introduction，" *Journal Oriental Medical*，No.10（1929）：119；血红蛋白一项采用的是英国生理学家，1923 年诺贝尔生理学奖获得者麦克劳德（John J. Macleod，1876—1935 年）1932 年版《现代医学中的生理学与生物化学》（*Physiology and Biochemistry in Modern Medicine*）一书中的数据；其余标准参考军医署 1936 年编制的《军医必携》手册。

为 2/3，弱视者有 1/3。士兵中患有沙眼的约 50%，患角膜炎和干眼症的
也达到 50%。由此可见，士兵的眼部疾病非常普遍，其中沙眼和角膜炎主
要由卫生状况不佳导致，而干眼症则主要是缺乏维生素 A 所致。干眼症
进一步发展会导致夜盲症，对士兵夜间行军、战斗造成极大的影响。调查
数据显示，士兵的口腔健康同样不容乐观，其中以牙结石患病率最高，达
72%，这主要是因为卫生较差；其次为龋齿，士兵中有 50% 患龋齿，有
25% 存在牙釉质发育不全的症状。在此之前，已经有研究表明，中国人群
较高的龋齿发病率与膳食营养失衡有关[1]。陈慎昭则通过进一步调研确认，
中国人的牙齿疾病大都与缺乏维生素 A、维生素 C、维生素 D 以及钙和
磷等营养素有关，而牙釉质发育不全除与上述营养素摄入不足相关外，还
与士兵的食物过硬有关[2]。此外，调查还发现，有近 30% 的士兵患有唇炎，
而已有研究也表明缺乏核黄素（维生素 B_2）是唇炎的主要病因[3]。调查结
果显示，脚气病患者只有 4.3%，明显低于战前已有调查的数据。万昕认
为，这一现象与战时的膳食以粗粮为主有关。最后，调查显示有 40% 的
士兵存在蛔虫感染，其主要原因是饮食卫生不良，这类寄生虫疾病会严重
影响士兵的营养吸收和利用，亟须采取防控措施。

士兵的体格调查主要是对士兵的身体素质进行摸底。这些调查的内
容以内部报告的形式送交军医署，为当时选兵标准的制定提供参考[4]。

① Leslie G. Kilborn, "Diet and dental caries, " *Chinese Medical
Journal*, No.46（1932）: 76.

② 万昕、陈慎昭、陈尚球：《军队膳食与普通膳食之比较》，《营养研究专刊（第
1 号）》1941 年，陆军军医学校内部资料。

③ Hou Xiangchuan, "Riboflavin deficiency among Chinese, 2. Cheilosis and
seborrheic dermatitis, " *Chinese Medical Journal*, No.59（1941）: 314.

④ 参见万昕、陈慎昭、陈尚球等：《中国军队营养之研究：3. 士兵体格》，
《营养研究专刊（第 5 号）》1944 年，陆军军医学校内部资料；万昕、陈慎昭、
陈尚球等《黔籍与非黔籍男子体格之比较》，《营养研究专刊（第 6 号）》1944 年，
陆军军医学校内部资料；万昕：《中国军队营养之研究：4. 士兵胸围与身长之关系》，
《营养研究专刊（第 7 号）》1945 年，陆军军医学校内部资料。

2. 士兵膳食营养状况调查

1940 年 10 月至 1941 年 2 月，万昕主持的军医学校营养研究所对位于贵州、湖南、广西、广东地区的 21 个陆军连队 7966 名士兵和 18 家军医院中的 4733 名伤病士兵的膳食状况展开了调查。这是一次大范围的调查，万昕安排调查人员收集每个陆军连队采买食物的数据和进餐士兵的数据，计算各连队每天每名士兵获得食物的平均数。在调查过程中，每个连队平均调查 3 天，军医院平均调查 14 天。

经过调查，万昕得到了 21 个陆军连队和 18 家军医院的数据。通过对上述 21 组陆军连队数据进行平均计算，得出所调查士兵的膳食营养状况的平均值。同理，将 18 组军医院的数据取平均值，可得到所调查医院膳食构成（表 4-3）和营养构成（表 4-4）的平均数据。

表 4-3　万昕所调查军队和军医院膳食构成的平均数据

类别	膳费 / 元	粗米 / 克	蔬菜 / 克	肉类 / 克	豆制品 / 克	油脂 / 克	食盐 / 克	调味品 / 克
军队	0.266	762	377	2.7	30	8.0	4.4	13
军医院	0.370	677	244	7.4	89	7.1	12.0	7

资料来源：《营养研究专刊（第 1 号）》。

表 4-4　万昕所调查军队和军医院营养构成的平均数据

类别	热量 / 大卡	蛋白质 / 克	脂肪 / 克	碳水化合物 / 克	钙 / 克	磷 / 克	铁 / 克	维生素 A/ 国际单位	维生素 B/ 国际单位	维生素 C/ 国际单位
军队	2867	61	17	578	0.440	2.444	0.022	2784	455	2440
军医院	2702	70	23	538	0.473	2.034	0.047	2600	422	2500

资料来源：《营养研究专刊（第 1 号）》。

上述调查结果显示：第一，中国军队及军医院中的膳食，几乎全为素食，基本食物为米与蔬菜，仅有极少量的肉类、豆类及油脂供应。第二，中国军队士兵每天的能量来源十分单一，每人每天平均食用粗米 762 克、蔬菜 377 克、豆制品 30 克。经过换算，这些食品每天提供的能量为 2867 大卡[1]，其中 96% 的热量来自主食。士兵每天的蛋白质摄入量为 61 克，其中 94% 来自植物性蛋白，动物性蛋白极少，而植物蛋白中绝大部分来源于各类主食，仅有少部分来源于豆类等副食。第三，军医院中伤病兵的膳食稍好于军队，伤病兵平均每人每天食用粗米 677 克、蔬菜 244 克、豆类及肉类 96.4 克。经过计算，伤病兵每天摄入的热量为 2702 大卡，其中 87% 来源于主食，伤病兵每天摄入蛋白质 70 克，有 28% 的优质蛋白质来自豆类及肉类。第四，中国军队膳食营养供给存在显著的地域和季节差异，不同部队、不同时期的营养素摄入量差异较大，其中以维生素 A 的差异尤为突出——最低摄入量仅为 840 国际单位，而最高可达 8932 国际单位，相差达 10.6 倍，这主要源于军队各驻地副食蔬菜的种类和供应存在地域性和季节性差异。

（二）最低营养标准的探讨

要改善上述情况，需要制定合适的营养标准，通过比较实际情况和营养标准之间的差距，为战地和军医院中的士兵提供营养保障。为此，万昕等人参考了美国营养学家亨利·谢尔曼[2]（Henry C. Sherman）制定的热量标准"从事重体力劳动的人每天需要的热量应为 3500 大卡"，以及此前吴宪等人在中华医学会公共卫生委员会特组营养委员会制定的关于中国城市居民的"最低限度之营养需要"的标准"成年人每天需要热量 2400 大卡，每千克体重需要蛋白质 1.5 克"。但这些标准是针对城市居民制定

---

[1] 1 大卡 =1000 小卡 =4.186 千焦。

[2] 亨利·谢尔曼（Henry C. Sherman，1875—1955 年），美国人，食品化学和营养学家，因对脂肪、维生素、矿物质等营养成分的量化研究而闻名世界。曾担任美国国家营养研究所所长和美国生物化学学会主席，中国学者严彩韵、郑集等人曾跟随其学习。

的，而士兵需要每天服劳役或操练，上述标准显然不适用。此外，吴宪等人在制定的标准中指出："对于体力劳动者，可以根据工作强度在 2400 大卡的基础上进行热量补充。补充原则为按照轻量工作每小时加 75 大卡、中量工作每小时加 75 ~ 150 大卡、剧烈工作每小时加 150 ~ 300 大卡、极剧烈工作每小时加 300 大卡的标准给予补充。"[①]

考虑到中国士兵的体质和欧美士兵差异较大，以及战地士兵和城市居民营养需求的不同，万昕对此展开中国士兵最低营养标准的讨论。他认为，士兵每天操练约 9 个小时，若按照每小时消耗 120 大卡热量计算，则需要在 2400 大卡的基础上增加 1100 大卡，即 3500 大卡。因此，万昕等人选择 3500 大卡为士兵每天摄入热量的基本标准。但是，根据谢尔曼的标准，成年人每天需要的蛋白质为 88 克，占总热量的 10%；需要的脂肪为 60 克，占总热量的 15%。这两个标准与当时美国军队士兵的实际营养摄入量（热量 3615 大卡，碳水化合物 486 克，蛋白质 127 克，脂肪 121 克）相比，仍然偏低，但是对于食物中蛋白质和脂肪的摄入比例远低于欧美士兵的中国士兵而言，可以暂时将此标准作为战时的最低营养标准。同时，万昕考虑到中国人的体质和欧美人大不相同（欧美人平均体重约为 70 千克，而中国人平均体重约为 55 千克），于是将谢尔曼的标准进行折算得到了假定标准：战地士兵每人每天所需最低能量为 2750 大卡，蛋白质 69 克，脂肪 47 克，碳水化合物 515 克，钙 0.534 克，磷 1.037 克，铁 0.012 克。详细内容见表 4-5。

---

① 《中国民众最低限度之营养需要》（1940 年 1 月），重庆市档案馆藏中华医学会公共卫生委员会特组营养委员会报告书，档案号：012900010000700000181000。

**表 4-5　军队和军医院营养构成的平均数据与参考标准
及假定标准对比情况**

类别	热量 / 大卡	蛋白 质 / 克	脂肪 / 克	碳水化 合物 / 克	钙 / 克	磷 / 克	铁 / 克	维生 素 A/ 国际 单位	维生 素 B/ 国际 单位	维生 素 C/ 国际 单位
军队	2867	61	17	578	0.440	2.444	0.022	2784	455	2440
军医院	2702	70	23	538	0.473	2.034	0.047	2600	422	2500
参考 标准	3500	88	60	656	0.680	1.320	0.015	4200	300	1000
假定 标准	2750	69	47	515	0.534	1.037	0.012	3300	236	787

资料来源：《营养研究专刊（第 1 号）》。

　　由表 4-5 可知，在相同体重下，中国士兵膳食中各种营养素的平均
摄入量与假定标准相比较，最严重的是脂肪摄入不足，其次是钙、维生素
A 和蛋白质。万昕指出，这些数据是 21 个连队和 18 所军医院的调查平均
数据，若想了解每个单位的情况，则需要将各单位和假定的最低标准进行
比较。为此，万昕将每个连队和每所军医院的调查数据分别与假定标准进
行对比分析。结果显示：所有单位的脂肪摄入量都达不到假定标准；超过
2/3 的单位在蛋白质摄入总量和维生素 A 摄入量上低于假定标准；即使是
摄入量相对较多的碳水化合物，仍有 1/3 的单位达不到假定标准。

　　军队膳食与假定标准相比差距很大，万昕进一步将调查结果与已有
研究进行对比。结果发现，即使和战前南京、北京等地的基准数据相比，
军队膳食仍然存在较大差距。对比结果显示：与上等收入家庭、中等收入
家庭比，中国军队士兵的蛋白质和脂肪摄入量显然不足；即使与农民或工
人比，中国军队士兵每天摄入的脂肪量只有 17 克，每天摄入的蛋白质只
有 61 克，贫农每天脂肪的摄入量有 30 克，蛋白质的摄入量有 76 克，也
要比军队好很多。而总热量方面，中国军队士兵每日的摄入量仅稍高于贫

农，比工人和农民都要低。[①]

通过进一步分析万昕发现，中国军队士兵每天的营养摄入不仅总量不足，而且营养结构失衡。中国军队士兵的日常热量摄入中，90% 的热量来自主食谷物，蔬菜和豆类等副食贡献很少，肉类的供给几乎可以忽略不计。在蛋白质方面，中国军队士兵 90% 以上的蛋白质来源于谷物，其余来源于蔬菜和豆类，基本没有动物蛋白摄入。此外，万昕还发现，所调查各部队维生素 A 的摄入量差距很大，最高值达到 9000 国际单位，最低值只有 2500 国际单位。万昕认为，这种差异是调查时季节不同造成的：在春夏季士兵食用的蔬菜大多为深色蔬菜，而秋冬季多为浅色蔬菜和植物根茎。而维生素 A 在深色蔬菜中的含量远远高于浅色蔬菜和植物根茎，这导致军队士兵季节性缺乏维生素 A。万昕还分析了军队士兵摄入的维生素 B 和维生素 C 的总量，由于士兵的食物大都为糙米和蔬菜，因此维生素 B 和维生素 C 的摄入量比普通人要高。此外，虽然还没有确切的标准数据，但是万昕也分析了维生素 B_2 的摄入量与美国制定的每日摄入量 600 国际单位相比，中国军队士兵和军医院伤病兵每日摄入量分别为 169 国际单位和 85 国际单位，显然不足。

中国士兵的膳食结构存在明显缺陷，多项营养指标尚不能达到既定的最低标准，导致中国士兵普遍存在营养不良及相关疾病。为此，万昕在军医院和军队中开展士兵膳食营养改良实践。

（三）士兵的营养保障

1. 战地士兵的营养保障

如何保障战场上广大士兵的战斗力，并尽可能提升他们的战斗力，是万昕等人面临的问题。万昕在其针对战地士兵的营养调查中发现，战

---

① 万昕、陈慎昭、陈尚球：《军队膳食与普通膳食之比较》，《营养研究专刊（第 1 号）》1941 年，陆军军医学校内部资料。

地士兵最重要的问题是以稻米为主要食品，仅有蔬菜作为副食，而且往往吃不饱。实际上，战前万昕、吴宪曾在北京协和医学院与吴宪进行过素食的相关研究，如果食物的总量提高，那么可以维持最低能量需求[①]。为此，为了改善士兵的实际膳食状况，缩短士兵营养供给与最低营养标准之间的差距，在建议提升士兵膳食供给基准的同时，万昕等人还制定了在同一基准下满足最低营养标准的若干方案。考虑到当时战地条件艰苦，难以保障有效供应，他们还制定了在特殊情况下满足膳食营养要求的一些临时措施。

万昕等人根据各地现有条件提出的临时措施，主要在食物原料替代和烹饪方法两个方面进行补救。

在食物原料替代方面，万昕提供的建议如下：（1）采用粗米、粗面，这样可以将小麦和稻谷的表皮加入食物中，提高维生素B的含量，进而减少脚气病的发生。（2）增加杂粮的使用，一方面能够补充米和面粉的不足，另一方面杂粮中的营养成分是对米、麦的补充，而且杂粮的价格要明显低于大米和面粉。（3）增加黄豆及相关制品的使用，黄豆的蛋白质含量能达到40%，而且黄豆价格比大米还要低一些[②]，通过增加豆制品，提高军队士兵膳食中蛋白质的含量。（4）提倡采用植物油。当时的榨油技术还较为原始，生产的植物油有油料的特殊气味，一般不太好闻。实际上，植物油的价格要比动物油低廉，而且种类繁多，比较容易获取。（5）提倡使用深色蔬菜，如番茄等，以补充更多的矿物质。（6）提倡利用食物废料，动物的血、骨骼、皮及野生植物等均含有大量营养物质，如果能多加以利用，既可以改良部队士兵的营养又能增加食物来源。（7）多晒太阳，中国西南地区云雾较多，通过晒太阳可以使人体合成维生素D，进而促进钙质

---

①万昕、吴宪：《素食与维持体重之研究》，《中国生理学杂志》1932年第6期。

②万昕记载，1943年1月，贵州安顺市粗米每市斤1.78元，黄豆1.21元。根据周春主编《中国抗日战争时期物价史》（四川大学出版社，1998年），1940年以前，黄豆的价格普遍高于大米的价格，1941年以后，由于米价上涨极快，黄豆价格要低于米价很多。

吸收。①

在烹饪方法方面，万昕也提出了一系列改良方案：（1）以往军队多采用蒸饭方法，其主要步骤是先将稻米淘洗干净，加入清水下锅，水沸腾后，沥去米汤取出已经膨胀的稻米，上屉蒸熟。蒸饭操作比较简单，上屉蒸制时不用专门照看，待到一定时间取出蒸制好的米饭即可。如果采用焖饭法，在制作时间和燃料上可以节省1/3，而时间的节省对于处在战争中的部队是极为重要的，在抗战中也多次出现由于中国军队埋锅造饭暴露目标的情况。此外焖饭的制作方式可以基本保证米汤全部被利用，米汤中的营养不会浪费，相对蒸饭要经济很多，所以建议军队采用焖饭法。（2）蔬菜应该先洗后切，并采用大火快炒的制作方法，或者采取水煮沸后放入蔬菜代替凉水下蔬菜的炖煮方法，煮菜的水也不应该抛弃，并且应该在出锅前加盐，用这些方式避免维生素的损失。（3）废除打牙祭等不利于营养利用的习惯。（4）战时中国军队膳食原料结构单一，不应该长时间采用同一个食谱，这样能够有效减少因食物摄入单一造成的某些营养素过剩而其他营养素缺失的情况。②

实际上，上述应急补救措施在推行的时候也遇到了一些问题。例如，在利用杂粮代替部分大米或面粉时，一方面由于中国北方有食用杂粮的传统，而南方在战前稻米产量除足够当地居民食用外，还有多余的米卖到北方，因此南方的士兵不习惯食用杂粮，军队的伙夫也不知道如何加工杂粮。曾有部队为图省事，将玉米和大米一同煮制，结果大米煮熟了，玉米粒还是生硬的，士兵在吃饭的时候只能把玉米粒挑出来丢弃，反而导致浪费（图4-6）。另一方面，当时绝大部分战区的部队仍然采用代金制，军队自行安排膳食，无法强制推行杂粮掺配制。1941年，玉米的价格不及大米的一半，如果能充分利用玉米等杂粮，除可以有效利用膳费增加营养外，还有助于稳定战时中国的粮食市场价格。

———————————

① 万昕：《士兵营养补救办法》，《陆军经理杂志》1942 年第 5 期。
② 同①。

图 4-6　抗战期间中国军队的伙夫和在进餐的士兵 [1]

　　万昕基于战时实际膳食状况和基础营养需求，着手开展改良食谱的研究工作。据当时中国陆军的供给条例规定，平时每名士兵每天供给大米 22 两 [2]（687.5 克）或面粉 26 两（812.5 克）[3]。实际上，在万昕等人调查的部队中，每人平均每日食用粗米 760 克。按照食物成分表计算，760 克大米可以提供的热量为 2683 大卡，再加上士兵每人每天食用 400 克蔬菜所供给的热量，士兵日均摄入的热量总量不超过 2800 大卡，这与万昕等人调查所得的前线士兵膳食营养状况基本吻合。而且战时士兵的膳食多为素食，含有较多的纤维素，其消化吸收率低于荤素搭配的膳食，因此实际摄入的热量不足 2800 大卡。如果上述膳食能够加入 30 克油脂，则士兵每日可以得到 2800 大卡左右的热量。如果用米增加到 812 克，可以提供 2866 大卡的热量，再加上 400 克蔬菜，则总共可以提供 3000 大卡左右的热量，按照 90% 的吸收率，士兵可以得到 2700 大卡的热量。考虑到各战区条件的差异，万昕对食物替代方案进行系统分析。根据当时的食物成分的研究，相同重量的谷物，其热量基本相同。因此大米、小米、高粱、荞麦等谷物可以相互替代，对膳食所提供的热量，不会有太大的影响。如果以芋薯类食物代替谷物，则应该采用 4：1 的比例。因此，如果用 4 份芋薯代替 1/4 的谷类，可使食谱中维生素 A 的含量大大提高，

---

　　① 此图片翻拍自云南陆军讲武堂历史博物馆展板。
　　② 抗战时期中国沿用传统的 16 两制，1 斤 =16 两 =500 克，1 两 =31.25 克。
　　③《军政部军需署训令》，重庆市档案馆藏渝（30）良字第 5771 号代电，档案号：0055000500267000127000。

但是蛋白质和总热量仍然不足；如果用 4 份芋薯代替 1/8 的谷类，可使食谱中维生素 A 的含量明显增加，但是脂肪摄入量仍然不足。

接下来，万昕从增加食物总量和种类方面进行探讨。如果能够在原有食谱的基础上，加入 30 克油脂，并用芋薯替代 1/4 的大米，或以黄豆及其他豆制品替代 1/8 或 1/4 的大米，则总热量和蛋白质含量将符合标准。虽然脂肪的含量仍未达标，但是比现有食谱的含量提高了 10 倍。如果能够保证供给大米 650 克、油脂或肉类 30 克，再用黄豆替代 1/8 的大米，那么蛋白质含量虽然比标准稍微低，但是脂肪含量和热量都有了很大的提高，也比较符合战时中国的经济状况，可以作为基本食谱。如果能在此基础上，用黄豆代替 1/4 的大米，则可以得到合乎标准的改良食谱。

万昕等人根据上述研究，制定了战时士兵膳食建议方案：每天供给大米 812 克；用黄豆代替一部分大米，并增加肉类，以补充蛋白质；增加油脂，以补充膳食中缺乏的脂肪；以深色蔬菜替代浅色蔬菜和植物根茎。

1940 年 1 月，军政部正式成立了军粮总局，掌理全国部队、军事机关、军事学校军粮现品或委托计划筹办等事宜。各战区开始在师级部队设立军粮分局，其主任由师、旅一级的军需主任担任，各地军粮分局掌理粮食现品的领取、发放、储藏以及代金的领取和发放等。[①] 军粮局设立后，军队实施粮饷分离，逐步从代金制转向供给制。

万昕等人将战地士兵军粮研究的报告递交给有关部门后，军政部采纳了万昕的部分建议，对陆军士兵每人的给养标准做了新的规定：（1）大米供给标准由 22 两（687.5 克）增加到了 25 两（781.25 克）；（2）每月供发或发代金豆类 2 斤（每日 33 克）；（3）每月供发或发代金食用油

---

① 熊式辉、杨绰庵：《军政部军粮总局组织规程　军粮分局组织规程及暂行军粮经理大纲》，《江西省政府公报》1940 年总第 1183 号。

1 斤（每日 17 克）；（4）每月供发或发代金蔬菜 20 斤（每日 333 克）[①]。到 1944 年初，开始实行新的"国军给养定量"，规定每日供给大米 25 两（781.25 克）、黄豆 62.5 克、花生 32 克、肉类 32 克、食用油 28 克、蔬菜 312.5 克、食盐 16 克[②]。这样的食谱方案虽较万昕等人制定的基本食谱略有不足，但在蛋白质和脂肪的摄入量上，较原有食谱有了很大的改善。

此外，军队也大都采纳了发放黄豆的建议，在缺少黄豆的季节，则以其他豆类代替。1944 年 9 月，军事委员会重庆市补给委员会第六次会议就曾有过相关讨论："查官兵副食定量原定有豆类 2 斤，自本年六月份起，因黄豆季节已过，采购困难，提奉核准改以蚕豆补给在案，顷者黄豆新豆上市，价格平稳，且黄豆营养原较蚕豆为佳，兹为增进官兵营养，适切季节，拟自本年九月份起，副食豆类仍以黄豆补给，经签奉主任委员核准实行，谨提请备案。"[③]

二、郑集开展的大后方士兵营养调查与保障研究

（一）大后方士兵营养调查

在军医学校进行营养研究时，中央大学医学院与成都中央军校合作开展了四川成都士兵营养调查研究，其目的是改善士兵膳食营养，增强抗敌力量。经时任中央大学医学院院长戚寿南推荐，这项工作交由卫生工程系主任李廷安和生物化学系主任郑集负责，这也是当时计划成立的公共卫生学研究部的营养研究计划中的一部分。郑集等人经过调研发现：士兵的营养状况对部队战斗力影响巨大，欧美各国对军队伙食十分重视，士兵每

---

① 万昕：《国军给养之商榷》，《陆军经理杂志》1944 年第 5 期。
② 张傲庸：《国军给养改善之回顾》，《国防月刊》1947 年第 4 期。
③《为增进官兵营养自九月份起将副食豆类改以黄豆补发的提案》，重庆市档案馆藏，档案号：0054000100615 0000095000。

日的膳食分量和营养搭配都有明确标准以供遵循。相比之下，我国士兵的伙食供给普遍较差，而普通士兵的真实营养状况也少有人关心。

1939 年 9 月，郑集和李廷安制订了研究计划，选定距离成都市东门 20 多公里的龙泉驿镇（今成都市龙泉驿区）军政部第二十五补训处第一团第二连、第三连的 254 名士兵作为调查、实验对象。郑集等人从 1939 年 11 月 1 日起启动这项工作。他们首先进行为期 3 个月的营养调查，再进行近 3 个月的营养改进研究，并在该部队持续实验至 1940 年 5 月 20 日。随后，他们根据调查结果整理、统计，开展膳食标准研究并提出膳食改良方案。在这期间，除郑集和李廷安参与调查外，中央大学医学院生物化学系的研究生徐达道也常驻该部队。李廷安和郑集将这份计划汇报给中央大学医学院，并与戚寿南、蔡翘等专家一同讨论，随即实施计划。

在调查阶段，郑集等人从士兵的身体状况和膳食状况两方面入手，与万昕等人的调查有所不同：万昕分别调查不同部队的士兵体格和士兵膳食情况，而郑集等人的这项研究集营养调查、营养改良、最低营养标准讨论于一体，在同一个部队中进行。因此，在调查阶段他们就特别注重为后续工作做准备。郑集等人将所研究的两个连队的士兵分开，在膳食调查方面，详细记录每个连队士兵每日的食物、每日食物的费用、每顿饭的用餐人数，并记录炊事员的烹饪方法、工作时间等情况。在体格检查方面，为了确保检查的一致性，士兵前后进行的多次检查，尽量保证由同一名医疗技术员来完成，检查内容除年龄、家乡、身高、体重、血、尿、营养疾病等情况外，还特别增加了耐力检查。郑集采用"跳箱法"进行耐力检查，即用一个高一尺、宽两尺的木箱作为实验器材，要求每名士兵在 1.5 秒内完成一次跳上跳下，并以这样的频率持续跳跃，记录每名士兵坚持的总时长，能坚持时间越长的士兵其耐力越好。在计时方面则采用电铃连接节拍机的计时方法，保证每次响铃的时间间隔均为 1.5 秒，使实验具有较高的精度。这次调查的结果如下：

第一，在士兵体格方面，两个连队的士兵绝大部分都为四川籍青壮年（第二连士兵平均年龄为 26.1 岁，仅有一名士兵非四川籍；第三连士兵平均年龄为 27.2 岁，全部为四川籍），两组士兵均有约 11% 的人患有干眼症、夜盲症，患有龋齿的士兵比例则分别为 43.3% 和 52%，患有牙龈炎的士兵比例分别为 59.8% 和 33.1%，此外，感染蛔虫的士兵比例均在 70% 左右。

第二，在膳食方面，被调查的两个连的士兵，平均每人每日食用大米 772.8 克，油脂 6.6 克，肉类 9.6 克，蔬菜 308.9 克，大豆 15 克，食盐 8.4 克，每天摄入的总热量约为 3090 大卡。郑集认为被调查军队的膳食状况存在食物配备不均衡、食物种类少的问题。两个连队士兵摄入的 90% 左右的热量都来自主食，摄入油脂、肉类、蔬菜和豆类的比例较低；两个连队士兵摄入的 93% 左右的蛋白质来源于主食谷物，均为植物性蛋白，来自肉类和豆类的蛋白质比例极低。此外，食物的烹调方法也十分不合理，所调查连队对蔬菜的处理方式是先切后洗，有时还会先焯水后炒制，炒制蔬菜一般在 30 分钟左右，煮制蔬菜在 45 分钟以上，并且在烹制过程中较早放入食盐，这导致蔬菜中的维生素 C 遭到很大的破坏。

（二）士兵营养改善方案

掌握士兵的调查数据后，郑集对士兵的最低营养标准进行研究。他把这些士兵分为两组，每组 127 人，一组为对照组，该组士兵仍采用原来的食谱；另一组为实验组，该组士兵采用改良后的食谱。调查显示，士兵原来的膳食每人每日摄入热量为 3100 大卡。郑集认为，对于高强度训练的士兵来说，这一数值远远不够。改进后的膳食通过增加大米和油脂的供给，控制总热量摄入为 3400～3600 大卡。其中，大米每日的供给量由改良前的 750 克增加到 800 克左右，油脂每日供给量由改良前的 6 克增加到 16 克，除增加菜油外，还添加了肥肠、肥肉等动物油脂。同时，郑集还对膳食结构进行了改进，将膳食分为供给热能性食物（主要为碳水化合物和脂肪）和保护性食物（主要为蛋白质、维生素和矿物质）。针对所调查士兵食物单调、保护性食物比例低的问题，郑集对实验组士兵的食物组成进行了调整：每周至少食用大豆或大豆制品3次，以增加完全蛋白质的量；每周食用动物血两次，以补充动物性蛋白和铁元素；每日至少有一餐略含动物性食物，以提高动物性蛋白的生理价值；每周食用猪肝或牛肝一次，以补充维生素A和维生素D；每周食用猪骨汤一次，以增加钙质；此外，增加糙米的食用，并在可能的范围内使用粗面及其他谷类，以增加维生素B的摄入。最后，郑集对实验组的烹调方法也进行了改善，为了减少蔬菜中维生素C的流失，他将实验组烹制蔬菜的时间缩短，将蔬菜切成小块，炒菜时不去汁水，并且将加入盐及调味品的时间由放菜初期改为出锅前，每周还加食两次洗净的生蔬菜或仅焯水的蔬菜；他对米饭的制作方法也进行了改善，包括在淘洗和煮饭过程中不弃掉米汤，用焖锅焖制米饭，将米饭的锅巴加水煮成粥后食用等。

郑集将新的食谱用于实验组，经过两个半月的实验，重新对两组士兵的体重、耐力进行检测。实验证实，实验组士兵的体重、耐力均有所增加，一些因营养不良而导致的疾病，如干眼症、牙龈炎等均有所减少。为了证实这种好转是源于膳食改变，郑集又设计了一个实证实验，即两组士兵共同采用改良后的膳食，一个半月后，对照组士兵的身体状况和耐力也有了明显改善（图4-7）。经过两个半月的膳食改善实验，实验组士兵的平均体重由57千克增加到61千克，这表明原来的士兵膳食结构不合理，改良后士兵体质变好。在证实期，实验组士兵的体重能够保持不变，这表明改良后的膳食可以维持士兵正常的消耗。此外，通过耐力实验曲线可以看出，实验结果非常显著，改良前实验组士兵的平均跳箱时长为1.62分钟，实验期增加到4.42分钟，在证实期更是增加到了16.23分钟。而对照组士兵的耐力在实验期仅由1.12分钟增加到1.54分钟，在证实期则增加到5.11分钟。通过对比证明耐力的增加受训练影响较小，主要是膳食改善的原因。

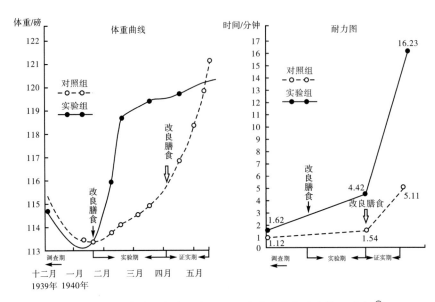

图 4-7 郑集营养改良实验中两组士兵的体重和耐力情况对比[1]

上述实验证明，通过合理地改良膳食，能够使营养不良的士兵的体重、耐力得到恢复，并且提升其健康水平，进而恢复和增强战斗力。郑集等人认为，改良前后，中国士兵的热量摄入从 3100 大卡增加至 3400 大卡，虽然比英美士兵的标准还要差很多，但是比日本的标准高出了不少，应该能够维持每天的消耗。实验证明，改良的膳食可以使士兵的健康有显著进步，而且花费反比以前士兵每天的膳费增加了 0.05 元，这是一个十分理想的营养标准。郑集新食谱的营养标准为"总热量 3400 大卡、蛋白质 80 克、脂肪 30 克、碳水化合物 660 克、钙 0.65 克、磷 1.87 克、铁 0.04 克"，他将此拟定为中国士兵营养的最低标准，并将报告上交卫生署[2]。这份报告得到了卫生署的极大重视，卫生署联合教育部将这份报告递送到后方众多的机关、医院和高校，责令这些机构参照郑集的报告进行相关工作。例如，教育部医学教育委员会于 1940 年 11 月 28 日将这份报

①李廷安、郑集、徐达道：《国军营养改进研究》，《军医杂志》1941 年第 2 期。
②同①。

告发送至国立中央工业专科职业学校①、西南联合大学等学校，要求将其作为学校改善学生膳食和开展相关研究的参考。西南联大于 12 月 10 日收到这份报告，时任校长梅贻琦批示"送交校医室及清华农研所植物生理组参阅"②。

在士兵食谱的制定上，郑集在对士兵进行膳食调查和改良实验中，便已开始研制食谱，并将食谱用于改良实验，取得了很好的效果。对于食谱的成分配比和食物的烹饪方法，郑集提出了以下几点意见：第一，士兵食谱中的动物性蛋白含量太低，改良的食谱每日至少要有一餐略含肉类，每周可食用动物血 2 次，以增加动物性蛋白质的含量；第二，以往士兵食谱中的大豆成分含量太少，改良后的食谱应该增加大豆及大豆制品，每星期应该食用大豆或大豆制品 3 次，以增加完全蛋白质的摄入；第三，原食谱中的油脂太少，改良食谱应予以增加；第四，原食谱中维生素较为缺乏，改良的食谱应每周食用猪肝或牛肝 1 次，应多食用绿叶蔬菜，至少应保证叶菜的食用量不少于根茎类，并且食用半熟蔬菜，以补充维生素 A、维生素 C 和维生素 D；第五，新食谱应注重糙米、粗面的使用，以补充维生素 B；第六，原食谱的蔬菜烹饪时间过长，大多在 45 分钟左右，导致大量维生素流失，新食谱则采用先煮沸水，再下蔬菜的方法，烹饪时间 5～8 分钟。

按照以上原则，郑集设计了 12 款食谱（表 4-6），这 12 款食谱正是郑集在进行士兵营养改良实验所使用食谱的基础上研制而得。这些食谱中的食材重量按照一个连队 130 人计算，只需要将相应的数字进行换算，就可应用于不同的连队。此外，考虑到不同部队的实际情况不同，对于食谱中的肉类和蔬菜，可以根据部队所在地区和所处季节的状况，采用同类的

①《关于将营养改良报告作为各学校改良膳食之参考》（1940 年 11 月 30 日），重庆市档案馆藏致国立中央工业专科职业学校的函，档案号：0126000200588000000029000。
②《可做学校膳食之研讨》（1940 年 12 月 10 日），清华大学档案馆藏教育部医学教育委员会函送营养改良报告，档案号：X1-3，2-140-003。

其他食物替代。食谱中对食物的加工和制作方法也进行了详细的说明，便于军队炊事人员学习、参考和使用。

由于食谱的食用顺序对士兵的营养吸收和战斗力恢复也有很大影响，因此除了制定这套食谱，郑集还对食谱中食物的食用顺序进行了研究（表4-7）。由表4-7可见，当时为两餐制，即早餐上午9时，晚餐下午4时，这是当时南方部队尤其是川军主要的用餐时间安排。郑集指出：如果是三餐制，则需要对食谱进行调整，将原来的早餐改为午餐，将原来早餐和晚餐的食物各提取出1/10，作为新的早餐。新早餐摄入的食物量为每天总量的1/5。郑集认为，如果确实能参照上述食谱，并且按照所提供的膳食安排，则士兵每日每人的营养素摄入将符合所提出的最低营养需要量。[①]

---

① 李廷安、郑集、徐达道：《国军营养改进研究》，《公共卫生月刊（营养研究专号）》1941年第2-3期。

表4-6 郑集制作的食谱

编号	食材	重量	烹调方法	编号	食材	重量	烹调方法
1	糙米	110斤	先将肉切成丝或薄片，用油炒熟，再加蔬菜炒数分钟，再加盐及调味品	4	糙米	110斤	先将肉切成薄片，萝卜切成丝，将肥肉熬出油，下入萝卜翻炒即可
	青苋菜或其他叶菜	32斤			胡萝卜或白萝卜	30斤	
	瘦猪肉或牛羊肉	5斤			肥猪肉或牛、羊肉	5斤	
2	糙米	110斤	先用油略炒白菜，再加豆腐、猪血、盐，调味品，一起煮10分钟左右	5	糙米	110斤	先将肉切成小薄片，豆腐切成小块，将水煮沸后加盐，加入豆腐和青菜，再次煮沸即可
	小白菜或白菜	15斤			豆腐	25斤	
	豆腐	20斤			青菜	8斤	
	猪血或牛血	15斤			瘦肉	4斤	
3	糙米	110斤	先将猪大肠切片后炒豆腐渣及青菜，再加盐和调味品一起煮10分钟左右	6	糙米	115斤	猪骨熬汤，黄豆泡水后放入骨汤锅内煮熟取出，加盐及调味品，骨汤内加入绿叶菜煮数分钟，黄豆亦可加盐干炒
	菠菜或青菜	15斤			干黄豆	15斤	
	豆腐渣	25斤			猪骨或牛、羊骨	4斤	
	猪大肠	3斤			绿叶菜	8斤	

续表

编号	食材	重量	烹调方法
7	糙米	110斤	先将芹菜切碎，猪肝切薄片，用油及调味品炒猪肝，取出。净锅加油炒芹菜，数分钟后加入盐，再加入炒好的猪肝，翻炒出锅
	芹菜或其他蔬菜	30斤	
	猪肝或牛、羊肝	5斤	
	蒜苗添菜	8斤	
8	糙米	110斤	萝卜洗净，切丝，用油炒熟；韭菜洗干净，再切短段，放入沸水中煮2～3分钟，取出加调味品拌匀食用
	韭菜	5斤	
	白萝卜	25斤	
9	糙米	110斤	用油炒豆芽，炒熟（以生味去尽为度），加盐及调味品，黄豆芽亦可煮汤
	黄豆芽或绿豆芽	30斤	
10	糙米	110斤	先将莴苣叶切碎，莴苣茎去皮切薄片或切丝，用油炒菜，或用沸水煮1～2分钟，加调味品食用
	莴苣	30斤	
	豆瓣酱	1.5斤	
11	糙米	110斤	在数日前即将豆子泡涨至发芽，食时炒熟，或莴苣则去皮切薄片或细丝，放入沸水中煮1～2分钟，加调味品拌匀食用
	豌豆或蚕豆	20斤	
	莴苣	10斤	
12	糙米	110斤	将马铃薯切成小块，用水煮熟，压成土豆泥，加油及调味品食用
	马铃薯（或红薯或芋头）	30斤	

表 4-7 郑集食谱的一周排列表

星期	食谱序号	
	早餐（上午 9 时）	晚餐（下午 4 时）
一	9（或 11）	3
二	8	7
三	10（或 12）	2
四	3	4（或 1）
五	8（或 10）	5
六	9	2
日	10（或 8）	6

资料来源：《公共卫生月刊（营养研究专号）》。

考虑到食谱推广的时效，郑集也在成都龙泉驿士兵的调查报告中提出了一些改良制作方法和利用食物边角料的临时措施：（1）在制作米饭时不除去米汤，而且采用焖锅法，以最大限度保证营养的留存；（2）蔬菜的制作采用大火快炒比较适宜，长期炖煮会导致维生素大量流失；（3）能够生吃的蔬菜可以在沸水中烫一下，既做到消毒也保证营养最大限度保留；（4）此外，合理利用动物血、骨骼等边角料补充蛋白质和钙质。

在调查中郑集还发现部队中存在着"打牙祭"的习惯，即尽管平时没有肉食，但每半月或每月会尽量安排一次肉食，一般每人吃肉100～250克。郑集认为，这种习惯对于营养的吸收十分不利，因为人体对于营养物质的吸收有一定的限度，过量摄入只会造成浪费。这些士兵平时没有食用肉食，未能吸收其中的营养，打牙祭时吃了过多的肉食，非但不能吸收营养，反而会出现腹泻等症状。因此，郑集建议把这些肉食平均分配到每日的膳食中。

这些问题的发现和相应解决方案的提出，得到了国民政府的高度重视。1940 年 10 月，蒋介石曾专门致电军政部，要求各级部队极应注意以下事项："(一) 粮食被服应讲求保存方法与节约竞赛。(二) 武器之保管修理与子弹节有宝贵。(三) 各连每星期必须举行细密检查,更应注意各士兵之营养卫生与清洁及其被服装具之干晒等,以免发生疾病。以上三项各自师长起,应督促各级主管官,每周切实遵行,以此为决定我抗战成败与官长优劣之唯一要道也。"①

三、沈同开展的长沙会战士兵营养调查与保障研究

(一) 战地士兵营养调查

早在 1938 年,中国红十字会总会救护总队总队长林可胜曾与清华生理所所长汤佩松就战地士兵营养调查的实施展开讨论。1939 年 9 月,在康奈尔大学取得营养学博士学位的沈同回到西南联大,这项工作才得以全面开展。沈同回国之后,汤佩松向其介绍了调查并改良湘赣前线士兵营养状况的工作计划。

沈同所要调查的军队,当时正处在第一次长沙会战和第二次长沙会战的相持阶段,战地条件十分艰苦,营养不良所造成的部队非战斗减员情况十分严重。根据红十字会的相关档案,"湘北第一线自连经两次会战后,所有猪牛鸡鸭蔬菜已为敌人搜括一空,又以驻扎部队过多,早有供不应求之现象,而以近日为尤甚,每日除仅有之豆腐佐餐之外,别无他物,偶有莴苣叶出现,已视为至宝,价亦惊人,每日伙食在百元左右,故驻在该地之员夫,均有三月不知肉味之慨"②,可见当时前线伙食之差、条件之艰。抗战进入战略相持阶段后,与战争爆发初期因战斗死亡和受伤的士兵

①《员长蒋渝办一参字第 12007 号代电:兵工署关于讲究粮食及被服保存方法、开展节约竞赛并注意士兵营养卫生情况等》(1940 年 10 月 6 日),重庆市档案馆藏致兵工署驻川南办事处的代电,档案号:0035000100 6300000050。
②《中国红十字会总会救护总队简报》第 12 期,贵州省档案馆藏,档案号:M116-5。

数量相比，中国非战斗减员的士兵数量开始逐渐增加，生病和因伤转病的士兵数量激增，见表 4-8。

已有研究指出，在抗日战争战略防御阶段，"战地治疗工作主要是针对伤兵"，进入战略相持阶段，"病兵人数逐渐多于伤兵"[1]。曾任红十字会总会副会长兼秘书长的胡兰生也曾回忆："（战略相持阶段）病兵人数多于伤兵，尤以传染病之流行最为可虑，（红十字会）乃综合医疗、医护、医防、急救各队之性能，一律改称为医务队，尽量推进野战区，协助军事卫生机关，从事手术、绷带、急救，并指导办理灭虱、治疗、抗疟，改进环境卫生及兵食营养等军阵卫生工作。"[2]

1939 年 11 月 15 日，沈同随汤佩松一道，带领 3 名西南联大毕业生[3]（图 4-8）来到了位于贵阳图云关的救护总队（图 4-9）。在这里，沈同和救护总队的医生们进行了深入交流，了解到许多救治受伤士兵和难民的经验。同年 11 月 25 日，沈同见到了救护总队总队长林可胜，林可胜向沈同详细布置了前往战地调查的工作。沈同借鉴在康奈尔大学学习时埃斯戴尔分享过的战时食物管理、分配的经验，和汤佩松、周寿恺等专家（图 4-10）一起制定了调查方案。

---

[1] 戴斌武：《中国红十字会救护总队与抗战救护研究》，合肥工业大学出版社，2012，第 196 页。

[2] 胡兰生：《中华民国红十字会历史与工作概述》，《红十字月刊》1947 年第 18 期。

[3] 这 3 名学生分别为 1939 年 6 月从西南联大生物系毕业的刘金旭、叶克恭（此时他们正在植物生理组做助教），以及西南联大先修班的郑仁圃。

图 4-8　沈同（左一）及随他一同前往前线的 3 名西南联大学生[①]

图 4-9　1939 年 11 月，中国红十字会总会救护总队合影

（前排左一为汤佩松，左三为周寿恺；后排左一为沈同，左四为林可胜）

[①] 此照片现存于美国康奈尔大学图书馆，收藏号 RMM02129。照片后面的文字为："Tung will go out into the war area with this group of people. They just got their B. S. this autumn. X-mas, 1939 Kwei Yang, China."

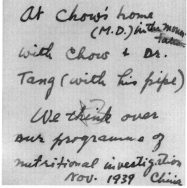

图 4-10　沈同（中）、汤佩松（左）和周寿恺（右）
在讨论前线士兵营养调查的方案①

　　对沈同来说，这项调查工作充满艰辛。首先，他必须深入战地前沿，了解前线士兵的情况，其中的危险可想而知；其次，解决问题不仅需要生理学和营养学方面的基础，还要对医学、农学，以及当地地理环境和社会方面的知识有一定的了解。为完成这一艰巨任务，沈同进行了细致的准备，他查阅了大量资料，并制订了详细的工作计划②。该计划得到了林可胜和其他专家的认可。之后汤佩松返回西南联大，而沈同则被任命为营养指导员。根据救护总队的相关研究，营养指导员在当时的主要工作是对战地营养队员和医护人员进行培训，以及从储藏室、厨房、实验室、手术室采集相关数据（表 4-8），并针对所需物品的补给提供建议。

表 4-8　1939 年 7—12 月中国红十字会各医务队内科治疗人数统计表

单位：人

疾病类型	月份						总计
	7 月	8 月	9 月	10 月	11 月	12 月	
斑疹伤寒	10	15	3	1	7	3	39
回归热	32	30	18	10	7	20	117
疥疮	817	1334	4591	6192	3156	7726	23816
疟疾	1964	4512	6516	8116	2982	3293	27383
霍乱	136	112	78	4	3	0	333
痢疾	790	1247	1046	693	719	445	4940
伤寒	14	12	16	2	9	4	57
其他肠胃病	1008	1163	1641	733	965	1083	6593
营养性水肿	114	88	73	64	289	249	877
脚气病	114	112	90	97	92	142	647
营养不良	130	604	510	200	410	191	2045
肺结核	119	107	131	112	150	193	812
肺炎	103	30	81	38	87	61	400
支气管炎	439	485	506	632	734	1147	3943
其他呼吸病	3	5	4	62	3	5	82
白浊	62	51	88	182	200	125	708
梅毒	30	31	93	85	79	89	407
破伤风	1	4	2	3	5	4	19
气坏疽	1	3	0	5	2	5	16
心脏及肾炎	51	83	59	40	88	87	408
其他疾病	606	603	878	726	1080	1908	5801
总计	6544	10631	16424	17997	11067	16780	79443

资料来源：贵州省档案馆、贵阳市档案馆藏中国红十字会总会救护总队档案，档案号：M116-1078。

对于沈同及其进行的工作，他远在大洋彼岸的老师和朋友们始终惦念并关注着。在沈同离开康奈尔大学的第二天，桑德森（Dwight

Sanderson）① 夫妇就在给沈同的信中写到："每次路过你的房间，我都好像看到你挂在那儿的灰色的外衣，我知道你的祖国需要你，你也会尽你最大的努力回报她。"② 1940 年 3 月 9 日，沈同在给桑德森的信里写到："明天一早，我将带领三名大学生奔赴湖南前线，预计将在战地工作到 6 月底。其间我们也会到阵地的前沿，想必会十分危险的。"沈同一行先搭乘救护总队的汽车到达湖南衡阳，再改乘火车至湘潭，最后搭乘小客船到达长沙。在救护总队的安排下，他们暂住在湘雅医学院对面的卫生院。此时，这座城市已在战火中几近化为灰烬。沈同一行在当地挑夫的协助下，携带测量器材，跋山涉水，步行 200 公里进入湘赣山区。这里距当时日军驻扎地湖北崇阳仅 120 公里。③

前线的情况远比他们此前想象的要艰苦：每日仅拨给士兵 1 角 5 分的伙食费，一天所得食物远远不能满足前线战斗的生活需要，军医院的伙食费也不过 2 角，这点费用想要保证重病士兵的营养补给远远不够，因此伤病兵因营养不良患营养性浮肿及脚气病者比比皆是。患有贫血的士兵亦随处可见，军医院中有 20% 的伤病兵患有因营养缺乏而引发的各种病症。对沈同来说，摸清前线士兵的营养状况是一个既紧迫又困难重重的工作。沈同等人用了一个多月的时间，对前线 11338 名士兵的饮食和营养状况进行细致的调查。他们深入每个连队的食堂，对士兵饮食原料的种类、烹制过程、搭配方法、新鲜程度等仔细观察和记录，并带回样本进行检测和分析。他们共走访了 124 个连队的食堂，通过对不同班组士兵的饮食状况进

---

① 桑德森（Dwight Sanderson，1878—1944 年），美国人，原为昆虫学教授，后转攻社会学，任康奈尔大学乡村社会学系教授，曾创立美国乡村社会学学会。沈同在康奈尔大学读书期间曾长期住在桑德森家中，回国后亦与其保持长期通信。现存于康奈尔大学图书馆的关于沈同的部分日记、信件、照片等资料均为其后人整理、捐赠。

② 1939 年 6 月 24 日桑德森夫人给沈同的信，此信现存于沈同家人处。

③ 参见 1940 年 3 月 22 日沈同于岳阳和 1940 年 5 月 4 日沈同于长沙写给桑德森的信，美国康奈尔大学图书馆藏桑德森档案沈同书信（Tung Shen letters）卷（1938—1940 年），收藏号：RMM02129，第 4 档案盒。

行调查和记录，最终得到了1178组数据。结果表明，该部队军粮供给的基本组成如下：主食以三等大米（稻谷经过轻微抛光）为主；副食夏季为小白菜等绿叶蔬菜，冬季为萝卜等根茎类蔬菜；此外还有少量的油脂以及食盐。根据调查所得的数据，沈同计算出了前线士兵每日的营养摄取情况（表4-9）。

表4-9 沈同计算的前线士兵营养结构和对照标准

类别	重量/克	热量/大卡	蛋白质/克	脂肪/克	钙/克	铁/克	维生素A/国际单位	维生素B/国际单位	维生素C/国际单位
三等大米	953	3316	69.6	3.8	0.31	0.017	—	477	—
小白菜	274	44	4.4	0.5	0.39	0.011	7670	30	110
油脂	10	93	—	10	—	—	—	—	—
食盐	13	—	—	—	—	—	—	—	—
总重量	1250	3453	74	14.3	0.70	0.028	7670	507	110
一般劳动营养标准	—	3000	70	100	0.80	0.012	5000	600	300
剧烈劳动营养标准	—	4500	70	113	0.80	0.012	5000	765	300

注：沈同采用的对照标准为美国国家科学研究委员会制定的营养标准。

　　沈同将调查所得的数据和已有标准进行了对比。当时中国尚未制定士兵的营养标准。中国第一份营养标准是1938年由中华医学会公共卫生委员会特组营养委员会拟定的《中国民众最低限度之营养需要》，这个委员会于1936年由中华医学会聘请吴宪、窦威廉（William H. Adolph）、侯祥川等人组成。这份标准参考了国际营养学会发布的正常人平均膳食需求：成年人每天所需热量2400大卡，每千克体重需要1克蛋白质。中华医学会公共卫生委员会特组营养委员会根据中国当时的社会经济情况，以及中国人的体质和饮食特点将标准调整为：成年人正常劳动每日需要热量

2400 大卡，成年人每千克体重需要 1.5 克蛋白质。[①]但此标准是针对城市居民制定的，与重体力劳动者的需求存在很大偏差，对战时士兵则更加不适用，因此沈同参考了美国国家科学研究委员会制定的营养标准，对比得出以下结论。

第一，从表 4-9 可知前线士兵每日摄入的热量为 3453 大卡，这一数值对一般劳动者而言，大致满足需求。然而，前线士兵持续高强度行军和作战，对他们而言，所获取的热量显然不够。第二，前线士兵从每日饮食中所获取的蛋白质总量虽然看似符合标准，但是其所获取的蛋白质基本来自稻米中的植物性蛋白，动物性蛋白严重不足。第三，前线士兵的脂肪摄入量每日只有 14.3 克，距标准所需的 113 克相差甚远，其所提供的热量仅占每日摄入总热量的 3%。第四，前线兵士每日摄入的维生素 B、维生素 C 不足，在绿叶蔬菜摄入充足的前提下，所摄入的维生素 A 可以达到标准。但进入冬季后，随着绿叶蔬菜被萝卜等根茎类蔬菜所取代，士兵们每日摄入的维生素 A 也变得严重不足。

（二）因地制宜的保障方案

虽然改良战时士兵的食谱和研制军粮是提高部队膳食营养进而增强战斗力最直接有效的方式，但是限于战时特殊的社会经济条件，以及中国各战区的复杂情况，军粮研究一时仍难以推广。因此，中国营养学家开始探索如何利用各战区当地条件，结合正确的烹调方式，因地制宜，快速改善中国士兵的营养状况。

沈同在湘赣前线完成士兵膳食营养调查后，在贵阳中国红十字会总会救护总队撰写了士兵营养改良报告。他提出了两种改进意见。第一种属于前文所述的改良每日食谱，沈同提出：如果条件允许，可以将士兵每天的肉食含量提升至 16 克，并保证供给 50 克的黄豆芽。他认为，仅此两项

---

① 中华医学会公共卫生委员会特组营养委员会：《中国民众最低限度之营养需要》，《中华医学会特刊》1938 年第 10 期。

便可使士兵每日摄入蛋白质的质和量获得明显改善，也可解决士兵因脂肪摄入不足造成的问题。同时增加钙、维生素B、维生素C的摄入，进而大幅改善士兵的营养状况。通过进一步计算，沈同指出：对于300万士兵而言，要达到上述标准，每年需要耗费36万头猪、100万担黄豆，这看起来是一个很大的数字，但实际上只占自由区年产猪的1%和年产黄豆的2%。在提出改良食谱建议的同时，沈同意识到这种改良措施的实施需要一定周期，很难立即执行，于是他提出了第二种方案——因地制宜，利用现有条件改善士兵营养状况。一是改进食物的烹制方法，从对食物原料的计算上看，维生素B的含量勉强达标，但是一些士兵仍然存在因缺乏维生素B引起的脚气病等症状。如果改进烹制方法，这部分损失掉的营养成分便能够得到有效利用。二是可以根据当地条件，就地取材，补充一些廉价且易得的地产副食（如豆豉、竹笋等），从而以较低成本改善前线士兵的营养膳食结构。沈同将这份膳食调查及改良报告送交救护总队，获得林可胜等专家的好评。林可胜责成专人把沈同的调查报告及相关建议呈报军医署，作为相关决策的参考。

第三节　后方民众的营养调查与改善

随着抗战的持续深入，膳食和营养问题已经不仅仅出现在前方士兵群体中，也逐渐成为当时中国的社会性问题。战时后方民众和前线士兵的营养问题既存在共性又有差异：共性在于都需要对二者的身体和膳食状况进行摸底调查以掌握基本情况；差异体现在后方民众的群体构成和地域分布与前线士兵具有极大的不同，二者所摄入的食物也十分不同。这一方面给摸底调查带来了极大的障碍，另一方面也为不同人群制定合适的膳食标准增加了极大的工作量。此外，如何针对不同地区、不同人群提出行之有效的改善方案也是战时中国营养学家需要考虑的问题。

一、郑集对后方民众的营养调查与改善

中央大学医学院迁至成都后，郑集除了开展对四川成都龙泉驿士兵的身体、膳食调查研究，还在中华教育文化基金委员会等机构的支持下进行了一系列后方民众膳食营养调查，包括松潘县汉族、回族中等收入家庭膳食调查，彭县（今彭州市）铜矿工人营养状况调查、成都中学生夏季膳食调查等。实际上，战前已有针对东部大城市居民的膳食调查，早在抗战爆发前的 1934 年，郑集就曾与陶宏、朱章赓一起进行南京市民冬季膳食调查 [①]。但是针对西部落后地区及民族地区的营养调查仍属空白。

（一）汉族、回族居民的膳食营养调查

1939 年 1 月 10 日至 1 月 16 日，郑集来到位于四川西北部青藏高原东缘的松潘县，这里海拔高，气温低，汉族、回族、藏族等多个民族的居民混居。当地回族居住在县城中，藏族一般居住在郊区，主要种养牛、羊、药材等。当地居民的主要粮食是青稞和小麦，其他作物有豌豆、蚕豆、土豆等，蔬菜产量很少，大部分依赖外界供给。由于冬季气候严寒，除提前储存外，基本没有新鲜蔬菜。基于这一情况，郑集和松潘县中央职校卫生实验所的顾学箕 [②] 共同开展此次调查，旨在探究此种环境下中国民众的膳食、营养状况。

郑集和顾学箕用 7 天时间调查了松潘县 16 户汉族家庭和 28 户回族家庭，被调查者均为世居松潘县的中等收入家庭。其中汉族家庭有成年男子 33 人、妇女 21 人、儿童 28 人，按照标准折算相当于成年男子 70 人，平均每人每月收入为 11.5 块银元；回族家庭有成年男子 66 人、妇女 56

---

① 郑集、陶宏、朱章赓：《南京冬季膳食调查》，《科学》1935 年第 11 期。
② 顾学箕，1911 年 8 月 10 日出生于江苏省青浦县（今上海市青浦区），预防医学家，劳动卫生学家。他一贯注重边疆、农村基层的卫生服务和人才培养。1938 年毕业于国立上海医学院，取得医学学士学位。1938—1939 年任四川省松潘卫生职业学校教员。中华人民共和国成立后担任国立上海医学院教授。

人、儿童 57 人，按照标准折算相当于成年男子 146 人，平均每人每月收入为 12.9 块银元。调查发现，松潘县汉族和回族居民每天摄入食物的总重量分别为 1027.7 克和 905.2 克。其中，主要食物是青稞和面粉，此外还有少量的大米和玉米面。汉族居民每日的主食摄入量为全日摄入食物总重量的 61.29%，回族居民的这一比例略低于汉族居民，为 59.34%。副食主要为蔬菜和植物根茎，汉族居民每日的副食摄入量为全日摄入食物总重量的 15.94%，回族居民的这一比例略低于汉族居民，为 15.16%。汉族居民每日豆类和豆制品的摄入量为全日摄入食物总重量的 7.03%，回族居民的这一比例略低于汉族居民，为 5.67%。汉族居民每日肉食的摄入量为全日摄入食物总重量的 7.39%，回族居民的这一比例则略高于汉族居民，为 10.98%。汉族居民每日油脂的摄入量为全日摄入食物总重量的 4.84%，回族居民的这一比例略高于汉族居民，为 5.27%。汉族居民每日蛋奶的摄入量为全日摄入食物总重量的 1.9%，回族居民的这一比例略低于汉族居民，为 1.76%。[1]

通过调查，郑集和顾学箕发现：松潘县的汉族居民平均每人每天可以获得热量 3018 大卡，回族居民可以获得热量 2737 大卡，和战前南京中等收入家庭居民每日获得的热量值（2829 大卡）相当，总体上应该满足每日工作需求；汉族居民平均每人每天可获得蛋白质 105.3 克，回族居民为 95.2 克，略高于战前北平（77.7 克）和南京（81.73 克）中等收入家庭居民，而且松潘县汉族居民每日的蛋白质中有 25.2% 来自动物蛋白，回族居民有 33.46% 来自动物蛋白，远高于战前北平和南京的中等收入家庭居民；汉族居民平均每人每天可获得脂肪 75.9 克，回族居民可获得 73.8 克，比战前北平（40 克）和南京（38.55 克）中等收入家庭居民要高很多。此外，松潘县居民摄入的脂肪，有很大一部分来自牛奶油，其营养价值和吸收率相对较高；汉族居民平均每人每天可获得碳水化合物 478.5 克，回族居民可获得 419.6 克，低于战前北平（562.4 克）和南京（533 克）中等收入家

---

[1] 郑集、顾学箕：《松潘中等汉回人膳食之调查》，《科学》1940 年第 2 期。

庭居民每日碳水化合物的摄入量，这是因为松潘县居民主食比例相对较低。另外，郑集和顾学箕还指出，松潘县汉族和回族居民的主食由多种主粮构成，其结构要优于单一主粮模式。在矿物质方面，松潘县汉族和回族居民每日摄入的主要矿物质钙、磷、铁甚至能达到美国标准，不存在矿物质缺乏的风险。在维生素方面，由于松潘县汉族和回族每日食用牛奶油、粗粮等食物，因此维生素 B、维生素 D 的摄入较充足，但因为每日食用的绿色蔬菜和水果很少，维生素 A 和维生素 C 有摄入不足的风险。此外，当地居民有生食的习惯，由于卫生条件不达标，一些民众患上了寄生虫疾病。郑集在松潘县的营养调查具体情况见表 4–10。

表 4–10　松潘县汉族和回族居民平均每日摄入营养成分情况表

民族	食物重量 / 克	总热量 / 大卡	蛋白质 / 克	脂肪 / 克	碳水化合物 / 克	钙 / 克	磷 / 克	铁 / 克
汉族	1027.7	3018	105.3	75.9	478.5	0.793	2.163	0.018
回族	905.2	2723	95.2	73.8	419.6	0.831	2.083	0.019

（二）铜矿工人的膳食营养调查和改善

在进行西部地区居民膳食调查后，1939 年 10 月，郑集和中央大学生化系助教李学骥前往位于成都北部彭县西北白水河上游的彭县，对铜矿工人进行膳食营养调查。

彭县铜矿的大规模开采始于清末，到民国时期已成为四川矿业中心之一，矿山分布极广，各矿点之间有一定的距离。郑集等人征得矿方同意，前往矿工较多且交通较为便利的半截河矿井，在此处进行了 7 天的矿工膳食营养调查。矿山的工人分为地面工人和地下工人两类，地下工人又分为炮工和搬运工，地面工人分工则相对较为复杂，有机工、选矿工、炉工、鼓风工、木工、泥工、金工及杂工。其中，除机工中北方人较多外，其余均为当地人。工人年龄最小为 16 岁，最大 40 岁，绝大多数为 20 ～ 36 岁。机工收入最高，每月 30 ～ 40 元，其次为炮工，每月 16 ～ 17 元，其他工人每月 13 ～ 14 元。当地机工和炮工的伙食是自行安排的，其他工人的伙食则由矿方提供，从每人每月的工资中扣除 6 元作为膳费。郑集发现，因为山高路远，这些工人的伙食极其简单，主食为米饭，配菜只有蚕豆，矿方每 7 天安排一次肉食，每人发半斤猪肉。炮工和机工自办伙食，炮工每月膳费约 7 元，每日除米饭外，有 1～2 种蔬菜下饭，同样也是每 7 天吃一次肉食。机工收入较高，因此除米饭、青菜外，机工每天都有肉食。

郑集一共调查了 110 名地面工人和 110 名地下工人。他依托矿区仅有的一家医院对矿工进行了简单的体格检查，发现工人常患的疾病以外伤和感冒最多，炮工因常年在井下作业缺乏日照，加之矿石冶炼产生大量二氧化硫，肺病患病率较高。此外，很多工人也患有营养性干眼症。工人的宿舍狭窄拥挤，夏季蚊蝇滋生、跳蚤泛滥，卫生状况极差。调查发现，57% 的工人感染寄生虫，其中蛔虫感染率为 57%，钩虫为 28%，鞭虫为 14%。

郑集通过膳食调查发现，除少数机工外，工人的食物主要由大米和蚕豆组成。地面工人每日摄入食物 1043.5 克，其中，大米占总重量的 71%，蚕豆占 10%；地下工人每日摄入食物 1275.4 克，大米和蚕豆占总重量的比例分别为 62% 和 4.12%。除机工和炮工外，其他工人很少有蔬菜摄入。郑集分析了不同工种每日摄入的营养成分：地面工人每人每日可以获得 3370 大卡热量，地下工人则为 3387 大卡；每人每日平均蛋白质摄入量，地面工人为 73.89 克，地下工人为 69.55 克；每人每日平均脂肪摄入量，地面工人为 43.65 克，地下工人为 45.06 克；每人每日平均碳水化合物摄入量，地面工人为 648.8 克，地下工人为 655.9 克。[①] 具体情况见表 4-11。

---

① 郑集、李学骥：《彭县铜矿工人营养状况》，《科学》1941 年第 3-4 期。

表 4-11 地面工人与地下工人每日摄入营养成分表

类别	食物摄入量/克	总热量/大卡	蛋白质/克	脂肪/克	碳水化合物/克	钙/克	磷/克	铁/克
地面工人	1043.5	3370	73.89	43.65	648.80	0.5725	1.327	0.0205
地下工人	1275.4	3387	69.55	45.06	655.90	0.599	1.245	0.0202

郑集对调查结果进行深入分析：在食物构成方面，地面工人和地下工人的主食均为大米，此外每周都有半斤猪肉，食物较为单调，但地下工人每餐有萝卜、南瓜、土豆等蔬菜摄入，虽然绿色蔬菜仍然不足，但相对于地面工人的情况稍好；矿工从事重体力劳动，尤其是地下工人和地面的鼓风工，他们每日所需热量至少为 3400 大卡，调查结果基本接近这一数值，但是工人所获得的热量绝大部分来自谷物，地面工人和地下工人每日来自谷物的热量分别为 74% 和 77%；在蛋白质方面，彭县铜矿地面工人和地下工人每日的摄入量分别达到 73.89 克和 69.55 克，接近人体每日需求，但矿工每日的蛋白质来源多为质量不高的植物性蛋白，动物性蛋白很少，必须加以补充才能满足身体所需；在矿物质方面基本满足已有的标准；在维生素方面，矿区缺乏蔬菜，鱼、蛋、奶更是稀有，所调查工人的维生素 A、维生素 C、维生素 D 均比较缺乏，一些矿工因缺乏维生素 A 而患上营养性干眼症。

为此，郑集提出了改良办法。一是改良主食。矿工食用的大米基本上都是白米，虽然白米的价格高于糙米，但是其维生素和矿物质含量要低于糙米，因此建议矿工食用部分糙米。二是改变牙祭制度。矿工每 7 天吃一次肉，每人每次半斤，被称为"打牙祭"。这种制度不符合营养及卫生原则，因为人体每天对营养的吸收有一定限度。每种营养素应该平均分配到每日的膳食中，肉食都集中在一天，身体并不能完全消化和吸收，甚至会带来疾病。所以应该将肉食平均分配到每天的膳食中，以便于吸收和利用。三是增添新鲜蔬菜代替部分蚕豆。蚕豆作为一种豆类，含有较高的蛋白质和脂肪，但矿工以此作为主要副食，造成维生素 A、维生素 C 大量缺乏，且蚕豆作为佐餐食材的口感并不好。四是增加黄豆及豆制品。黄豆中的蛋白质和脂肪含量及吸收率均高于蚕豆，而且黄豆可以制成豆腐、豆干等豆制品，以改善副食。五是改善饮水。矿工饮用水为矿山中的溪水，水中杂物较多，尤其在春夏冰雪融化时节，工人常出现病症，建议用明矾净化或砂缸过滤后再饮用。六是如果有条件，矿方应该设立消费合作社，一方面增加工人食物供给，减轻工人负担，另一方面可以安排人员指导工人开垦，种植易得的蔬菜，并且可以利用每日矿工膳食的残渣饲养动物以提供营养来源。七是改善工人的环境卫生，普及卫生常识，设立澡堂等。

（三）战时中学生的膳食营养调查和改善

除了对松潘县居民和彭县矿工进行身体及膳食营养调查，郑集还对成都学生的膳食情况进行了调查。郑集在 1939 年夏季进行成都学生膳食调查研究，在这之前的学生膳食调查，仅有抗战前吴宪和葛春林的北平和河南学生膳食调查。郑集认为，中小学生需要的营养比成年人还要多，但是学生的营养一直不受关注，战时物资缺乏、战事频繁，这一情况更容易被忽视。郑集一共调查了成都 7 所中学 1838 名学生的膳食，这些学生的年龄为 12～27 岁，绝大多数为 15～20 岁。[①]

郑集通过调查得知成都中学生每日膳食组成：以米为主，每日摄入量占全日摄入食物总量的比例为 37%～62.84%，平均占比为 49.86%；其次为蔬菜，平均占比为 19.25%；豆类平均占比为 12.74%，肉类摄入量为 3.7%～10.3%，平均占比为 6.65%；蛋奶的占比很小。此外，肉类也是采用"打牙祭"的方式供给，每周供给 1～2 次，平时很少有肉食。进一步分析每人每日得到的营养素：蛋白质 52.63 克，绝大部分来自米类，少部分来自蛋类，对比已有标准可知，学生每日摄入蛋白质的总量不足，质量也很差；碳水化合物 360.8 克，脂肪 54.8 克，学生的碳水化合物来源主要是稻米，脂肪摄入主要来自植物油，二者是学生每日获得的能量的主要来

---

① 郑集：《学生膳食研究（一）：成都中级学生夏季膳食调查》，《科学》1940 年第 10 期。

源，由于饮食单调，而且总量不多，二者的摄入量较低；学生每人每日摄入热量最低为 1226 大卡，最高为 3001 大卡，平均值为 2150 大卡，这个数值低于国际联盟卫生委员会所规定的成年人每日最低能量需求的 2400 大卡，中学生处于生长发育期，所需热量要远远高于这一标准；在矿物质和维生素方面，被调查的成都中学生基本没有蛋奶摄入，大多数人缺钙，维生素 A 和维生素 D 的来源仅仅依靠绿色蔬菜，缺乏较为严重。在食物缺乏的情况下，烹制方法不当，存在丢弃米汤、过度炖煮等问题，维生素 B 和维生素 C 也比较缺乏。此外，调查过程中郑集还发现，成都中学食堂的卫生状况欠佳，厨房及厨役卫生状况欠佳，蚊蝇聚集，学生采用 8 人一桌的大桌餐，共用碗筷，易造成食物污染等问题。

对于这些问题，郑集也提出了改良建议。一是调整膳食结构，使用价格低廉的糙米和面食搭配大米作为主食。煮饭时不丢弃米汤，可以用米汤烧菜或作为饮品。二是增加大豆和豆制品的比例，补充蛋白质摄入，有条件时可在膳食中增加鸡蛋，或鼓励学生自备鸡蛋，以补充动物性蛋白。三是利用动物肝脏、血等下水，补充蛋白质、维生素 A、维生素 B。四是多食用绿色蔬菜，并缩短烹饪时间，提倡生食番茄、萝卜、芹菜等蔬菜，在食用前应清洗干净以防感染寄生虫。五是废除"打牙祭"制度，将食物平均分配，少食用辛辣食品，以保护肠胃。六是改善厨房卫生，如安装纱窗、修理下水道等，对厨役普及卫生常识。七是简易分餐制，设立公用餐具。

全民族抗战爆发后，郑集和同人在西南地区对不同人群的身体和膳食状况进行调查（表 4-12），掌握了大后方不同人群的膳食营养状况，也发现了其中存在的问题，并对这些问题分别给出了改善意见。郑集的这些调查研究，一方面展现了大后方广大人民群众的膳食营养状况，为后续营养学研究提供了详尽的数据；另一方面也为战时生产、生活提供了科学支持，为全民抗战提供保障。

表 4-12　郑集开展的不同人群膳食营养素摄入量调查

调查时间	调查对象	热量 / 大卡	碳水化合物 / 克	蛋白质 / 克	脂肪 / 克	钙 / 克
1934 年冬季	南京中等收入 居民	2801	409	86.3	48.2	0.6271
1939 年初	松潘中等收入 居民	2723	419.6	95.2	78.8	0.831
1939 年夏季	成都中学生	2159	360.8	52.63	54.89	0.0449
1939 年秋季	彭县铜矿工人	3378	652.1	71.4	44.35	0.5857
1939 年	成都士兵	3090	613	79	17.7	0.560

二、王成发对后方民众的营养调查与改善

作为卫生署所属的主要公共卫生研究机构，中央卫生实验院营养组成立后也逐渐开展了大后方民众营养状况调查工作。中央卫生实验院利用自身的人员和实验优势，在工作中将调查、实验和分析相结合。1941—1943 年，王成发、林国镐、任邦哲、金大勋、廖素琴等人先后开展了战时大后方中高级职员、一般公职人员、普通工役人员、学生、儿童等不同人群的膳食调查。与军队士兵有所不同，民众不受军事化管理，其每日膳食变化较大，而且有加菜和零食。为了得到较为准确的调查结果，中央卫生实验院营养组在调查前设计方案时更加细致；调查时更是采用了实验方法来保证调查数据的准确性；调查后则进行多重对比分析，保证最终得到可信度较高的结果。

（一）战时城市居民的膳食营养调查

王成发和营养研究所的同人基于所在的中央卫生实验院和卫生署，对城市中高级职员、一般公职人员和普通工役开展调查。当时卫生署职员的薪资差距较大，一般认为职员基本月薪在 300 元以上为高级职员，月薪 150～300 元为中级职员，月薪 22～150 元为一般公职人员，勤务、工役等每月薪资仅有 22 元。

以往的膳食调查主要采用购物记账法，即通过统计每日采购伙食的账单，计算出每天消耗的主食与副食的量。这种方法简单易行，尤其适用于军队等集体管理机构。然而，对于民众膳食调查而言，这种方法会受到食物采购者、膳食管理者等的影响，容易出现偏差。为了能够准确计算所调查人群每日的食物消耗，王成发采用国际联盟卫生委员会营养组提议的称衡法，其要点如下：一是将米面杂粮等主食，在每餐炊煮前后各称量一次，由前后重量可以得到生熟食物的比例。此外，称量餐后剩余的食物重量并和餐前熟食物重量做差，可以得出每餐所消耗的熟食物重量，然后按照生熟食物比可得消耗生食的数量。二是蔬菜等副食，在购买之后，先称量其新鲜时的总重量。通常一餐不会将所有蔬菜等副食烹饪完毕，因此在每餐烹饪前，称量每次烹饪所用生菜的重量和剩余未食用部分的重量，二者之差就是每餐所食用的生菜量。随后，再称量煮熟之后的重量和剩余未食用的重量，二者之差就是每餐食用的熟菜量。按照生熟比例可得所食用的生菜量。三是油盐等调味品，在每次烹饪时称量所加入的重量。

与军队膳食不同，民众膳食的特点是食用者不仅有成年男子，还有妇女和儿童。为此，需进行一定的换算，营养研究所采用了国际联盟卫生委员会 1939 年发布的妇女儿童营养研究换算表，并进行了一些修改，将妇女和儿童的膳食乘以一定的系数（表 4-13），这样才能用每天消耗的总膳食量除以总人数，得到每人每日平均消耗的食物量。

表 4-13　不同人群食物消耗量折算系数表

性别	年龄段 / 生理阶段								
	0～2岁	3～4岁	5～7岁	8～10岁	11～14岁	15～60岁	60岁以上	怀孕期	哺乳期
男性	0.2	0.4	0.5	0.7	0.8	1.0	0.9	—	—
女性	0.2	0.4	0.5	0.6	0.8	0.83	0.6	1.5	1.5

注：参见中华医学会公共卫生委员会特组营养委员会报告书《中国民众最低限度之营养需要》。

民众膳食和军队膳食的不同还体现在军队膳食为集体膳食，士兵极少有私自添菜和外出就餐的机会，而民众除日常集体膳食和三餐外，还会私自添菜和外出就餐。虽然这一部分膳食摄入比例不高，但也会影响调查结果的准确性。其中，添菜部分比较好处理，只需按照前述方法统计，再计算出总量和比例即可；比较难计算的是外出就餐，因为无论是前往饭店就餐还是外出做客，均不可能称量食物前后的重量。为了计算外出就餐这部分所占比例，王成发等人制作了外出就餐调查表，交给被调查人，让其记录外出就餐次数、食物内容等信息，最终将外出就餐的人次和总人次进行比例计算，可以得出外出就餐部分的结果。这种方法虽然精确度较差，但因为外出就餐的人次比例较低，相对于不计入这部分内容，精确度将有所提高。

按照上述方案，1941 年 2 月 19 日至 3 月 30 日，王成发、林国镐、金大勋对卫生署一般职员的膳食情况进行调查。对其中节假日及有疑问的调查结果弃之不用，最终得到了 30 天的调查数据。卫生署一般职员的饮食以公共食堂的饭菜为主，此外还有少量添菜和外出用餐的情况。调查数据显示，以重量计算，卫生署一般职员每人每日摄入食物 986.40 克（其中约 36 克为零食）。若只计正餐和添菜，不计零食，则平均每日摄入谷类（糙米）469 克，约占全部膳食摄入量的 49.4%；摄入蔬菜 268 克，约占 28.2%；摄入豆类 112 克，约占 11.8%；鱼、肉、蛋约占 6.2%，正餐与添菜及外出就餐的比例为 1∶0.056∶0.04。若不计添菜和外出就餐，每人每日平均获得的营养素：蛋白质 65.6 克、脂肪 56.3 克、碳水化合物 366 克、钙 0.568 克、磷 1.247 克、铁 0.034 克，总热量 2292 大卡。若计入添菜和外出就餐，则每人每日平均获得的营养素：蛋白质 71.8 克，脂肪 61.66 克，碳水化合物 401.3 克、钙 0.623 克、磷 1.367 克、铁 0.037 克，总热量 2512.29 大卡。[1]

---

[1] 金大勋、林国镐、王成发：《战时公务员膳食调查之一》，《实验卫生》1943 年第 3-4 期。

　　1941 年 5 月至 1942 年 4 月，王成发带领助教孙俨明调查了 7 户高级职员家庭、9 户中级职员家庭，共调查成年男子 19 人、妇女 30 人、儿童 22 人，按照上述妇女儿童与成年男子的折算系数，相当于调查成年男子 57 名。这期间因为空袭或其他原因可能导致结果不可靠的数据均被舍弃不用。调查结果表明，所调查的各户中高级职员家庭每人每日营养素的平均摄入量相差甚微。将所得总结果平均计算，即为中高级职员家庭每人每日营养素摄入量的平均值。调查结果显示，以重量计算，中高级职员家庭每人每日摄入食物 1232 克，其中主食中的白米和糙米 461 克，占总摄入量的 37.42%；副食主要为绿色蔬菜 370.5 克，占总摄入量的 30.07%；摄入豆类 162.5 克，占总摄入量的 13.19%；摄入瓜果 45 克，占总摄入量的 3.65%。此外，每人每日平均食用鸡蛋约半枚，肉类约 85.8 克，植物油 25.3 克，鱼虾海产 1.68 克，干果 3.61 克。平均每人每日摄入营养素：蛋白质 77.7 克、脂肪 80.7 克、碳水化合物 398 克、钙 0.807 克、磷 1.459克、铁 0.051 克，总热量 2707 大卡。对于调查对象，王成发指出，因为此次调查的家庭为卫生署中高级职员家庭，这些人有一定的卫生意识和营养常识，所以他们的日常膳食搭配较为优良，例如会有糙米、蛋奶等食物补充。此外，由于在调查期内，安排有调查员驻守，负责食物称量记录等工作，且有时会与被调查人员共餐，在这种情况下，被调查人员可能会受到一定影响，将膳食从营养搭配角度进行优化。[1]

　　此外，林国镐、任邦哲和傅丰永还对卫生署普通工役的膳食进行调查。由于战时物价高涨，卫生署的膳食完全由官方负责，职员和工役的食堂分立，虽在同一单位，但有各自的厨房和厨师，所食用的食物也各自分开。卫生署工役包括勤务、小工等，工役每日膳食除主食米粮外，另拨法币 9 元用以购买蔬菜、油盐，购买和烹调均有专人负责，所以调查数据比较准确。卫生署的工役食堂分为 5 桌，每桌 10 人，每餐一菜一汤，每日

---

　　[1] 王成发、孙俨明：《战时高中级家庭膳食调查初步报告》，《科学》1944年第 3 期。

就餐人数最多为 65 人，最少为 53 人，其中有 12 岁儿童 1 人，其余皆为成年人。在烹饪方法上，米饭采用的是蒸饭法，即将米淘洗干净后加水煮沸，沥去米汤后再上蒸屉蒸熟；蔬菜采用炒制方法，用油甚少。对于存在自带菜、添菜的情况，则采用询问法加以记录，因为其比例相对较小，故对整体数据精度影响不会太大。调查结果显示，卫生署普通工役每人每日平均摄入食物 1127.1 克，其中三等糙米摄入量达 734.15 克，此外还有面粉等，总计摄入主食 736 克。每人每日摄入豆腐、豆豉等豆类制品 24.9克，摄入白菜等蔬菜 332 克，摄入油脂 10.69 克，肉类 12.9 克，此外还有极少量的蛋类和鱼类。平均每人每日摄入营养素：蛋白质 80.1 克、脂肪27.7 克、碳水化合物 582.2 克、钙 0.6876 克、磷 1.6955 克、铁 0.0354 克，总热量 2976.7 大卡。[①] 上述调查的具体情况见表 4-14、表 4-15。

---

① 林国镐、任邦哲、傅丰永：《卫生署勤务膳食调查》，《公共卫生月刊（营养研究专号）》1944 年第 3 期。

表4-14 卫生署不同阶层人员膳食组成情况

单位：克

类别	谷类	蔬菜	豆类	瓜果	肉类	植物油	鸡蛋	鱼虾	干果	总重量
中高级职员	461	370.50	162.50	45	85.80	25.30	34.70	1.65	3.61	1232.00
一般职员	469	268.00	112.00	—	53.00	15.00	6.00	—	11	986.40
普通工役	736	332.00	24.90	—	12.90	10.69	0.26	—	—	1127.10
学生	537	176.80	76.80	—	12.10	6.90	—	—	—	862.30

表4-15 卫生署不同阶层人员摄入营养素情况

类别	蛋白质/克	脂肪/克	碳水化合物/克	钙/克	磷/克	铁/克	总热量/大卡
中高级职员	77.70	80.70	398.00	0.807	1.459	0.051	2707.00
一般职员	71.80	61.66	401.30	0.623	1.367	0.037	2512.29
普通工役	80.10	27.70	582.20	0.6876	1.6955	0.0354	2976.70
学生	54.86	19.66	456.08	0.649	1.073	0.0303	2206.00

（二）战时未成年人的膳食营养调查

除了对卫生署的不同阶层人群展开膳食调查，王成发和廖素琴等人还进行学生和儿童的膳食调查。因抗战时期各项物资匮乏，前述调查结果显示，不同阶层人群所获营养较战前研究数据已有缩减，而大部分学生正处于青少年阶段，所需能量要高于成人。学生实际摄入的营养物质，战前有若干调查，战时相关调查则很少见。战前有关学生的调查采用的是购物记账法，而抗战之际，学校供应膳食质量极大下降，学生身份自由，大都添菜、吃零食，因此王成发等人采用称衡法和实验法结合的调查方法。

1942 年 11 月至 1943 年 1 月，王成发和廖素琴等人调查了重庆青木关的 4 所中学；1943 年 5—7 月，又调查了歌乐山和沙坪坝的 3 所中学、1 所专科学校和 1 所大学。他们总计调查 9 所学校的 5256 名学生，其中男生 3847 人、女生 1409 人，调查对象年龄为 11～26 岁。王成发将调查结果列表分析，发现被调查学生每人每日摄入食物为 652.6～1019.6 克，平均为 862.3 克。膳食组成以大米为主，占摄入食物总重量的 50%～74%，平均为 62.28%，蔬菜占 20.5%，豆类占 8.9%，此外有少量肉类（1.4%）和油脂（0.8%）。谷类主要为米，豆类以黄豆及其制品为主，辅以蚕豆、豌豆、菜豆等。蔬菜在冬季以白菜为主，在夏季以苋菜、包菜为主，冬季还有萝卜、红薯等根茎类作物，夏季还有黄瓜、南瓜等瓜类。学生平均每人每日摄入营养素：蛋白质 54.86 克，脂肪 19.66 克，碳水化合物 456.08 克，热量 2206 大卡，钙 0.649 克，磷 1.073 克，铁 0.0303 克。[①]

王成发和中央卫生实验院营养研究所的同人对上述调查进行了分析。首先，总体上中高级职员家庭的膳食结构和营养状况最好，一般公职人员次之，普通工役再次之，学生的最差。从每日摄取的能量可以看出，抗战以来，所调查重庆学生每日摄取热量为 2226 大卡，远低于 1938 年营养委

---

① 王成发、黄维瑾、廖素琴：《战时学生营养状况之研究 I：重庆学生膳食调查》，《实验卫生》1944 年第 1 期。

员会制定的成人每天所需热量为 2400 大卡的最低标准。而且，在被调查的学生中，除成年的大学生外，还有很大比例的中学生，对于正在发育的中学生而言，热量缺口更为显著。已有数据显示，战前中国中学生的日平均摄取热量为 2933 大卡，大学生日平均摄取热量为 2737 大卡，基本满足营养委员会制定的 16～21 岁青年日平均摄取热量为 2900 大卡的最低标准。王成发等人通过分析所调查学校食堂的食物配给，找出了战时学生摄入热量降低的主要原因："战时高校食堂的食物组成和战前区别不大，但是供给量却缩减了很多，尤其是脂肪和豆类的供给严重缩水。"而从能量来源看，中高级职员家庭和普通职员的能量来自脂肪，而中高级职员家庭、普通职员和工役的能量来自蛋白质，学生的能量则大都来自碳水化合物，蛋白质和脂肪提供的能量极少。

其次，通过对所调查人群每日摄入蛋白质进行分析发现，从量上看，战时中高级职员家庭每日摄入蛋白质在 80 克以上，普通职员和工役在 70 克以上，而学生仅有 55 克。对比战前已有数据发现，所有阶层的蛋白质摄入量均有所减少，其中学生减少得最多。从蛋白质的质量上看，中高级职员家庭和普通职员每日有一定的动物蛋白来源，而工役和学生的蛋白质仅来自植物。由此可见，学生每日摄入的蛋白质不仅摄入量不足，质量又太差。

此外，上述有关矿物质和维生素的调查结果也表明，学生群体缺乏钙、维生素 A 和维生素 C 的现象较为普遍；普通职员和工役的维生素 A 有一定缺乏，维生素 C 呈现季节性缺乏。

（三）战时民众的营养改善方案

针对以上问题，王成发等人提出了一些改进建议。一是热量不足的补救。国民每日食物量有限，其中多以米为主，脂肪量过低是热量缺乏的主要原因。如果能增加脂肪的摄入量，使其达到平均每人每日食用脂肪 32.5 克，则可以补足缺乏的热量。此外，如果每天能够增加玉米、花生、黄豆等脂肪含量较高的食物的摄入，也可以补充所缺少的热量。二是蛋白质不足的补救。如果每天每人能够食用肉类一两以上、一枚鸡蛋，那么蛋白质的质和量都可以得到提升。由于当时的经济条件很难达到这一要求，因此提倡食用大豆，这是增加蛋白质经济有效的方法。三是矿物质不足的补救。只需在每日膳食中增加豆类和深色蔬菜的用量，即可补充矿物质。四是维生素不足的补救。国民缺乏维生素A，主要是由于深色蔬菜和脂肪摄入不足，虽然从表面上看，每天食物中的维生素A含量似乎足够，但维生素A具有脂溶性，且国民脂肪摄入量较少，导致维生素A被吸收的比例很低。奶油、鸡蛋等食物既含有较多维生素A，还富含脂类，是补充维生素A的最佳食物。但是在当时的经济条件下，很难补充。如果增加深色蔬菜和脂肪的摄入，在条件许可时每天吃1～2枚鸡蛋或者30～60克动物肝脏，就可以补充每日所需的维生素A。此外，摄入深色蔬菜也可以补充人体所缺少的维生素C。

考虑到战时国民生活环境的艰苦，王成发又进一步提出了临时补充方案。一是可以采用1/3杂粮，如玉米、豆类、芋头、薯类等，与大米混合作为主食，以补充热量。二是多食用大豆及其制品，以及食用血、皮、骨等便宜易得的动物性食品来补充蛋白质。三是摄入一定量的植物油。由于当时榨油技术较为落后，植物油提纯度低，很多种类的植物油都有不好的气味，因此国民一般更喜欢食用猪油。王成发指出：豆油、麻油、花生油、菜油等为中国特产，价格要低于动物油，且其营养价值仅次于奶油，高于其他动物油，价格又比较低廉，是既经济又营养的食品。因此，如果摄入一定量的植物油，可以提高脂肪的摄入量。四是增加青菜的重量和种类，以补充维生素和矿物质。五是改良烹饪方法，煮饭采用焖饭法，米汤不要丢弃，缩短煮菜时间以减少维生素和矿物质的流失。此外，王成发还提出了开展养殖动物、种植蔬菜水果等补充食物来源的建议。王成发的调查和建议受到极大的重视，相关报告提交给政府部门后，国民党军政部发电，要求所属各机关开展全国青年学生生活营养状况的调查，并推行相关的保障措施，以改善民众的营养状况。[①]此外，王成发所提出的掺食杂粮的建议也被大后方的机关采用、推行。例如，1941 年重庆市警察局就采用了王成发等人试制的杂粮饼作为公务员和家属的主食。[②]

三、罗登义对后方民众的营养调查与改善

除了上述主要由卫生署管理下的王成发所在的中央卫生实验院营养研究和郑集所在的中央大学医学院生物化学系所开展的战时后方民众营养调查，战时建立的其他营养研究机构和有研究能力的机构也分别开展了后方国民营养调查。如浙江大学农学院农业化学系罗登义开展的浙大学生营养调查、贵州湄潭中等收入居民营养调查等。

（一）战时大学生的膳食营养调查与改善

罗登义初入浙江大学时，就开始着手战时大学生的膳食营养调查工作，并且坚持了数年。1939 年 11 月 1—30 日，罗登义在广西宜山对浙大 439 名学生进行第一次营养调查[③]。1941 年 11 月 11 日至 1942 年 2 月 25 日，罗登义又带领农化系的学生戴行钧、唐耀先、何琏玉、朱汝璠、唐广生等人在贵州湄潭对 440 名浙大学生进行膳食营养调查[④]。罗登义所调查的浙大学生，大部分来自华中、华南地区，年龄基本在 20～25 岁，平均体重为 53 千克，学生的日常课业生活属于中等劳动量。罗登义对两次调查的数据都进行了详细的统计、分析，更重要的是，罗登义将两次调查的结果进行了对比研究，清晰地展现出随着抗战的深入，中国大学生膳食营

---

①《关于调查全国青年学生之生活营养状况、健全基层民意组织等》（1942年 5 月 23 日），重庆市档案馆藏中国国民党军政部第七区党部各区分部的代电，档案号：0033000900002020010000。

②《关于报送中央卫生试验院创制杂粮饼情形的呈、指令》（1941 年 10 月10 日），重庆市档案馆藏，档案号：0061000301193000000001000。

③ 罗登义：《大学生的营养问题》，《读书通讯》1941 年第 30 期。

④ 罗登义：《战时大学生营养问题》，《东方杂志》1943 年第 2 期。

养的变化状况和需要改善的问题。①

通过表 4-16 可以看出，在膳食构成方面，1939 年和 1941 年浙大学生的食物主要都是由谷物和蔬菜构成，此外还有一部分豆类，以及少量的肉蛋、油脂等。随着战争的进一步发展，浙大学生每日摄入的食物总量明显减少，各类食物中，主食、豆类和油脂的摄入量减少明显，其中豆类减少了超过 50%，这使膳食结构进一步失衡，每日蛋白质的摄入量大幅降低。

表 4-16　1939 年和 1941 年浙大学生的膳食构成情况

时间	调查人数/人	摄入食物						总量/克
		五谷/克	蔬菜/克	豆类/克	肉蛋/克	油脂/克	杂类/克	
1939 年11 月	439	484.9	251.8	159.8	51.8	16.5	15.2	980
1941 年11 月	440	446.5	253.7	77.7	52.5	7.9	16.1	854.4

罗登义在浙大农化系学生的帮助下完成了战时浙大学生膳食营养成分的统计（表 4-17）。结果显示，在浙大学生每人每天平均摄入的总热量方面，1939 年为 2333.8 大卡，1941 年为 2000.5 大卡。1939 年的数值接近中华医学会营养委员会制定的成年人每日需要热量 2400 大卡的标准，而 1941 年的数值与标准相差较大。浙大学生平均每人每日的蛋白质摄入量，1939 年为 74.2 克，1941 年为 61.8 克，表面上看起来足够。但实际上，这些蛋白质主要来自谷物主食和豆类蛋白，一般谷物和豆类的蛋白质消化率在 60%～66%，如果按照这个比例，则学生实际可以吸收的蛋白质，1939 年的数值为 49 克，1941 年为 41 克，低于已有标准。此外，从质的方面分析，浙大学生摄入的蛋白质 90% 来自植物性蛋白，动物性蛋白低于 10%。植物性蛋白中，豆类蛋白远远优于谷物蛋白，而随着战事扩大，学生每日的豆类摄入量大大减少，豆类蛋白比例从 1939 年的 29.5% 下降到 22.6%，学生

① 罗登义：《抗战时期大学生的营养》，《科学》1944 年第 3 期。

摄入蛋白质的量和质进一步恶化。在矿物质和维生素方面，钙、磷、铁 3 种主要矿物质，1939 年只有磷基本满足标准，1941 年则均不满足；由于学生摄入的脂类很少，脂溶性维生素 A、维生素 D、维生素 E 都比较缺乏。

表 4–17　1939 年和 1941 年浙大学生摄入营养素情况

时间	调查人数 /人	总热量 /大卡	摄入营养素					
			蛋白质 /克	脂肪 /克	碳水化合物 /克	钙 /克	磷 /克	铁 /克
1939 年 11 月	439	2333.8	74.2	38.6	423.5	0.424	1.271	0.012
1941 年 11 月	440	2000.5	61.8	—	—	0.358	0.884	0.023

针对调查发现的一系列问题，罗登义拟定了改良的两个原则：第一要尽量经济可行，第二要尽量简单易办。罗登义认为，改良方案只有满足这两个条件，才能够在当前这种严格的条件下实施，以免成为空谈。罗登义制定了 4 条改良措施：一是吃杂合饭，所谓杂合饭就是用半糙米煮饭，并加入切好的马铃薯或白薯块，这种杂合饭的营养价值和米饭相当，但是价格要便宜很多。罗登义计算得出，用这种杂合饭每天节省下来的饭钱大致可以买一枚鸡蛋。二是多吃花生和黄豆，二者可以补充学生缺乏的蛋白质、油脂和矿物质，具体食用时可以变换花样，例如发芽之后食用，吸收会更好。三是多吃深色蔬菜，罗登义指出："黄、绿、红色的蔬菜，一般更富含矿物质和维生素，应该增大食用比例。"四是多吃鸡蛋，鸡蛋可以补充学生缺乏的蛋白质、维生素和矿物质，此外鸡蛋还含有脂类。如果学生主食为部分杂合饭，则每天可以食用一个鸡蛋。

（二）战时贵州居民的营养调查与改善

除了浙大学生的膳食营养调查，罗登义还带领浙大农化系的学生对贵州湄潭县城的 26 户中等收入家庭的膳食营养进行了调查。这次调查时间为 1941 年 4 月 1—30 日，当时的浙大农化系四年级学生参与了调查，罗登义把学生分成几个小组，事前讲述了调查的工作要点。调查期间，学生每天都到所调查的对象家中，进行膳食调查，并发放表格，讲解调查的性质及重要性。

通过一个月的膳食营养调查，罗登义带领浙大农化系的学生，对战时贵州湄潭中等收入家庭的膳食状况进行统计分析。在膳食组成方面，贵州人春季的主食为大米，每日平均摄入量占摄入食物总重量 1001.59 克的 56.77%，蔬菜所占比例为 16.44%，豆类所占比例为 15.71%。通过和其他地区的调查数据对比发现，贵州湄潭中等收入家庭摄入的谷物比例略高于其他地区，蔬菜的比例较低，而豆类的比例比其他地区高很多。湄潭居民摄入的豆类，除黄豆外，还有豌豆、蚕豆、绿豆等，种类较多，摄入比例也比较高。此外，湄潭中等收入家庭还有一定量的肉类摄入，比例为 6.72%。所调查家庭以商户为主，平均每人每日摄入的总热量为 2565.34 大卡，没有重体力劳动活动，摄入的热量可满足日常工作生活所需。在蛋白质方面，所调查的家庭每人每日平均摄入蛋白质 75.2 克，如果按照 66% 的吸收率，则为 49.7 克，对于 55 千克的成年人来说并不足量。在所摄入蛋白质的品质方面，植物性蛋白占 85%，动物性蛋白占 15%，营养价值较差。但是与其他地区相比，贵州湄潭中等收入家庭每日膳食中有较多的豆类摄入，对于蛋白质的品质有一定的补充作用。在矿物质和维生素方面，由于每餐摄入较多杂粮豆类，钙、磷、铁三种主要矿物质基本满足已有标准，维生素 A 和维生素 B 也基本满足需要，但是因为摄入的蔬菜比例偏低，存在维生素 C 摄入不足的问题[1]。

前述营养学家展开的战地营养调查和保障方案研究各具特点。首先，因所在机构不同，其研究对象各有侧重。万昕所在的军医学校和沈同所在的红十字会侧重战地士兵的营养调查和保障研究，其中红十字会更关注战场士兵战斗力的保障，而军医学校除了关注战地士兵战斗力的保障，还关注军医院伤病士兵的恢复。王成发所在的中央卫生实验院和郑集所在的中央大学医学院则侧重于后方国民的营养调查和保障，其中王成发关注重庆

---

① 罗登义：《贵州人之膳食》，《新中华》1945 年第 11 期。

地区普通民众的营养状况，郑集则关注四川地区少数民族和矿工的营养状况。其次，这些科学家因学术背景不同，研究的问题各有侧重。医学院校出身的科学家，如万昕、王成发、郑集特别关注营养调查中疾病状况的研究和治疗；农业化学出身的科学家罗登义侧重于食物成分的分析和提高营养物质含量的研究。

营养学研究在中国的兴起是持久抗战的结果，其直接动因是战地和大后方建立营养保障体系的急迫需求。中国的科学家从不同的学科领域汇聚起来，围绕改善战时军民的营养状况开展了卓有成效的战地营养调查，并提出了膳食改良方案。在调查过程中，不同学科背景的科学家沿着不同的途径展开卓有成效的研究，在满足抗战需求的同时，也逐渐形成了独具特色的战时中国营养学共同体。

第四节 抗战中的卫生工程与心理保障研究

一、抗战时期的卫生工程研究

抗战期间，公共卫生是导致前线士兵非战斗减员和后方国民大量死亡的一个重要因素，为了解决这个重大问题，陶葆楷、杨铭鼎等公共卫生专家开始了战时卫生工程研究工作。

陶葆楷1926年赴美国留学，先后在密歇根大学和麻省理工学院学习，1929年取得土木工程学士学位后，陶葆楷进入哈佛大学继续深造，并于一年后取得哈佛大学公共卫生学院卫生工程硕士学位。当时，哈佛大学公共卫生学院的教学和研究范围包括疾病防治和卫生服务系统的计划管理，其共同目的就是"改善公共卫生，减少疾病"。其中传染病防治是一个重点，而传染病的一大根源是不干净的饮用水和聚集排放未经处理的污水，因此改善给排水设施对于防治传染病尤为重要。就这样，土木工程领域的给排水成为以"工程方法改良环境，使居民之健康增进，疾病减少"为目的的卫生工程的最主要内容。可见，同样是给排水专业的学习，但由于陶葆楷是在这样一个以改善人们的卫生环境为目的的公共卫生学院中学习了此专业，因此，比起只是从土木工程的角度接受给排水专业教育的学生，他有了一种更强烈的始终将自己的专业工作和"改善卫生环境"这一最终目的联系起来的意识。陶葆楷在硕士毕业后的一年中，辗转欧美多个国家，对给排水工程和污水处理厂进行了考察，眼界大开。陶葆楷在德国柏林理工大学实习期间，遇到了他在清华学校读书时的老师叶企孙。经叶企孙推荐，25 岁的陶葆楷回国受聘于清华大学，并担任土木工程系教授，成为当时清华大学最年轻的教授。

1931 年陶葆楷回国不久，"九一八"事变爆发。为了改善公共卫生，减少疾病，提高国民身体素质，陶葆楷在清华大学土木系主持创建了市政及卫生工程组。作为清华大学卫生工程方面的唯一一位教师，陶葆楷一开始就没有把自己的角色仅限于在这一领域进行教学的普通教员。他考虑的是"怎样来发展中国的卫生工程事业"和这一门学科在一个国家怎样发展的宏观问题。为此，他从自身实际出发，计划从三个方面分别进行：第一，讲好课，同时为了知识的普及和教学能更好地结合中国实际，而写好中文教材；第二，建立卫生工程实验室，以便开展研究工作；第三，走出学校，联系实际，做些实际工作。即一门学科要发展，首先要有足够的人才，并在此基础上，开展推动学科发展的科研工作，最终真正应用于实际。[①]

陶葆楷与北京协和医学院公共卫生系合作，在北京东城区设立了公共卫生事务所。该事务所的主要工作是对该区的水井改良、厕所改建、垃圾处理和食品卫生等环境卫生方面进行研究，其中环境卫生实验由清华大学负责完成。此外，1936 年陶葆楷到南京卫生署担任了半年的高级工程

---

① 陶葆楷：《自传》（手稿），清华大学档案馆藏陶葆楷档案，档案号：1600201。

师。在此期间，他花费大量时间在江宁县（今南京市江宁区）进行农村环境卫生调查、房屋和水井改良、粪便处理等方面的工作。他讲道："中国的人口，80%以上是在农村里，所以谈到卫生工程，不是仅在大都市中创办自来水，建造新式厕所，还要到乡村里去改良农民的环境卫生。"通过这些工作，陶葆楷和他的学生们有更多的机会接触实际，并有机会把这些成果整理成学术文章发表到国内外的相关杂志上的机会。1937年，他被邀请出席了在爪哇举办的远东国家农村卫生会议，并编写了中国报告中的环境卫生部分。陶葆楷出国期间，清华聘请卫生署卫生工程总工程师杨铭鼎接替陶葆楷的工作（图4-11），足见当时公共卫生工作的重要性[1]。

全民族抗战爆发后，陶葆楷随清华大学来到昆明，担任西南联大土木系教授。为将学科的生存发展与实际结合，以适应战时对卫生工作的需求，陶葆楷开设了军事卫生工程学课程，自编讲义《军事卫生工程》（图4-12）。军事卫生工程课是为整个土木系开设的，内容包括临时遇到河水怎样处理使之能饮用，露天的情况下，怎样撒药防治害虫，怎样防治虱子等对士兵的影响，怎样通过工程方法防治传染病等。当时，土木系还开设了野战堡垒、军事要塞等其他军事类课程，其目的是，国家一旦有需要，学生可以上前线，做修复堡垒、军事卫生工程等方面的工作[2]。

---

[1] 清华大学档案馆藏陶葆楷档案，档案号：1-2：1-111：2-012。

[2] 郑青松、杨舰：《陶葆楷与中国的环境科学》，载姜振寰、苏荣誉编《多视野下的中国科学技术史研究：第十届国际中国科学史会议论文集》，科学出版社，2009，第149页。

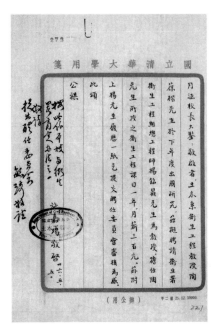

图 4-11　1937—1938 年，杨铭鼎接替陶葆楷讲授卫生工程

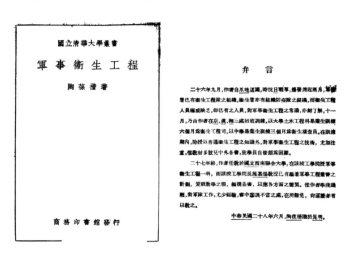

图 4-12　陶葆楷著《军事卫生工程》及"弁言"

　　陶葆楷、杨铭鼎培养的卫生工程学生，为抗战时期前后方急需解决的公共卫生问题提供了有力的人才支持。1944 年，军政部战时军用卫生人员训练所专门致函西南联合大学，希望学校选派卫生工程方面的毕业生到该所服务，以支援抗战的需求（图 4-13）。

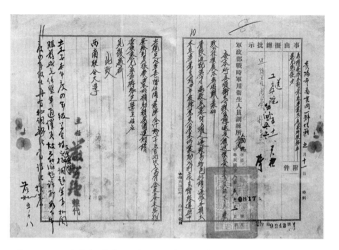

图 4-13　军政部请求西南联大选派卫生工程方面人才的信函

二、抗战时期的心理保障研究

抗战时期，国民革命军第五军筹办了军官心理测验所。筹办军官心理测验所的想法是国民党著名军事将领邱清泉[①]首先提出的，他邀请著名心理学家、时任国立西南联合大学教授的周先庚赴军中考察并着手筹办军官心理测验所。邱清泉创办军官心理测验所的想法源于他在德国的留学经历。德国在第二次世界大战之前，其军队中已有 114 名军事心理学工作者，随后增至 200 名。德国部队中军事心理学工作者的官衔有着明文规定，在法律上是有保障的。1937 年之前，德国军事心理学研究所在柏林的总部被称为"军部心理学实验室"。邱清泉曾于 1936 年亲自参观过柏林陆军中央心理实验所。德国军事心理学对邱清泉产生了重要影响。

周先庚于 1925 年考入美国斯坦福大学，师从著名心理学家麦尔斯（Walter R. Miles）。麦尔斯作为心理学家，参加过第一次世界大战期间的

---

　　① 邱清泉，字雨庵，1922 年就读于上海大学社会学系；1924 年考入黄埔军校第二期工兵科；1934 年公派赴德国留学，先后在工兵专门学校和柏林大学受训；1937 年回国后担任教育总队参谋长；1943 年初任国民革命军第五军军长。

军事心理学研究工作，将心理学应用于军事领域。例如，他参与研究防毒
面具的舒适性和安全性问题，其研究结果影响了后来防毒面具的设计；参
与研究空军飞行员的能力倾向；研究士兵处于长期营养不良状态下身心机
能的变化与恢复问题。周先庚分别于 1928 年和 1930 年在麦尔斯的指导下
取得硕士和博士学位。5 年时间里，他对麦尔斯在军事心理学领域所作的
贡献有所了解。因此，周先庚早年跟随麦尔斯的学习经历，为其后来在军
事心理学领域做出的开创性工作奠定了基础。

1943 年冬，周先庚应邱清泉的邀请，赴军中考察军事心理问题，并
筹划创办军官心理测验所。继提出中国军官心理测验这一想法之后，邱清
泉又提出了军官心理测验的内容、方法，以及指导官应注意的事项。[①]1943
年的除夕，周先庚还在谋划着军官心理测验所的草案。次年，周先庚在昆
明当地报纸上发表文章提出："我国军官学校及部队对军官的要求，仅依
其学术品行能力等，作一般之品定，而对心理之要求缺乏科学上的测验方
法，致许多军官心理上缺憾特多，影响治军作战者实甚大。""英美德法各
国之选拔军官，必先要求心理上之健全条件，此乃要求其学术科，各军管
区皆设有军官心理测验所，每当选拔干部，皆先就其测验，以为取舍之
标准焉。"[②]可见，周先庚高度评价了邱清泉的做法，认为他所提出的军官
心理测验规划大纲是学识和经验融合的产物，作为第一个倡导心理测验的
实际行动家，其规划的军官心理测验大纲的实施，将会开启心理学在中国
应用的新纪元。周先庚还认为邱清泉所提的对中国军官气魄、性格、同情
心、生命力的测验内容，体现了中国人所必需的品质，这样的心理测验很
符合中国人的习惯。同时，他倡导用行为观察法的心理测验技术，而非
"纸上谈兵"（纸笔测验）的方法，这将是中国军官心理测验的佳音。在那
个特殊的历史时期，一个提出军官心理测验设想的军人和一个具有开展军

---

①雨庵：《军官心理测验之商榷》，《扫荡报》（昆明），1943 年 11 月
19—21 日。雨庵系邱清泉的字号。
②伏生：《军官心理测验之商榷》，《扫荡报》（昆明），1944 年 3 月 13、20 日。
伏生系周先庚的别名。

官心理测验专业能力的心理学家走到了一起，军官心理测验工作的开展才具有了可能性。①

　　周先庚受邀开展军官心理测验之后，随即着手设计军官心理测验所的工作草案。军官心理测验所在第五军本部被称为"心理实验所"，在师、团、营本部被称为"心理实验室"，而临时性的活动卡车板房被称为"心理测验站"。由此可见，军官心理测验所在整个第五军内部将进行系统性设置。设置的地点要求是在城内或近郊处军师团、营本部的办公室内，房舍需要18～20间，其周围环境应安静适中。在设备方面还涉及电力、家具、仪器、卷册、实验材料消耗品等。整个过程分为试办期和推广期。其中试办期分为7个阶段：第一阶段，1943年12月19—21日，赴杨林第五军军部视察，19日见到杜聿明；第二阶段，12月22—25日，回到昆明，完善计划草案；第三阶段，12月26—31日，视察选定测验所地址；第四阶段，1944年1月1—17日，布置修缮测验所；第五阶段，1月18日至2月21日，按照邱清泉在其《军官心理测验之研究》一文中的设计方案实施军官心理测验；第六阶段，2月22日至6月19日，继续测验，整理上期结果，充实设备；第七阶段，6月20日至9月，继续测验，同时报告示范，并研究前几期工作的得失，拟定扩充方案。推广期为第八阶段，1944年9月起，略做宣传推广工作以引起各方注意。②周先庚在筹办军官心理测验所之初就做出了这样长期的规划，可见他对这项军事心理学工作的重视程度及精心谋划。周先庚在写给清华校长梅贻琦的一封感谢信中称："今晚双方仍有意举办（军官心理测验所），庚自当竭尽力量筹办之，必定有始有终。"③

----

　　①阎书昌、陈晶、张红梅：《抗战时期周先庚的军事心理学实践与思想》，《心理学报》2012年第11期。

　　②以上资料见《第五军"心理实验所"筹备试办草案·（简本）原稿》，清华大学档案馆藏周先庚档案第1111盒第2号。

　　③《周先庚给梅贻琦校长的信》（1943年12月31日），清华大学档案馆藏周先庚档案第1111盒第3号。

军官心理测验所的主要任务是开展军官心理测验工作，选拔出优秀（模范）军官。周先庚认为邱清泉所拟定的军官心理品质，是其作为军事将领根据经验得出的结果。既然是专门测验中国优秀军官所应具备的品质，那么其理论依据必然与欧美军事家所拟定的品质不同。至于东西方军队组织如何不同，为何需要不同性质的军官心理品质，这是很值得深入讨论的问题。实际上，这里隐含着周先庚提出的军官心理测验应契合不同文化的理论问题。军官心理测验工作设置为两种形式，即先施行纸笔测验和团体测验，然后选择每种心理品质处于两个极端（好或差）的军官进一步实施个别测验。这涉及纸笔测验和团体测验工具及个别测验工具的编制。从心理测量学的意义上讲，周先庚还讨论了军官心理测验内容的选取和测验信度的问题，其具体评判方法是图示估量法和评判量表。周先庚甚至还设想了在实验室内使用自动测验机，其设计思想与如今在计算机上进行心理测验的过程几乎没有差异。自动测验机具有易引起受测者兴趣、快捷方便、测验结果反馈及时等优点。周先庚所拟定的工作纲要涉及编制测验问卷和量表、设计测验机器和挂图，同时提出要编印宣传册子分发给军官，以及请政治部出墙报加以宣传。1943 年末至 1945 年 4 月，周先庚一直在与邱清泉商讨陆军方面的军官心理测验。这一时期，军官心理测验所基本停留在纸面上，并没有开展实质性的心理测验活动。这可能与中国远征军与英美盟军一起对日军发起反攻并取得彻底胜利的滇西缅北战役有关，因为 1944 年 8 月至 1945 年初邱清泉率部参加了这一场战役，此时他可能无暇顾及军官心理测验的工作。①

1942 年，美国成立了"战略情报局"（简称"情报局"），负责招募、训练从事敌后破坏工作的情报人员。1943 年 10 月，情报局负责人多诺文（William J. Donovan）提出要建立一个心理学与精神病学测评部门。随后一批心理学家和精神病学家参与这项工作中，测评部门主要由哈佛大学

---

① 阎书昌、周广业、高云鹏：《逐梦"中国牌"心理学》，中国科学技术出版社，2019，第 79 页。

心理学教授默里（Henry A. Murray）领导，该部门的目标是选拔能够在敌后恶劣条件下开展间谍和破坏活动的人员。1945 年 2 月，美国华盛顿收到一封来自中国的电报，电报中请求为中国的一项士兵选拔工作派遣测评人员。该项目计划选拔一批伞兵，组成两支由中国军官领导的情报伞兵突击队，由情报局负责训练，美国盟军做顾问。一旦中国海岸线受到日军入侵，就把伞兵投送到日本侵略者防线的后方进行战斗或开展情报工作。情报局随后就赴中国开展测评人员的招募工作。默里自 1943—1948 年任职于战略服务局，1945 年 4 月，他受命来到中国领导并主持了伞兵选拔工作。另一名美国测验人员是精神病学家莱曼（R. S. Lyman），他曾于 20 世纪 30 年代任职于北京协和医院脑系科。在美国的测验职员招募工作随即展开，两名符合条件的华裔学者加入进来，他们分别是戴秉衡①和陈郁立②，另外两名美国人戴尼奥（A. P. Daignault）和赫德森（B. B. Hudson）也参加了这项工作。戴秉衡曾受邀加入莱曼在北京协和医院所主掌的脑系科。1937 年莱曼回国，1939 年戴秉衡也去了美国。在北京协和医院与莱曼一起工作过的几位心理学者——戴秉衡、丁瓒、赵婉和等，后来成为情报伞兵突击队员选拔测验工作的主要成员。1945 年 3 月，莱曼从印度给周先庚发了一封电报，邀请他与默里合作为中国国民党军队选拔伞兵。③周先庚认为，借助心理学、医学和社会学等方法选拔精锐的情报伞兵入伍，不仅是学术应用的好机会，而且为抗日贡献自己的力量也是很光荣的事情，就答应带领自己的学生参加这项选拔工作，并担任测验小组的中方负责人。3 月 26 日，周先庚给田汝康、赵婉和写信，举荐他们到昆明参加这项工作；4 月 12 日，他分别写信给赵婉和、曹日昌，请他们通知有

---

① 戴秉衡（1899—1996 年），福建古田人。1923 年毕业于上海圣约翰大学。1929 年赴美芝加哥大学留学研习教育学，后攻读社会学并接受精神分析训练，1935 年取得博士学位。1936—1939 年任职于北京协和医院脑系科，1936—1937 年兼任清华大学社会学系讲师。1939—1942 年任教于费斯克大学，1943 年起任教于杜克大学直至 1969 年退休。

② 陈郁立（1918—1990 年），华裔美国社会心理学家。

③ 周先庚：《关于伞兵选拔测验的国际、社会关系的初步回忆和认识》，1968 年 1 月 17 日、21 日，未刊稿。资料存于中国科学家博物馆数据库。

关方面欢迎美国心理学家来华，并称借此时机可以讨论一下中国心理学会及学报的恢复工作。4月的一天，默里、莱曼和戴秉衡一行三人亲自到周先庚的住所——昆华师范学校胜因寺拜访。4月底，周先庚在他们的带领下到美军位于昆明市郊的驻地填表，并签订了临时合同，为期3个月。这是当时空军方面的第五期伞兵入伍选拔测验。[1] 自5月开始，周先庚同默里等人开始筹备伞兵选拔工作。周先庚带领的人员多为西南联大哲学心理学系心理学组的同事、研究生或毕业生，参加人员有曹日昌、丁瓒、田汝康、范准、马启伟与赵婉和等。伞兵选拔测验包括个人生活史、社会关系和心理卫生方面的访谈，知觉认知能力和室外活动作业的测查。赫德森负责材料整理和统计工作。有时候全体测验人员进行讨论，最后对每位受测者的智力、受教育程度、情绪稳定性做出鉴定。整个评估程序包括信号阅读（sign reading）、受教育水平测试（数学、写作、普通信息）、抽象智力、观察与记忆（设计、查找、知觉敏度）、群体行动测试（筑桥、传送旗杆、过沟壑）、障碍项目、访谈、整体印象。最后对受测者的教育水平、有效智力、观察与记忆、动机、社会关系、情绪稳定性、领导品质、体能等方面按照高、中、低三个等级进行评定。当时抗日战争行将结束，由杜聿明领导的伞兵部队已经开始投入抗日战场了。1945年7月12日、7月18日、7月27日，伞兵部队先后在广东、广西、湖南等地的日军占领区内进行了三次空降作战，袭扰了日军后方，有力地配合了地面军队的行动。尽管由中美心理学家心理测评出的伞兵组成的第十九、第二十队情报突击队未见参加实战的记载，但这次测验工作的实施是中美战时合作在中国本土上唯一一次心理学实践性技术的应用。[2]

---

[1] 周先庚：《参加战略情报局伞兵测验的经过与初步认识》（1968年2月19日），未刊稿。资料存于中国科学家博物馆数据库。

[2] 阎书昌、周广业、高云鹏：《逐梦"中国牌"心理学》，中国科学技术出版社，2019，第83页。

第五章

胜利：在科学反法西斯东方主战场

在异常艰苦的战时条件下，无论是仪器设备还是文献资料都不能满足正常科学研究的需要，然而中国的科技工作者们坚定信念，刚毅坚卓，以科学支持抗战事业。无论是在抗战的前线还是后方，他们通过土洋结合的方式，创造性地将书本中的科学知识和战争时期的有限资源结合起来，极大地支持了抗战，为中华民族的抗日战争作出了巨大贡献。

作为世界反法西斯战争东方主战场，战时中国急迫的科技需求得到了世界反法西斯科学共同体的关注，一大批科技人员不远万里来到中国，参与伟大的中国人民反抗日本法西斯的正义战争中。通过中外科学家的共同努力，战时中国建立起中外反法西斯科学共同体双向交流的桥梁。西方科学界不仅援助中国的抗战，还关注中国科技工作者在抗战中的重要发现和卓越成就。中国科学家的战时工作成为构建世界反法西斯科学共同体事业的重要组成部分。

第一节　战时中国科学家的部分研究成果

抗战时期艰难困苦的条件并没有消灭科学家以科学支援抗战的热情。那是一段值得铭记与缅怀的岁月，科学家献出了美好的青春年华，他们是历史的书写者，历史也铭记了他们。在神州大地的每个角落，无数中华儿女为了新中国，成为民族的脊梁、托举着国家的前途，以血肉之躯冒着敌人的炮火，前进！

一、大后方的战时科学研究与成果

（一）四川乐山：侯德榜发明侯氏制碱法

1941 年 3 月 15 日，已经搬迁到四川乐山的永利碱厂召开了厂务会议，由厂长范旭东提议，会上一致通过将侯德榜首创的制碱方法命名为"侯氏制碱法"。侯氏制碱法是侯德榜用了近 20 年时间，克服了无数困难，经历了千百次失败，经过 500 次循环试验并分析了 2000 多个样品后发明的制碱新法。

侯德榜学习的并非制碱，1911 年他考入清华留美预备学堂，取得了 10 门功课全部满分的优异成绩，1913 年被保送进入美国麻省理工学院化工科学习，1917 年取得学士学位后前往普拉特专科学院学习制革，次年获制革化学师资格，1918 年，侯德榜进入哥伦比亚大学研究院研究制革，1919 年取得硕士学位，1921 年取得博士学位。就在 1921 年春天，正在准备博士论文答辩的侯德榜接到了国内永利制碱公司（简称"永利公司"）总经理范旭东的来信。为了振兴民族工业，打破外国人的垄断，1917 年范旭东在创办久大精盐厂的基础上，创立了制碱公司，并为该公司取名"永利"，寓意碱厂乃至中国化学工业永远顺利。永利碱厂创办后，因缺乏技术专家，发展遇到很大困难。范旭东在信中陈述了洋碱霸市的危害，并邀请他毕业后到永利公司工作。范旭东向侯德榜介绍了中国制碱业的状况：1861 年，比利时人欧内斯特·索尔维（Ernest Solvay）创立了氨碱法，即著名的"索尔维法"，随后，欧美国家垄断了纯碱的生产技术。纯碱既与人民生活息息相关，又是工业生产的重要原料。但随着其价格不断攀升，价格最高时甚至一盎司① 黄金才能购买一磅② 纯碱，加之进口洋碱来源持续锐减，人们根本买不起价格高昂的纯碱。以纯碱为原料的工厂举步维艰，不少染坊因缺碱停业，老百姓只能穿没有染色的土布，吃着带酸

---

① 1 金衡盎司 ≈ 1.0971 常衡盎司 ≈ 31.1035 克。
② 1 磅 ≈ 0.4536 千克。

味的馒头。侯德榜深深地热爱着制革专业，尤其是他的博士论文《铁盐鞣革》(*Iron tannage*) 很有创见，在《美国制革化学师协会会刊》(*Journal of the American Leather Chemists Association*) 上特别连载，成为制革界广为引用的经典文献之一。这篇论文使他在制革的研究方面有了新的建树，他的前途大好。收到范旭东的来信后，他需要在"制革"与"制碱"之间做一次严肃的抉择。

经过认真考虑，他最终被范旭东的爱国心、事业心，以及振兴民族工业的大义和一片真诚所感动。侯德榜伏案疾书："……蒙范先生不弃，德榜应将制碱有关技术方面的事，勉强一肩担起……"，随后欣然接受了范旭东的邀请。[①] 侯德榜就任永利公司工程师，在美国为公司验收订购的设备，并尽力考察美国碱业，搜集有关资料，最终于 1921 年 10 月登船回国。侯德榜抵达天津塘沽的永利碱厂后，和同事们一起安装设备、采购原料、研究生产工艺。在侯德榜的带领下，试车工作昼夜进行，经过多次工艺和设备调整，永利碱厂终于在 1924 年 8 月 13 日实现了首次全厂开工。然而，到了出碱的时候，大家都惊呆了，永利碱厂生产的纯碱呈现暗红色而非白色。为了解决红碱问题，侯德榜和同事们通力合作，终于发现铁与氨等反应产生的红色铁锈导致纯碱变红。又经过两年的努力，1926 年 6 月 29 日，永利成功生产出碳酸钠含量高达 99% 的白色纯碱，将其定名为"红三角"牌。1926 年 8 月，美国费城举行万国博览会，永利公司的红三角牌纯碱获得"中国工业进步的象征"的评语，荣膺大会金质奖章。掌握了制碱技术，永利公司只要高价出售专利，就会有可观的收入。然而，侯德榜和范旭东没有这么做，侯德榜说："科学技术是属于全人类的，它应该造福于人类。一个真正的科学家，绝不能把科学技术作为谋求个人财富的工具。"于是，侯德榜放弃申请专利。1933 年，侯德榜以英文写作的《纯碱制造》(*Manufacture of Soda*) 一书在纽约出版 (图 5-1)，向世界

---

① 陈歆文、周嘉华：《永利与黄海：近代中国化工的典范》，山东教育出版社，2006，第 13 页。

彻底公开了索尔维制碱法的秘密。这部巨著的问世轰动了整个化工界，它相继被译成多种语言出版，对世界制碱工业的发展起了重要作用。

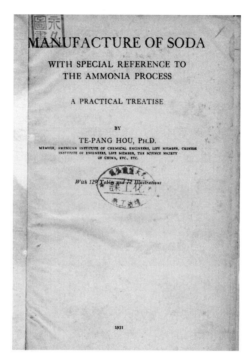

图 5-1　侯德榜用英文写成的《纯碱制造》一书

　　1937 年 8 月，天津塘沽沦陷后，为避免碱厂落入日军手中，范旭东、侯德榜带领碱厂的核心技术人员进行搬迁，工厂设备能搬就搬、能撤就撤。1938 年初，永利公司决定搬迁至四川乐山岷江东岸的老龙坝，建设新的永利碱厂。新厂虽建成，但侯德榜仍然忧心忡忡。因为在天津制碱时，主要的原材料是海盐，而四川只有井盐。井盐的价格比海盐贵几十倍，如果继续使用原来的制碱方法，生产成本将大幅增加，工厂将不堪重负。他们必须抛弃已经使用超过 10 年、熟练掌握的"索尔维法"，另辟蹊径。为了提高盐的利用率，侯德榜开始寻找新的制碱方法。侯德榜得知，1924 年德国人发明了名为"察安法"的制碱新工艺，即以碳酸氢铵和盐为原料进行循环反应，最后得到纯碱和氯化铵两种产品。这种新方法不仅将盐的利用率提高到 90% ～ 95%，而且几乎不产生废液。为了早日建成战时中国西南化工基地，范旭东决定优先考虑向德国厂商购买专利技术。1938 年 8 月，侯德榜等人赴德国考察察安法制碱工艺。侯德榜一行抵达德国柏林后，原计划参观的各碱厂均采取严格的保密措施，拒绝他们参观生产现场。对于永利公司购买技术专利的意向，德方在谈判中索价高昂，还提出苛刻的条件：用新法生产的产品不准在东北三省出售。事关国权，为维护民族尊严，侯德榜毅然决定停止谈判。谈判破裂当天，他就离开了德国。侯德榜大声说："难道黄头发、绿眼珠的人能搞出来，我们黑头发、黑眼珠的人就办不到吗？"靠着在德国找到的两本专利说明书和三篇公开发表的论文，侯德榜和同事们开始了艰难的摸索。一开始，试验按照说明书进行，但是不久他们就发现整个装置混乱不堪，工作也无法进行。侯德榜发现，这两本专利说明书的表述模棱两可，根本没有实际操作的可能，必须走自己的路！"索尔维法"的缺点在于食盐中的钠和石灰中的碳酸根结合成了需要的碳酸钠，氯和石灰中的钙却化合成没有用途的氯化钙，而且有 30% 的食盐没有起反应。针对这些缺点，侯德榜决心改进"索尔维法"，开创制碱新路。要开创制碱新路，必须先设实验室。1939年春，范旭东在香港设立实验室，由侯德榜在纽约遥控指挥试验人员。侯德榜深入研究了两份关于察安法的专利说明书，规划了新法制碱试验的全部内容。在专利报告中有一句话："该法的关键在中途盐的加入。"这句话让侯德榜和同事们大伤脑筋。因为在多次试验过程中，他们发现，不论加入多少食盐，加入时间早或晚，甚至根本不加食盐，只要操作控制恰当，都可以得到良好的结果。经过反复论证，他们最后断定专利报告中所谓的"关键"，实乃"迷魂阵"。侯德榜的新工艺是将氨碱法与合成氨法结合进行生产，此法的食盐利用率可达 95%。使用此法后，食盐中的氯不再生成无用的氯化钙，而是被制成农业用的氮肥氯化铵；而且制碱与合成氨生产相结合，简化了生产流程，节省了设备，大大减少了投资。整整一年多的时间，经过成百上千次的反复试验和数不清的失败，一个全新的制碱法终于诞生了。1941 年 3 月 15 日，永利碱厂将这个制碱法命名为"侯氏制碱法"。侯氏制碱法提高了原盐的利用率，使纯碱生产成本比索尔维法降低 40%，解决了索尔维法排放废液的难题。同时，其设备需求比索尔维法减少了 1/3，大幅节约了投资成本。侯氏制碱法的研究虽肇始于察安法，但在工艺创新上实现了根本性突破，形成制碱与合成氨工业紧密结合的全部流程，把世界纯碱工业推向一个新的高峰。侯氏制碱法不仅赢得了国际化工界的高度赞誉，还迅速被其他国家所采纳。范旭东高度评价侯德榜："中国化工能够跻身世界舞台，侯先生之贡献，实当首屈一指。"1945年 8 月，日本投降后不久，范旭东逝世，正在重庆和谈的毛泽东与蒋介石闻此噩耗，立即决定中止谈判，并一同前往重庆沙坪坝范旭东家中吊唁。毛泽东当场亲笔题写了"工业先导，功在中华"的挽联。此后，侯德榜继任总经理，全面领导永利公司的工作。1949 年后，侯德榜提议将"侯氏制碱法"改名为"联合制碱法"。中华人民共和国成立后，第一号发明证书颁发给了"侯氏碱法"（图 5-2）。

图 5-2 中华人民共和国第一号发明证书颁发给侯德榜的"侯氏碱法"

（二）云南昆明：余瑞璜开创晶体强度统计方向

1942 年，英国著名的《自然》杂志连续发表了 4 篇来自中国年轻科学家余瑞璜的论文，其中《晶体分析 X 射线数据的新综合法》（*A New Synthesis of X-ray Data for Crystal Analysis*）和《从 X 射线衍射相对强度确定绝对强度》两篇文章引起了国际学术界的高度重视。当时战乱导致运输困难，余瑞璜购置的 X 射线仪器滞留途中，他只能先进行一些在国外做过的理论研究。

1935 年，余瑞璜在英国曼彻斯特大学留学时，其导师是著名的晶体学家威廉·劳伦斯·布拉格（小布拉格，William Lawrence Bragg）。留学期间，余瑞璜的主要工作是研究硝酸根（NO_3^-）在 $Ni(NO_3)_2 \cdot 6NH_3$ 中的反常行为。他拍摄了 $Ni(NO_3)_2 \cdot 6NH_3$ 晶体的粉末照片和回摆照片，这些照片表明晶体是面心点阵。余瑞璜利用粉末照片观察其强度变化，检测了不同的反常模型。他分析了该晶体的 X 射线衍射强度随衍射角的增加而下降的原因：硝酸根中的一个氧原子和一个氮原子总是以其他两个氧原子的连线为轴，在硝酸根中做十分反常的大角度摆动所致，即硝酸根在 $Ni(NO_3)_2 \cdot 6NH_3$ 中的反常行为。余瑞璜于 1937 年冬获得博士学位，此时小布拉格推荐他去英国皇家研究所工作。但他从吴有训那里得知西南联合大学要组建清华金属研究所，随即决定放弃皇家研究所的工作，到北威尔士大学学习 X 射线金相学，为回国开展工作做准备。1939 年，余瑞璜怀揣着抗战救国的热忱，辗转千里回到昆明。在当时动荡的战争局势下，他一边筹建金属研究所，一边进行科学研究。[①]1942 年，余瑞璜又对这一课题进行更深入的研究，就"如何能利用 X 射线数据，直接决定晶体之构造"的问题展开理论分析。余瑞璜对 $Ni(NO_3)_2 \cdot 6NH_3$ 进行了双晶聚集态和中等温度变态的研究，利用更有效的收敛级数对 X 射线强度进行统计综合，创立了 X 射线晶体结构分析新综合法。余瑞璜寄给英国《自然》杂志的论文《晶体分析 X 射线数据的新综合法》和《从 X 射线衍射相对强度测定绝对强度》，分别解决了此前方法中经常出现的反常振动（被称为"鬼影"）和计算绝对强度的新方法。审稿人英国皇家学会会员、《国际晶体学杂志》总编威尔逊在余瑞璜文章的启发下，用硫酸铜做实验进行改

---

① 何思维、尹晓冬：《纪念 X 射线衍射发现 100 年暨缅怀晶体学家余瑞璜先生》，《现代物理知识》2014 年第 5 期。

进，把所得结果发表于余瑞璜文章之后，未另写标题（这是极为少见的）。这就是后来被广为引用的"威尔逊方法"，这一方法开创了强度统计这一重要研究领域，其基本思想就来自余瑞璜。威尔逊在1978年6月5日写给余瑞璜的信（图5-3）中说："1942年在《自然》上发表的我的文章，应称我们的文章，这是我最著名的文章，它被人引用的次数几乎等于我的其他文章被引用次数的总和。"1943年发表在《自然》杂志上的文章《从X射线衍射相对强度数据确定绝对强度》和发表在中央研究院的《科学纪录》上的文章《用X射线数据的新综合法确定晶体结构——对黄铁矿的应用》则证实了新综合法的优越性。英国皇家学会会员、曼彻斯特大学教授黎普森（H. Lipson）在1978年给余瑞璜的私人信（图5-3）中写到："你是否知道，你战时在《自然》杂志上发表的快报开创了强度统计的整个课题？"世界结晶学会议于1962年在慕尼黑召开，作为劳厄（Max von Laue）试验50周年的纪念大会，会议总结了50年来光衍射的发现和在晶体结构分析上的应用。题为《X射线衍射50周年》（*Fifty years of X-ray diffraction*）的纪念文集特别指出了中国有国际一流的结晶学家——余瑞璜。黎普森和威尔逊两位教授在该文集中所写的回忆文章均首推余瑞璜于1942年在《自然》上发表的两篇文章对X射线衍射晶体结构分析方法所作出的重要贡献。

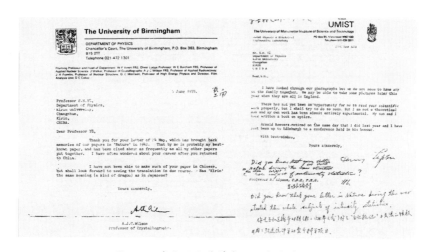

图5-3 威尔逊和黎普森写给余瑞璜的信

（三）贵州遵义：王淦昌发表《关于探测中微子的一个建议》

战时浙江大学物理系的年轻教授王淦昌也取得了重要研究成果。1942 年 1 月，美国《物理评论》（*Physical Review*）杂志刊登了王淦昌的论文《关于探测中微子的一个建议》（*A suggestion on the detection of the neutrino*）（图 5-4）。文章开篇表明：不能用中微子的电离效应来探测其存在。测量放射性元素的反冲能量和动量是能够获得中微子存在的证据的唯一希望，简单而言，即通过核反应后各个生成产物的状态来推断是否存在中微子。然而，当时的实验在反应后产生了 β 射线、反冲原子核，以及可能的中微子。王淦昌认为三种产物太多，很难一一明确区分，因此也就很难断言是否测量到了中微子。这个问题从理论上很好解决，只需要找到生成产物更少的核反应即可。但是要找到合适的实验并没有那么容易，王淦昌经过一段时间的思考后想出了一种方法，这种方法不产生 β

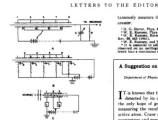

图 5-4　《物理评论》刊发的王淦昌《关于探测中微子的一个建议》
一文（方框内）

射线，生成产物只有反冲原子核和可能的中微子，即单能反冲，这样就可以通过反冲原子核的状态直接推断是否存在中微子。他建议用俘获 K 电子的办法探测中微子的存在，实现单能反冲。这是一篇极有创造性的文章，是抗战时期王淦昌在偏僻的贵州遵义取得的重大成果。

王淦昌的这篇文章虽然篇幅很短，不足半页，但并不妨碍它产生重要的学术影响。5 个月后，美国物理学家詹姆斯·艾伦（James S. Allen）也在《物理评论》上发表了实验报告《一个中微子存在的实验证据》（*Experimental Evidence for the Existence of a Neutrino*）。艾伦在报告中特别注明，他的实验正是参照了王淦昌的思路。可惜的是，艾伦的实验因为战时实验条件不足，未能测到单能反冲。王淦昌后来回忆："但是很可惜，艾伦的实验也是在战争期间进行的，条件不够理想，跟我的建议还有一点出入。但是这个实验还是引起了国际物理学界的注意，成为 1942 年国际物理学界的重要成就之一。"在接下来的 10 年中，科学家不断完善这个实验，王淦昌也继续思考探测中微子的方法。1947 年，王淦昌又发表了《建议探测中微子的几种方法》（*Proposed Methods of Detecting the Neutrino*），此后艾伦和另外几位物理学家也陆续进行了一系列 K 电子俘获实验。1952 年，美国科学家雷蒙德·戴维斯（Raymond Davis）较好地实现了王淦昌的实验设想，第一次发现单能的反冲核，实验最终获得成功，间接确认了中微子的存在。1956 年，美国物理学家考恩（Clyde Cowan）和莱因斯（Frederick Reines）直接探测到了中微子，因此获得了 1995 年的诺贝尔物理学奖。

王淦昌在国际物理学界声名鹊起，可他的生活依然困顿。为贴补家用，王淦昌不得不养起了羊。在湄潭，人们经常看到牵着羊的"羊倌教授"王淦昌走在街头。王淦昌（图 5-5）后来回忆："那时我刚到而立之年，是人生最有活力的时光。加之湄潭山清水秀，风景宜人，我的思想特别活跃，在国内外物理杂志上发表了近十篇论文，比其他任何时候都多。就我个人来讲，这是个奇迹，但令人遗憾的是，那个时候的设备条件太差，很多好的思想和理论都无法进行实验和验证，如果条件能够稍微好一点，我相信我们能够做出更多更好的科研成果。"①

图5-5　战时浙江大学的一场学术讨论会②
贝时璋（桌子后方右三）、王葆仁（桌子后方右四）、王淦昌（桌子后方右五）

　　王淦昌和钱人元在极为简陋的条件下，还曾试图用中子轰击雷酸镉以引爆炸药。他们冒着敌机空袭的危险进行实验，合成了少量雷酸镉。王淦昌的同事束星北于1944年9月前往重庆军令部技术处研制国防武器。在束星北的指导下，他们研制了中国第一台雷达试验装置，探测地面距离为10公里的目标获得成功，束星北也因此被同事们称为"中国雷达之父"。抗战胜利后，国民党要求束星北加入国民党，否则便不予发放奖金。束星北不仅自己坚决拒绝加入国民党，还禁止其所带的学生加入。冲突发生后，他甚至命学生拆掉已经安装完成的雷达，为此遭到军令部的囚禁。

---

① 王淦昌：《无尽的追问》，湖南少年儿童出版社，2009，第53页。
② 本图经剑桥大学李约瑟研究所授权使用。

二、抗日根据地的战时科学研究与成果

抗日根据地的科学家开展了一系列的科学研究活动，并取得一系列科技成果。这些研究成果是前线和后方的保障，是科学界对抗战的有力支持。这种支持体现在以下方面：发展农业科技，最大限度地创造条件进行生产，为前线提供粮食物资补给；发展工业科技，为前线提供日常生活用品；发展军事工业科技，为前线提供枪支弹药等火力物资；发展医疗卫生科技，为前线伤员提供重要保障。这些支持，不仅成为抗战胜利的物质保障，而且激励了前线将士的斗志。中国共产党在战时艰难的条件下积极发展科学技术，在一定程度上促进了近代科学技术的发展。无论是在农业、工业、军事还是医疗卫生领域，均取得了一定的成就。

这一时期，陕甘宁边区涌现出一大批科学家和技术专家，包括化学家陈康白、无线电专家李强、机械专家沈鸿、石油专家陈振夏、化工专家钱志道、造纸专家华寿俊、农学家乐天宇、制药化学家恽子强、医学家何穆等（图5-6），每一位科学家都有令人敬仰的事迹。

图 5-6　陕甘宁边区的科技工作者

（一）"坚持到底"的无线电专家李强

1937 年"七七事变"爆发时，李强正在苏联学习。他深入研究无线

电菱形天线中电子、电磁波的物理规律，发表了《发信菱形天线》等论文，其研究发现被学界称为"李强公式"。李强一心想着回国参与中国共产党领导的抗战事业，经过一番周折，终于到达延安，先后担任中央军委军工局副局长、局长。

李强坚持自学军工知识，以用促学，以学促用。在他的领导下，军工局在黄土高原上办起了枪炮厂、炼钢厂、炸药厂、煤油厂、制药厂等。1939年4月25日，陕甘宁边区生产出第一支七九式步枪，又名"无名氏马步枪"，这是八路军制造的第一支步枪，结束了兵工厂只修不造的历史。1939—1943年，在李强的领导下，延安军工厂生产出步枪9758支、掷弹筒1500门、手榴弹58万颗、掷弹筒弹19.8万发，修炮1000多门。

1944年5月，李强被评为边区特等劳动英雄，毛泽东亲笔为他题词"坚持到底"（图5-7）。

图 5-7　毛泽东为李强题词"坚持到底"

（二）探测"海眼"的留德化学家陈康白

延安自然科学研究院初创时，留德归国的化学博士陈康白是延安学历最高的科学家。这样的人才受到中共中央的高度重视，毛泽东、朱德先后接见了他，并任命他为延安自然科学研究院副院长。陈康白发挥其专长，对边区的石油资源、手工业、军事工业、盐业、农业等进行了全面的科学调研。他组织筹划了陕甘宁边区工业展览会，还发起成立了延安的第一个科学技术团体——边区国防科学社（简称"科学社"），科学社对边区的工农业生产起到了很大的帮助、指导作用。1940年夏秋之际，连续的阴雨冲走了盐堆，盐池内的积水也无法蒸发，"盐荒"使边区经济严重困难。陈康白临危受命，担任三边盐业处处长，带人深入产盐区进行调查研究。在调查时，盐农提到的"海眼"引起了陈康白的注意。他亲自用木杆进行探测，发现"海眼"不仅深不见底，而且盐浓度极高。陈康白判断"海眼"就是盐壳下水汽冲开沙子形成的气孔。他马上组织人力把"海眼"挖成水井大小，又修建了一批标准化的盐田，取卤水倒进盐田，经过晒制获得了高品质的精盐。全新的打盐方法迅速在三边推广开来，使边区盐产量提高了近10倍，极大地缓解了边区的财政困难。

（三）"无限忠诚"的机械专家沈鸿

沈鸿被称为"边区工业之父"。他从小依靠自学，掌握了很多机械方面的专业技术与知识，后来在上海创办了一家小型五金厂，工厂规模最大时有数十人，能够生产多种型号的机床。1937年淞沪会战爆发，上海沦陷，沈鸿将工厂内迁至武汉，得知中国共产党领导下的陕甘宁边区急需机器设备和技术人员后，他便决心奔赴延安，支援抗战。1938年2月，沈鸿带着7名工人和10部机器经西安辗转到达延安。当时的延安，只有一个小兵工厂，设备简陋，人员技术水平也很低，仅能够简单地修理枪械和制造普通弹药。沈鸿携带的机器设备一到达延安，就被分配到了兵工厂，一个月后在茶坊村正式成立了陕甘宁边区机器厂（即茶坊兵工厂），沈鸿被委任为总工程师。在沈鸿的带领下，工厂以这10部机器为基础，制造出了适合边区条件的100多套机器，在装备兵工厂的同时也支援了民用工厂。沈鸿还根据前方部队游击战的需要，精心设计了一整套修理枪械用的小机器，一匹骡子就能驮走，因此被形象地称为"马背工厂"，深受前方部队欢迎。沈鸿贡献突出，三次被评为陕甘宁边区的"劳动模范"和

"特等劳动模范"。毛泽东还为他亲笔题写了"无限忠诚"四个大字。此外，沈鸿还被亲切地称为"边区工业之父"。

（四）"埋头苦干"的石油专家陈振夏

陈振夏，1904年出生于上海，早年参加过"五卅"运动，被推选为上海中华电气制作所罢工委员会委员长。1937年全民族抗战爆发后，陈振夏投身抗日救亡斗争，参加了江阴沉船封港行动。

上海沦陷后，陈振夏来到延安，中央军委军工局派他去延长石油厂调查了解情况，收集内战期间疏散的设备器材，着手恢复生产。延长石油厂位于延安东部，清末开始开发，长期处于惨淡经营的困境。1935年5月，陕北红军接收油矿时，只有一口井出油，每天采油仅250～300千克。毛泽东深知石油的重要性，曾亲赴矿区视察，指示尽量恢复能用的旧井，并寻找油源另开新井。陈振夏到延长石油厂后和工人们一起排除万难，先后修复了2口旧油井，开发了10口新油井。1942年底，毛泽东指示"增加煤油生产，保障煤油自给，并争取一部分出口"。延长石油厂渐成规模，产出了汽油、灯油、柴油、润滑油等产品，这些产品保证了军车的行驶、机器的运转、枪机炮膛的润滑，点亮了不计其数的马灯、油灯，印刷了《新中华报》《解放日报》以及大批书籍和宣传学习材料。陈振夏成为中国共产党领导的石油战线上的第一批专家，1944年5月陈振夏荣获特等劳动模范称号，毛泽东为他亲笔题词"埋头苦干"（图5-8）。

（五）"热心创造"的化工专家钱志道

钱志道，1910年出生于浙江绍兴，1935年毕业于浙江大学化学系并留校任教。全民族抗战爆发前夕，他投笔从戎，先后在国民政府兵工署应用化学研究所等机构研究毒气和防毒面具。1938年春，钱志道看到《新华日报》刊登的八路军为防毒募捐的启事，就给毛泽东写了一封信，表达了希望到延安为人民的自由解放尽绵薄之力的迫切愿望。这封信发出去

图 5-8　毛泽东为陈振夏题词"埋头苦干"

后，钱志道惴惴不安，一是怕信落入敌手，会有危险；二是担心毛泽东无暇顾及他这个无名小辈，拒他于千里之外。不料，毛泽东收到他的信后，连读了几遍，当即让秘书李六如代他写了一封热情洋溢的回信，期盼钱志道早日来到延安与抗日军民共赴国难，并告知他前往延安的路线。钱志道没想到毛泽东的回信如此之快，心情十分激动，并立即动身前往延安。

到延安后，钱志道将所学的科学知识应用于边区亟待发展的基本化学工业上。军工局负责人李强请钱志道去茶坊筹建火药、炸药工厂。钱志道一面给工人们讲解工作原理及基本知识，一面和李强、沈鸿一起从零开始制造相关装备，并设计生产和工艺流程，生产出硝化甘油、硝化棉等基本化工原料，在此基础上又生产出了高级炸药（采用木粉吸收硝化甘油）、单基发射药、双基发射药等军事物资。经过反复试验，钱志道根据资料调整了硝硫混酸的配比，创造性地在手榴弹中装入强棉（含氮量 13% 左右），使枪弹、手榴弹、掷弹、筒弹和迫击炮弹的威力有了明显提高，在战斗中震慑敌人。1944 年 5 月，钱志道被评为陕甘宁边区"特等劳动英雄"，受到毛泽东的接见，毛泽东还为他亲笔题词"热心创造"（图 5-9）。1945 年，钱志道再次被评为边区的"特等劳动英雄"。

图 5-9　毛泽东为钱志道题词"热心创造"

（六）毛泽东赠予羊皮大衣的造纸专家华寿俊

　　华寿俊，1912 年出生于江苏宝应，曾就读于上海大同大学数学系、杭州浙江大学化学系。1937 年全民族抗战爆发后，华寿俊来到延安，先后在抗日军政大学和延安自然科学院工作。陕甘宁边区因为植被条件不好，缺少好的造纸原料，所以一度出现"纸荒"，不仅印刷报纸、文件缺乏纸张，甚至连钞票都印不出来了。《解放日报》于 1941 年 5 月中旬创刊，不到一个月就因为纸张不足，在 6 月 12 日刊出缩减印数的启事。一周之后，6 月 19 日，延安新华书店也登载了《解放》和《中国文化》等刊物由于纸张不足缩减发行量的启事。中国共产党安排华寿俊到陕甘宁振华造纸厂工作，任务是改良印刷纸张的质量，解决边区文件、新闻刊物、教学书本等印刷用纸困难的问题。华寿俊和妻子王士珍发现了陕北当地常见的一种草——马兰草。马兰草的特点是喜阳、耐旱，非常适应陕北的气候，因此长得十分茂盛，随处可见。但因其纤维非常坚韧，牲畜不食用，毛驴的腿还经常被它缠住，故当地老百姓称其为"扯倒驴"。华寿俊夫妇认为，如果将马兰草作为造纸原料，则成本低廉且原料丰富。随后，华寿俊带领工人经过多次试验和不断改进，通过增加打浆和洗浆次数、用钢丝帘代替竹帘捞纸、用土碱代替烧碱漂白、用火墙烘干代替自然晾干等工艺，制造出了使用效果良好的纸张。经过研究，华寿俊发明了一整套芒麻证券纸加工工艺：原料处理—加压蒸煮—洗、晒、切断—碾碎打浆—加料—捞纸。这些成果使边区的印刷历史翻开了崭新的一页。1944 年，华寿俊被授予"甲等劳动英雄"称号，毛泽东亲自为华寿俊颁奖，还送给华寿俊一件羊皮大衣。

（七）提出开垦南泥湾建议的农学家乐天宇

乐天宇，1901 年出生于湖南宁远，1921 年考入北京农业专门学校，1924 年加入中国共产党。1925 年，乐天宇在北京农业专门学校毕业后，先后在北京、湖南、湖北、河南、安徽等地为革命奔走，并先后出任中共北京西郊区委书记、张家口地委农委书记等职位。在张家口，他以西北督办署实业厅林业技术员的公开身份作为掩护，从事农民运动，组织农民协会，发展会员 600 余人。1931 年任河南大学农学院教授。1937 年全民族抗战爆发后，乐天宇决心投身抗战事业，并于 1939 年到达延安。当时，陕甘宁边区在国民党严密的经济封锁下，经济发展十分艰难。中共中央号召边区人民开展大生产运动，坚持持久抗战。乐天宇提议，组织科技人员对边区进行一次考察。得到批准后，乐天宇于 1940 年 6 月 14 日率边区考察团从延安出发，沿桥山山脉和横山山脉前进，途经甘泉、志丹等 15 个县，于 7 月 30 日返回延安。通过 47 天的考察，乐天宇撰写了《陕甘宁边区森林考察报告》，详细介绍了陕甘宁边区的森林资源情况。他分别向毛泽东、朱德当面汇报，提出开垦南泥湾的建议，得到了他们的首肯。于是，1941 年 3 月，由旅长王震率领八路军第三五九旅前往南泥湾，执行"屯垦"政策，将荒无人烟的南泥湾变成了"到处是庄稼，遍地是牛羊"的"陕北好江南"，打破了国民党的经济封锁，为抗战胜利作出了巨大贡献。

（八）制药专家恽子强

恽子强，是烈士恽代英的弟弟，1899 年出生于湖北武昌，1924 年毕业于东南大学化学系。恽子强早年在恽代英的教育和影响下参加了革命工作，1942年在苏北参加新四军，为新四军创办了医学院和制药厂。1943年，恽子强来到延安，担任延安自然科学院副院长，负责教育和科研工作。恽子强非常重视延安自然科学院的教学和研究工作，任职期间该院在他擅长的化学方面发展得最快。他在边区成立了唯一的科学馆，馆内配有较好的化学实验室，并想方设法从香港等地分批购置玻璃仪器等设备，通过这些设备可以系统地进行定性和定量分析化学实验，并进行工业分析，此外他还创设了一座化工实习工厂。当时抗日战争处于最艰难的时期，前线急需生产各种针药的玻璃器具，该院化工厂承担起生产玻璃器具的特殊使命。恽子强带领广大科技工作者克服原料紧缺等种种困难，争分夺秒组织攻关，攻克了高温均匀锅炉和连续煅烧半自动控温技术难关，不仅成功试制出玻璃，而且创建了边区第一座年产针管14万支、疫苗管4万支，以及可以生产各种玻璃器皿的玻璃厂。1944年，恽子强在陕甘宁边区劳动模范大会上被授予"甲等劳动模范工作者"称号。

（九）医学家何穆

何穆，1905年出生于上海金山县（今上海市金山区），15岁时考入震旦大学附中学习法语，毕业后又进入该校的医学预科学习。何穆后来留学法国，专攻肺科，1935年取得图卢兹大学医学院博士学位，随后便与妻子陈学昭一起回国。1938年8月，何穆夫妇先后与八路军武汉办事处和重庆办事处联系。经周恩来介绍，何穆夫妇带着自己购置的X射线机和医疗器械，踏上了去延安的路途。来到延安之后，何穆被安排到军委总卫生部下属的边区医院工作，边区医院特地成立肺科，请他担任肺科主任。何穆为当时延安地区视为"绝症"的肺结核病防治做了大量卓有成效的工作。1940年12月，何穆任延安中央医院院长。在中共中央的直接领导和何穆等医务人员的共同努力下，经过一年的扩建，该院工作人员增加到350人，病床达180张，开设内科、肺科、外科、妇科、产科、小儿科、传染病科和干部疗养科，拥有魏一斋、侯健存、金茂岳等一批一流医学专家，先后为各根据地培养百余名医务骨干。

（十）育种专家陈凌风和朱明凯

陈凌风和朱明凯是抗日战争时期投身陕甘宁边区农业科技事业的杰出代表。他们在艰苦的条件下，为边区的农业发展和科技进步作出了重要贡献。陈凌风和朱明凯于 1931 年考入广东岭南大学农学院，先后在畜牧系和园艺系学习。"九一八"事变后，他们逐渐接触进步思想，决心为国家的解放事业贡献力量。1937 年全民族抗战爆发后，他们毅然辞去工作，变卖家产，购买边区紧缺的物资，于 1938 年奔赴延安，投身革命。

到达延安后，陈凌风和朱明凯被安排到陕甘宁边区农业学校试验场工作。1939 年冬，他们负责筹建光华农场，该农场旨在解决边区军民的给养问题。农场建成后，陈凌风任场长，朱明凯任园艺组组长，共同带领团队开展农业科研和生产实践。在光华农场，陈凌风和朱明凯开展了一系列农业科研项目，包括粮食作物、蔬菜、果树的引种和选育。他们成功引种了西红柿、南瓜、苹果等多种作物，为边区农业生产提供了优质种子。此外，他们还研究牛瘟疫苗和抗牛瘟高免血清，解决了边区牛瘟疫情，保护了耕牛，为农业生产提供了重要保障。陈凌风和朱明凯在工作中表现出极大的奉献精神，他们在生活条件极其艰苦的情况下，坚持自力更生，克服重重困难。他们的事迹得到了中共中央和边区政府的高度评价，成为边区农业科技工作者的楷模。

（十一）棉花专家李世俊

李世俊，1932 年毕业于北京大学农学院，后投身屯垦事业。全民族抗战爆发后，他认清国民党消极抗日的态度，带领农林科技人员前往延安，加入中国共产党，投身抗日民族解放战争。在陕甘宁边区政府建设厅工作期间，李世俊积极参与边区的农业发展工作，筹建模范农场和农产品竞赛展览会，展示了他在农业科研和组织管理方面的才能。他深入实际，研究并推广农业技术，为边区农业生产提供了重要支持。面对国民党对边区的经济封锁，李世俊受命考察延川、延长、固临三县，发现沿黄河地区光热资源丰富，适合种植棉花。他提出了通过种植棉花解决边区军民用棉问题的建议，并鼓励农民种植棉花。在他的推动下，边区政府批准了沿河三县的种植棉花计划，并任命他为工业原料委员会主任。李世俊采取了一系列措施支持棉花种植，包括低价购棉籽贷款、减免农业税、发放免息贷款和发放种植指南。在他的努力下，1941—1944年，边区的棉田面积逐渐扩大，产量显著增加。以延长县的劳动英雄王生贵为例，他通过改进种植技术，使棉花产量大幅提高，最终实现了边区的棉花自给。

（十二）农业教育与科研的杰出领导者康迪

康迪，原名金光祖，1935年毕业于浙江大学农学院，后应著名农学家戴芳澜邀请，任广州岭南大学助教，此后曾先后任广州中山大学讲师、昆明清华大学农业研究所讲师，在戴芳澜、俞大绂指导下，从事植物病理学研究工作。1940年11月，他受周家炽的影响，经吴玉章介绍从昆明奔赴延安投身革命。

1940年，金光祖接到延安自然科学院教授职位聘书，决定放弃眼前的一切，奔赴延安，并改名"康迪"，谐音"抗敌"。在延安自然科学院，康迪先后担任教员、教务主任、预科主任等职。他深入实际，坚持科学研究，推广农业科学技术，为发展边区的农业生产作出了贡献。1946年，康迪加入中国共产党，逐渐成长为陕甘宁边区早期将农业科学技术与生产实践相结合的专家。

（十三）通信专家罗沛霖

罗沛霖1931年考入上海交通大学电机系，毕业后进入上海中国无线电业公司，参与大型无线电发射机等的设计研制工作。"七七事变"爆发后，罗沛霖怀着强烈的爱国热情，放弃优厚待遇，前往延安参加革命。1938年3月，他抵达延安后，凭借深厚的电子学知识基础，参与创建了陕甘宁边区延安（盐店子）通信材料厂，并担任工程师，负责技术和生产工作。当时的延安，通信器材十分匮乏，自主研发的核心能力极其缺乏，罗沛霖的到来为这一局面带来了转机。在极其艰苦的环境下，罗沛霖带领同事们自己动手、自力更生，没有润滑油就用猪油替代，没有酒精就用烧酒，缺少绝缘材料就改用木头。经过艰苦努力，罗沛霖等人相继设计并制造出了可变电容器、波段开关和可变电阻等一系列无线电零件，这些零件最终被组装成属于八路军自己的通信电台。

而后，罗沛霖继续投身研发工作，成功研制出数十部 7.5 瓦的移动电台和一部 50 瓦的发射机。这些装备在抗日战场上发挥了巨大的作用，极大地弥补了八路军在无线电通信方面的短板，为抗日战争的胜利作出了不可磨灭的贡献。中央军委三局局长王诤开玩笑说："有了罗工程师，我们就不再是'土八路'了。"

1939 年，中共中央决定派罗沛霖到重庆，投身共产党的地下工作。他协助章乃器开办了重庆上川实业公司电机厂，建立秘密工作基地；参与组建了青年科学技术人员协进会，并担任干事。该协进会坚持团结、抗战与进步的方向，汇聚了百余位进步的青年科技工作者。罗沛霖在重庆主持设计与制造的车床，精度已与美国当时的 SOUTHBEND 车床接近。1944 年，他设计了逆电流稳压电路并进行理论分析，论文发表在《美国无线电工程师学会学报》(*Proceedings of the Institue of Radio Engineers*)。

（十四）科普专家高士其

高士其是中国科普事业的先驱和奠基人，也是第一个奔赴延安参加革命的留美科学家。高士其在抗战时期创作了大量的科学小品，如《显微镜下的敌人》等。这些作品以通俗易懂的语言向读者介绍科学知识，提高了人民的科学文化水平。1938 年 2 月，高士其与董纯才、陈康白、李世俊等 20 多位研究科学的青年聚会，发起成立了延安第一个科学技术团体——边区国防科学社。该社团的宗旨是"一面研究与发展国防科学，一面增进大众的科学常识，以增强抗战的力量，争取抗战的最后胜利"。

高士其在陕北公学担任教员，经常到自然科学院讲课。他通过教学，向学生传授科学知识，培养了一批科技人才。

第二节　反法西斯战争东方主战场的外国专家

抗日战争期间，众多外国科学家来到中国，用科学支援中国反抗抗日本法西斯的正义之战，其中包括大量的医护专家和从事战时需求理论研究的科学家及工程技术专家。他们和中国科学家共同铸就了反抗日本法西斯侵略的科技堡垒。

一、反抗日本法西斯战场上的医护专家

抗战期间，一批又一批的外国医生和医疗队，冒着生命危险来到中国，与中国同行一起抗击日寇，反抗法西斯，维护人类的正义与和平。其中不仅有首位加入中国国籍的外国人马海德，还有著名的国际共产主义战士白求恩（Henry Norman Bethune）、柯棣华、安德烈·阿洛夫（Andre Oriovi），以及英国公益救护队、国际援华医疗队等众多的医护队伍。

（一）首位加入中国国籍的外国人——马海德

马海德，原名乔治·海德姆，出生于美国布法罗市的一个黎巴嫩裔阿拉伯移民家庭。1933 年，马海德毕业于日内瓦大学医学系，获医学博士学位。同年 11 月从美国来到中国参加革命。1936 年 6 月，经宋庆龄介绍，马海德与著名记者埃德加·斯诺一同到达陕北。周恩来为他们拟定了陕北考察的线路和项目，毛泽东到他们的住处看望他们，并对他们来苏区访问表示欢迎。马海德本计划停留数月，但被红军的革命精神感染，决定留下成为红军卫生部顾问。他倡导预防医学，在根据地推广疫苗接种、传染病防治和卫生教育，大幅降低天花、伤寒等疾病的死亡率。1937 年，

他改名马海德并加入中国共产党。

从 1938 年开始，马海德接待了许多外国医疗队和外国友人，包括白求恩率领的医疗队、印度援华医疗队、德国医生汉斯·米勒（Hans Müller）、苏联的阿洛夫及许多外国记者、专家、外交官和军人。在马海德等人的努力下，革命根据地和中国共产党的真实情况得以被更多人了解，医疗队的工作开展也更加顺畅。马海德多次向国际社会揭露日军暴行，争取外援。1944 年，马海德作为中国共产党代表接待访问延安的中外记者团，向世界客观介绍中国共产党抗战实况。中华人民共和国成立后，马海德放弃了美国国籍，加入中国国籍，成为第一个加入中国国籍的外国人。

（二）国际共产主义战士——白求恩

1939 年 10 月，加拿大共产党员、国际共产主义战士、著名胸外科专家白求恩医生在河北涞源县摩天岭战斗中为伤员做手术时感染败血症，于 11 月 12 日殉职。他临终前留下遗言："我唯一的遗憾是不能再作更多的贡献。"白求恩去世后，延安和晋察冀边区为其举行隆重追悼会，毛泽东亲撰挽词。12 月 21 日，毛泽东发表著名的《纪念白求恩》一文，高度赞扬了白求恩毫无利己的动机，把中国人民的解放事业当作自己的事业的国际共产主义精神，高度评价了他对工作极为负责、对同志和人民无比热忱及对技术精益求精的精神。

白求恩于 1935 年加入加拿大共产党。1936 年参与西班牙内战，建立流动输血站支援反法西斯斗争。1937 年全民族抗战爆发后，他主动请缨组建医疗队援华，于 1938 年 1 月抵达武汉，3 月经周恩来安排辗转到达延安，随后奔赴晋察冀敌后抗日根据地，担任八路军晋察冀军区卫生顾问。

在晋察冀边区的一年半中，白求恩率医疗队转战山西、河北等地，完成 300 余例手术，救治了数千名伤员（图 5-10）。白求恩对待工作十分认真负责，他坚持与八路军战士同甘共苦，拒绝中国共产党给他的津贴，

图 5-10　白求恩在战地救治伤员

仅接受一名普通八路军战士的生活费，并将剩余资金用于伤员救治。他经常讲："我是来工作的，不是来休息的，你们要拿我当一挺机枪使用。"白求恩曾连续工作 69 个小时，为 115 名伤员实施手术。有一次，从前线来的一个重伤员需要做截肢手术，但这个伤员失血过多，手术风险很大。白求恩检查后，决定立即为伤员输血。当时，后方医院没有血库，血源比较紧缺，每次输血都是直接从医院的工作人员身上抽取。白求恩伸出胳膊说："我是 O 型血，万能输血者，抽我的。"大家一听白求恩大夫要为伤员输血，都争着撸起袖子说："输我的！输我的！"白求恩伸出胳膊，命令拿着三通注射器的医生开始抽血。随着针栓的移动，白求恩大夫 300 毫升的鲜血通过注射器，缓缓流进这位八路军战士的身体里，使这位战士获得了第二次生命。白求恩的脸上也露出了满意的笑容。此后，在白求恩大夫的倡议下，"群众志愿输血队"组织起来了。后方医院的领导、医生、看护和附近村子的民众争先报名，志愿输血队员每个人的胸前戴着一块标有血型的红底黑字布条，人们为能当上输血队员而自豪。从此，输血技术就在晋察冀军区各个医院逐渐推广。许多伤员因输血及时，在死亡的边缘得到了新生。事后，白求恩大夫非常激动地说："群众是我们的血库，这样的情况，在外科医学的历史上，简直是创举！毛主席说，发动群众、依靠群众什么困难都可以战胜，这是多么伟大的思想啊！我钦佩中国人民的觉悟水平，也钦佩你们的组织动员工作。"[①]

为了更好地开展战地医疗救护，白求恩根据中国战时条件，创新战地医疗方式，发明了将手术器械和药品驮在骡马上的"马背医院"模式。他经常对护士说"把卢沟桥打开"，白求恩所说的"卢沟桥"是为野战手术而设计的一种桥形木架，搭在马背上，一头装药品，一头装器械。护士把"卢沟桥"搬下来，拿出东西，不一会儿，手术台、换药台、器械筒、药瓶车、洗手盆等一一准备就绪，医生、护士、司药、担架员、记录员各就各位，简易手术室就布置好了，这些装置实现了对战地伤员的快速转移和救治。白求恩在山西五台县松岩口等地建立了13处手术室和包扎所，推广"立即手术"原则，强调伤员需在受伤后24小时内接受救治以降低感染风险，大幅降低了伤员死亡率。

为了给抗日根据地培养一批训练有素的医疗人员，白求恩向司令员聂荣臻建议建立一所军医学校。1939年9月18日，晋察冀军区卫生学校在唐县牛眼沟正式成立，白求恩利用战斗间隙，特意为卫生学校拟定教学计划，编写《游击战中师野战医院的组织与技术》《战地救护须知》等教材，亲手设计制作医疗器械，还先后向卫生学校赠送了显微镜、X射线机、小闹钟和一些专业书籍，培养了数百名医务骨干。

（三）第二个白求恩——柯棣华

和白求恩一样，印度医生柯棣华（图5-11）也是抗战时期来华的国际共产主义战士。柯棣华原名柯棣尼斯，出生在印度孟买的一个高级职员

---

① 中国白求恩精神研究会：《白求恩纪念文集》，生活·读书·新知三联书店，2018，第108页。

家庭，1936 年毕业于孟买格兰特医学院，后留校任教并担任医学院医师。1938 年 8 月，柯棣华毅然放弃稳定的职业和赴英国伦敦皇家内科医学院进一步深造的机会，参加了由著名外科医生爱德华任队长的印度五人援华医疗队。为了表达对中国的热爱和对反法西斯战争的支持，每名医生都取了一个带"华"字的名字，如爱德华（Madan Mohanlal Atal）、柯棣华、卓克华（Moreswon Ramchandra Cholkar）、巴苏华等。1938 年 9 月，医疗队经香港抵达广州，受到了中国红十字会和宋庆龄的欢迎。随后，医疗队前往汉口，参与中国红十字会救护工作，柯棣华见到了担任国民政府军事委员会政治部副部长的周恩来，并逐渐产生了到延安去的想法。1939 年 2 月，柯棣华前往延安，他当面向毛泽东提出去前线的要求。随后，柯棣华参加了八路军医疗队，转战晋察冀边区，从事医疗救治工作。

图 5-11　柯棣华

柯棣华走遍了晋东南、冀西、冀南、冀中、平西和晋察冀敌后抗日根据地，诊治了 2000 余名伤员。在百团大战期间，他负责阵地救护工作，在 13 天的战斗中，接收了 800 余名伤员，其中施行手术的伤员达 558 人。柯棣华曾三天三夜未合眼，始终坚守在工作岗位上。1941 年初，经司令员聂荣臻提议，柯棣华担任白求恩国际和平医院首任院长，兼任白求恩卫生学校教员。他白天诊治伤员和教学，夜里自编教材，先用英语写作，然后再自己翻译成中文并完善。柯棣华始终和边区军民同甘共苦、并肩战斗，他致力于八路军和根据地老百姓的医疗工作，对伤员关怀备至、体贴入微。老百姓把舍不得吃的鸡蛋送给他补充营养，他却拒绝接受，他说："既然我要当一名八路军战士，我就绝不能搞特殊"，并把分给他的物资都送给了伤员和穷苦百姓。柯棣华以其精湛的医疗技术、伟大的献身精神和全心全意为根据地抗日军民服务的高尚品德，被广大军民称赞。根据地的一位老中医为此写了两句对联："华佗转世白医生，葛洪重现黑大夫"。"白医生"指的是白求恩，"黑大夫"指的就是柯棣华。柯棣华成为人们心目中的"第二个白求恩"。[1]

1942年7月7日，柯棣华加入中国共产党。这一年，由于过度劳累，加上缺乏营养，柯棣华感染了绦虫病，并引发癫痫。1942年12月7日，柯棣华在前一天夜里因病痛一夜未睡，当天上午他拖着病体做完一台阑尾炎手术后，又硬撑着去医院查看其他病人。第二天，他又去给学生上课，到医院治疗病患，不幸因癫痫发作，经抢救无效，于1942年12月9日病逝，年仅32岁。[2]

（四）成百上千个白求恩——国际援华医疗队

全民族抗战爆发后，中国的医疗资源严重短缺，战地救护体系薄弱、防疫能力不足。中华民族伟大的抗日战争得到了国际反法西斯同盟的高度关注，不少国家的进步人士和组织纷纷伸出援手，其中医疗援助成为援华抗战的重要形式。其中，英国国际医药援华会组织了第一支国际援华医疗队来中国支援抗战（图5-12）。这支医疗队共26名医护人员，有波兰人、德国人、奥地利人、罗马尼亚人、捷克斯洛伐克人、保加利亚人、苏联

---

[1] 陕西省地方志办公室编《东方之光——外国友人与抗战延安》，三秦出版社，2015，第105页。

[2] 国家卫生健康委干部培训中心（国家卫生健康委党校）编《百年卫生　红色传承》，中国人口出版社，2021，第847页。

人、匈牙利人。由于他们都来自反法西斯的西班牙战场，具有丰富的战地救护经验，因此也被称为"西班牙医生"。他们绕过半个地球，1939年分三批到达贵阳图云关，编入中国红十字会总会救护总队。

为了同中国人民打成一片，国际援华医疗队的每位医护人员都取了一个中国名字，如波兰的傅拉都（Samuel M. Flato）、陶维德（W. Taubenfugel）、柯理格（F. Kriegel）、戎格曼（W. Jungermann）、甘理安（L. Kamienecki）、甘曼妮（M. Kamienecki）、马绮迪（M. Edith），德国的白尔（H. Baer）、白乐夫（R. Becker）、孟乐克（Erich Mamlok）、罗益（W. Lurje）、玛库斯（E. Markus）、顾泰尔（Carl Coutelle）、王道（Wantoch），罗马尼亚的杨固（David Iancu）、柯让道（Jasul Kradzdorf）、柯芝兰（Kradzdorf）、奥地利的严斐德（F. Jensen）、富华德（W. Freudmann）、肯德（H. Kent），捷克斯洛伐克的纪瑞德（F. Kisch），保加利亚的甘杨道（Lanto Kaneti），匈牙利的沈恩（G. Schon），苏联的何乐经（A. Volokhine）、贝雅德（Frank Beyoon）、杜翰（Duhan）国籍不详。这些外国医生为反法西斯战争不计个人得失，冒着生命危险深入前线，为受伤的士兵和人民提供紧急救治。在武汉会战、长沙会战、百团大战等重大战役中，医疗队发挥了重要作用。针对日军细菌战（如常德鼠疫、广西鼠疫），医疗队参与了疫情调查、隔离和疫苗接种工作。在根据地和后方推广卫生教育，改善公共卫生条件，降低传染病发病率。医疗队为中国培养了大量医护人员，提升了战地救护和防疫能力。在贵阳图云关救护总队部，医疗队开设培训班，传授现代医学知识和技术。医疗队成员通过撰写文章、拍摄照片等方式，向国际社会揭露日军暴行，争取更多援助。他们的工作打破了国民党对中共抗战的舆论封锁，让世界了解中国军民的英勇抗争。此后，众多的援华医生和医疗队来到中国，除了前文所述柯棣华所在的印度五人援华医疗队，还有苏联的安德烈·阿洛夫，奥地利的罗生特（Jakob Rosenfeld）、傅莱，以及英国的高田宜（Barbara Courner）等医护工作者。①

①谢红生主编《贵阳地名故事2》，贵州人民出版社，2010，第224页。

图 5-12　部分国际援华医护工作者在贵阳图云关中国红十字会总会救护总队合影

　　安德烈·阿洛夫，苏联人，毕业于莫斯科第一医科大学，取得博士学位。他曾参加过苏芬战争及苏德战争，具有丰富的野战救护经验，是苏联颇负盛名的野战外科专家、医科大学教授。1942 年 5 月，阿洛夫奉命来到延安，在中央医院工作，先后担任外科医生和外科主任。他不仅负责中共中央领导人的医疗和保健工作，还为一般干部和普通群众治病。他以高超的医术和丰富的战地救护经验，救治了大量伤病兵。作为一名出色的外科医生，阿洛夫带来了当时世界先进的医学思想和治疗技术，如"延期换药法""动静疗法"，以及用鞣酸、硝酸银治疗战斗烧伤的技术等，同时还推广了在野战条件下进行火线抢救、止血包扎、固定搬运的一整套方法。阿洛夫为中国革命和解放事业培养了大批外科专业人才和骨干力量。他组建了专门为外科医生进行战地救护培训的教学基地，承担多项教学任务，深入学员中进行指导，注重现场教学。在他的悉心培养下，有 80 多位医生顺利毕业并走上外科医疗工作前线。①

　　① 陕西省地方志办公室编《东方之光——外国友人与抗战延安》，三秦出版社，2015，第 151 页。

罗生特原名雅各布·罗森菲尔德，犹太裔奥地利人，1928年毕业于维也纳大学，获医学博士学位。1938年，他因参加反对德国法西斯吞并奥地利的斗争被捕，受到残酷迫害，并被驱逐出境。同年8月5日，罗生特从汉堡乘轮船来到上海，在法租界开设诊所。1940年，他在上海与德国共产党员希伯（Hans Shippe）取得联系，参加希伯领导的学习小组。1941年3月20日，在新四军卫生部部长沈其震等人的护送下，他来到苏北新四军军部驻地盐城，并改名为罗生特。此时正值国民党反动派发动皖南事变后不久，新四军军部重建，部队中的医护人员奇缺，像罗生特这样受过专业培训、医术高超的医生实在是凤毛麟角。新四军代军长陈毅、政治委员刘少奇亲切接见了罗生特，任命他为新四军卫生部顾问。罗生特刚到苏北就调查了解新四军医疗工作的基本情况，随即提出改进医疗卫生工作的建议，并着手进行医疗卫生机构建章立制工作。他先后筹办新四军华中卫生学校、华中医学院，为新四军培养了大批医务工作人员。罗生特长期奔走于新四军军部和第二师、第三师、第四师之间，为战士治病，并且应师长彭雪枫要求，协助第四师卫生部对师直属医疗队进行整顿。1942年冬，新四军某战士左腿受伤，被误诊为破伤风，要锯掉左腿。经他复查，确定为炎症，不需要手术。这位战士康复出院时说："是罗大夫保住了我的一条腿。"罗生特不仅以精湛的医术救护伤病兵，而且还以饱满的激情鞭挞法西斯，讴歌抗日军民，创作了《反法西斯进行曲》和诗歌《我是中国青年》等作品。1943年，经陈毅、钱俊瑞介绍，罗生特加入中国共产党，成为中国共产党特别党员。同年，他来到八路军山东军区并被任命为卫生顾问，成功控制住了罗荣桓司令员的肾病病情。陈毅在给罗生特的信中写到："你以反法西斯盟友的资格，远渡重洋，来中国参加抗战，同时更深入敌后参加新四军工作。新四军的艰苦斗争为你所亲见，所身受。新四军的一切，你永远是一个证明人。"①

---

① 中国新四军和华中抗日根据地研究会编《新四军和华中抗日根据地·人物辞典（下）》，中共党史出版社，2016，第687页。

傅莱，原名理查德·施泰因，犹太裔奥地利人。1939 年，奥地利被德国法西斯吞并。此时的傅莱有两个去处：一处是南美洲，一处是中国。傅莱毫不犹豫地选择了中国。在中学时代，他就对这个东方古国产生了浓厚的兴趣，并且他知道中国军队正在同日本法西斯浴血奋战。为了继续献身于世界反法西斯战争，傅莱来到了中国。1941 年，在北平地下党组织的安排下，傅莱通过封锁线，到达向往已久的晋察冀抗日根据地。司令员聂荣臻根据他名字的读音，给他起了一个中国名字——傅莱。傅莱被安排到白求恩卫生学校担任教员。为了能用汉语讲课，傅莱先用德文写好讲稿，然后在其他教员帮助下，借助字典把德文讲稿译成汉语，并在汉字旁注上读音。一开始，傅莱讲一小时课便要花八九个小时去备课。经过一年多的刻苦练习，他终于能用汉语讲课了。傅莱还经常到前线去为八路军伤病兵治疗。1943 年，晋察冀边区流行麻疹、疟疾等传染病。由于日寇重重封锁，药品奇缺。傅莱作为传染病内科医生，虚心向当地中医求教，终于摸索出用针灸治疗疟疾的方法，并亲自到作战部队推广，疗效显著。毛泽东、朱德知道这件事情后，表扬了傅莱。[1]1944 年冬，身处延安的傅莱通过宋庆龄和美军驻延安观察团，请纽约美国援华委员会帮助，向英美有关部门求取青霉菌菌种和相关资料。傅莱利用美国援华委员会寄来的青霉素菌种和部分资料，利用根据地简易的设备，通过多次试验，成功地粗制出青霉素，缓解了八路军外伤用药困难。[2]1944 年，聂荣臻介绍傅莱加入了中国共产党，这年傅莱才 24 岁。中华人民共和国成立后，傅莱加入了中国国籍。

高田宜，出生于英国一个优渥的家庭，毕业于伦敦妇女卫校。高田宜是一个具有崇高理想的人，立志要把医学事业奉献给全人类。她曾经在印度工作过，在得知日本军国主义对中国人民的侵略暴行后，她自愿申请

---

① 雪岗、阮家新主编；阮家新、高玉亭、胡景芳等编著《神圣抗战（图文版）》，中国少年儿童出版社，2015，第 331 页。

② 《第三国际友人福来医生试制青霉素试验成功》，《解放日报》1945 年 5 月 17 日第 2 版。

到中国进行战地服务。高田宜选择了一条很多人不愿选择的艰苦道路，这需要很大的勇气，因为当时的英国民众生活普遍比较富裕、舒适，医生收入很高，很少有人愿意奔赴充满危险、条件艰苦的异国他乡。但她却自愿放弃优越的条件，毅然决定到战火纷飞的中国进行战地服务。在和中国红十字会取得联系后，她于1941年来到中国，被安排到图云关救护总队部工作。中国红十字会总会救护总队队长林可胜为她发布了"兹聘高田宜为本部医师"的布告，并颁发聘书。

1940年，在难以用枪炮迅速征服中国的情况下，日本开始在中国疯狂地发动细菌战。1941年11月，日军在湖南常德用飞机投下许多谷麦絮状物，后被证实为"鼠疫细菌弹"，很快在常德引发鼠疫。援华医疗队的医生们对日军这种违背国际人道主义的暴行予以强烈谴责，救护总队派出包括10名外籍医生在内的大批医务人员奔赴常德，参加扑灭鼠疫的行动。其中有外籍医生提出了注射疫苗、严密隔离、加强检疫、对症治疗、扩大宣传等切实可行的方案。由于采取的措施得当，鼠疫终于被扑灭。1942年3月，日本又向广西投掷了"鼠疫细菌弹"，救护总队闻讯，马上筹备组建医疗队赴广西扑灭鼠疫，高田宜医生立即自告奋勇参加医疗队。在临行前，她患上了感冒，但她没有顾及身体的不适，匆忙注射了防疫针，以期可以按时成行。不幸的是，注射防疫针后不久她便出现了过敏反应，在"三八"国际劳动妇女节前夜不幸离世。这位伟大的女性，为捍卫国际人道主义事业献出了自己宝贵的生命，永远长眠在她曾经工作和生活过的地方（图5-13）。[1]

---

[1] 池子华、郝如一主编《中国红十字会百年往事》，合肥工业大学出版社，2011，第112页。

图 5-13　位于贵阳图云关的高田宜医生之墓

二、科学反抗日本法西斯的工程技术专家

抗战期间，中国医学救援需求极大，同时也有大批的工程技术专家来到中国支援，如物理学家班威廉（William Band）、通信专家林迈可（Michael Lindsay）、航空专家华敦德（Frank L. Wattendorf）、土壤学专家罗德米尔克（Walter C. Lowdermilk），以及美国飞虎队和苏联援华志愿航空队中的科技专家等，为战时中国工程技术发展提供了重要支持。

（一）从理论到实践的物理学家班威廉

英国物理学家班威廉，出生于英国柴郡。1927 年，他在获得利物浦大学科学硕士学位后留校任教。1929 年，班威廉收到来自燕京大学的邀请，放弃了去剑桥大学深造的机会，经历长途跋涉来到燕京大学物理系执教，并于 1932 年开始担任该系系主任，直至 1941 年。在这期间，班威廉培养了 60 余名本科生、25 名硕士研究生，为中国培养了多名物理学人才。

这 80 多名学生中就有后来的"中国的居里夫人"王明贞、著名物理学家王承书、国家最高科学技术奖获得者黄昆、国际知名粒子物理学家袁家骝等科学家。班威廉的研究工作涉及广义相对论、量子力学、统一场论、统计力学、统计物理、表面物理、热电现象、热磁现象、X 射线、低温超导。1941 年，太平洋战争爆发，班威廉在共产党人和沿途群众的帮助下，来到了萧克领导的平西根据地。1942 年 2 月 25 日，班威廉一行在平西游击队的护送下来到河北阜平晋察冀军区司令部，沿途受到了当地军民的热情接待，以至于班威廉在日记中写到："我们现在已经不是逃亡者而是旅行家，这四个星期的经历实在太令我们怀念了。"

在晋察冀根据地，班威廉参与了根据地的政治、经济及科技建设活动。1942 年春，晋察冀军区创办无线电高级训练班，班威廉负责讲授大学物理、微积分、高等微积分、高等电磁学和光学等课程。虽然学员的水平参差不齐，但是大家学习都非常认真刻苦，并且互相帮助，共同进步。班威廉也严格按照正规大学的标准要求学员。为了帮助和督促学员提高成绩，班威廉还举行周考、月考、期末考等，并对每个学员的表现都写出了评语，按等次定成绩。班威廉对高级班学员的成绩极为称赞："进步的速度，可以与任何第一流大学的成绩相比而毫无愧色。"在抗战时期，电台是指挥作战和侦测敌情的千里眼和顺风耳，晋察冀根据地为此专门成立了无线电研究组，以期提高电台人员的技术水平，但最关键的是缺乏熟悉无线电知识的人才。班威廉在提高学员理论素养的同时，还带领大家研究组装了一台当时急需的超外差式接收机，改装了上百部大功率通信电台，既满足了战时需要，又培养了学员的实践能力。在这所条件艰苦、设备简陋的学校里，凭借"洋教授"的悉心教导和学员的刻苦努力，后来走出了发展中国电信和邮电教育事业的王世光、钟夫翔、林爽等专家。[1]

1943 年 8 月，无线电高级班的课程基本结束，班威廉离开阜平前往

---

① 孙洪庆：《班威廉在中国（1929—1945）》，山西大学 2008 年全国博士生学术论坛会议论文，太原，2008，第 12 页。

延安，刘伯承、聂荣臻为他举行了欢送会。班威廉抵达延安后，受到中共领导人和当地民众的热情接待。1944 年元旦，毛泽东还特意登门向他拜年问好。1944 年初，班威廉离开延安到达重庆，在李约瑟创办的中英科学合作馆（Sino-British Science Cooperation Office）担任办公室主任，并前往成都的燕京大学继续教学，直到抗战胜利才返回英国。1948 年，他在英国出版《与中共相处两年》(*Two years with the Chinese Communists*，中文版译为《新西行漫记》）一书，记录了他在解放区所目睹的茁壮成长的新生力量和蓬勃发展的崭新气象。[①]

（二）让世界听到延安声音的通信专家林迈可

林迈可，出生于英国贵族家庭，其祖父是历史学家，其父亲为牛津大学贝利奥尔学院院长。林迈可 1936 年毕业于牛津大学，拥有自然科学、经济学、哲学和政治学等学位。1937 年他受燕京大学邀请来华教学，取道加拿大与白求恩医生同船来到中国。

抗日战争爆发后，林迈可对日本法西斯的侵略充满了憎恨。1938 年初，他到北平刚工作 3 个月，就已听说在冀中有抗日武装。富有正义感的林迈可渴望了解灾难深重的中国人民如何面对这场侵略战争，于是他穿越日军的封锁线来到了冀中八路军抗日根据地。在那里，林迈可亲眼见证了在中国共产党的领导下，工农群众纷纷组织起来，建立游击队，打击日寇。这一切都深深地打动了林迈可，他看到了一个不屈民族的觉醒与抗争，并有感而发："任何有血性、有思想的人，都有义务去反对日本军队。"回到北平后，林迈可就投入了抗日的地下工作。在根据地，他看到各种军用物品奇缺，特别是游击队里的通信设备陈旧不堪，急需改善。于是，他利用外国人在北平不会被搜身且活动自由等便利条件，购买了大量无线电零件。此外，他还经常应八路军地下联系人的请求，购买化学、医药物品和其他有用器材，并亲自把东西送出城。另外，林迈可还自掏腰包

---

① 袁军编著《走进延安》，陕西人民出版社，2016，第 333 页。

购买一些他认为有用的东西，如有关炸药制造、无线电修理的教科书等，捐献给八路军。当时的通信设备、化学和医药品等大部分来源于国外，商品说明书都未翻译成中文，林迈可就把原来的外文标签全部撕去，重新换上他用中文写的标签。1938年和1939年暑假，林迈可分别与在燕京大学任教的戴德华（G. E. Taylor）和赖朴吾深入晋察冀抗日根据地进行访问。在五台山，他因再次与白求恩相遇而喜不自胜，他看到白求恩在极其艰苦的环境里忘我地工作。在听了白求恩讲述八路军用"小米加步枪"一次次打败"飞机加大炮"的日本侵略军，并成功抵御"清乡""扫荡"的英勇事迹后，林迈可赞叹不已，进一步坚定了为中国抗战服务的决心。在山西武乡县砖壁村的八路军总部，林迈可见到了总司令朱德，并为总部通讯科检修了电台的通信设施。其后，他在重庆英国大使馆担任了6个月的新闻参赞。在此期间，他曾多次在国际新闻发布会上宣传朱德率领的八路军在华北抗日前线浴血奋战的辉煌战绩。1940年9月，林迈可受燕京大学校长司徒雷登（John L. Stuart）之邀，重返北平任教。

1941年12月，珍珠港事件爆发后，日本对美国、英国宣战。燕京大学因为是美国教会办的大学，立即被日本宪兵队接管，林迈可因参加抗日活动被通缉。在抗日军民的热心帮助下，林迈可和班威廉一道安全抵达平西根据地。林迈可被安排到通讯部工作，从此成为八路军的一员。当时抗日根据地缺衣少食，生活异常艰苦，再加上日伪军不断地围攻，处境极其艰难，但林迈可毫不犹豫地留在根据地，为八路军通信事业的发展殚精竭虑。1942年春，林迈可夫妇和班威廉夫妇等一行人辗转来到晋察冀抗日根据地第一分区，应军区司令员聂荣臻的邀请到通讯部工作。他受军区领导委托创办无线电高级训练班，并承担给学员讲授无线电技术和原理的任务。由于当时根据地没有书籍作为教材，他就教学员们如何从最基本的电学第一定律出发进行推演，还给学员讲授相关的数学知识。为了与冀热辽地区的低功率电台站取得联系，晋察冀军区需要一台灵敏度和选择性较好的收报机，于是林迈可组织学员一起研究组装了一台超外差式接收机，既解决了工作需要，又培养了学员的实践动手能力。他开办的这个训练班，为八路军培养了一批无线电人才。

在抗日战争战略相持阶段，八路军所需的各种物资大多非常匮乏，在军事配合作战中最关键的通信设备更是如此。在晋察冀抗日根据地，原有的旧收报机和发报机都极笨重且功率低，大部分已不能有效使用。见此情况，林迈可便对这些旧收发报机进行拆卸并重新安装。他在发报机上用主控振荡－功率放大电路和接在输出线圈上的对数分流器来调节传感负载，既提高了发射电波的频率稳定性，又使设备体积缩小近一半，便于部队携带，适于行军打仗。同时，他在不改变两个变压器的双级音频线路的情况下，对收报机进行重新组装，使其体积也小了许多。经过林迈可改装的收发报机功率达 25 瓦，甚至在几百英里[①]外都可以使用，达到世界先进水平，对于提高抗日武装的战斗力起到了极大的支持作用。他为了使晋察冀各军分区的破旧通信器械都得到整修，还主动向司令部提出把各部门零散的元件集中到通讯部，组装出一些可供使用的收发报机。此外，他还提出亲自到各军分区去帮助改装、修理电台。聂荣臻采纳了他的建议。于是，他带领另外几个技术人员翻山越岭、长途跋涉，从一分区到四分区，对所有电台通信设备进行维修和装配。林迈可善于设计新颖实用的通信器材。因为根据地没有充足的电源，电池既贵又缺，所以他设计的发报机一般都是靠手摇马达（发动机）供电，而收报机则以干电池为电源。他还根据个别部队的特殊需要，对电台进行组装。1943年 2 月，他就曾帮助正向冀中地区深入的吕正操部队安装了一台战场急需的电台。因为在靠近敌人作战时，任何声音都有可能暴露八路军的行踪，不允许有手摇发电机的声音，所以他设计了一部既可用手摇发电机又可用电池供电的发报机。[②]

1944 年初，晋察冀电台的所有零部件均已装备完毕，林迈可打算到延安帮助建立一个大型电台，促进中国共产党与反法西斯盟国间的联络和

---

① 1 英里≈1.61 千米。

② 黎军、王辛编《抗日战争中的国际友人》，中央文献出版社，2005，第 336 页。

合作，聂荣臻支持他的想法。1944年5月17日，林迈可夫妇带着刚一岁半的幼女，穿过枪林弹雨抵达延安，毛泽东、朱德、周恩来热情设宴款待林迈可夫妇。林迈可提出："当务之急是建立一台收发报机，让新华社的英文广播漂洋过海，冲破新闻封锁，让世界听到延安的声音！"林迈可被任命为八路军总部通讯顾问，同时也是新华通讯社对外广播部顾问。

林迈可根据无线电书籍中的公式，设计出V形或菱形天线，靠着一本《球面三角》和一台经纬仪，最终成功在延安的土地上架设了天线，并组装了一台1000瓦的发射机。

1944年9月1日，在黄土高原一个不到10平方米的窑洞里，中国向世界首次发出了以"新华社延安"为电头的英文通讯稿。延安第一部国际电台让新华社的英文电讯电波实现跨国传播，开创了中国共产党对外宣传的新纪元。当时正值第二次世界大战中反法西斯同盟国对德、意、日轴心国的反攻阶段，美国政府在旧金山有一批专业人员，专门监听世界各地的无线电通信信号。他们捕捉到这个新的电波讯号并记录下来，将其中最重要的内容每日编辑成册，再分发给美国首都华盛顿的几百名高级官员。此后，美国高层对中国华北战争局势有了改观。于是，这年6月中外记者团访问延安，7月美国军事观察组抵达延安。这在很大程度上得益于林迈可对中国无线电发展的卓越贡献。[①]

（三）怀念中国梯田的土壤学家罗德米尔克

罗德米尔克是美国著名土壤学家，曾于1922—1927年任金陵大学林学教授。罗德米尔克曾到过中东地区，当地官员赞誉他："我们不需要奶粉，我们需要罗德米尔克。"这充分体现了罗德米尔克的价值。20世纪40年代，罗德米尔克在美国农业部的事业如日中天，对于中国之行他曾踌躇再三。但他的未婚妻表示："中国比美国农业部更需要你的帮助。"正因如

---

① 袁军编著《走进延安》，陕西人民出版社，2016，第336页。

此，罗德米尔克决定再次来到中国，而此时的中国正在抗击日本侵略者。1942 年，美国批准他赴华援助时，罗德米尔克正因劳累过度而生病住院。得知消息后，他强烈要求出院，但身体还没完全恢复。医生告诫他，如果再不注意身体就会危及生命。然而，罗德米尔克已然将援华工作当成生命的一部分，他有一个坚定的信念——挽救深处战火中的伟大的中华文明，这种使命感无时无刻不在驱策着他。中国是古老的农业大国，几千年的历史孕育了灿烂的农业文明。罗德米尔克在中东考察时，看到沙漠边缘因被侵蚀而荒芜的土地，昔日辉煌的腓尼基王国已湮没于黄沙之中，由此他联想到了经受水土流失和战火洗礼的中国。为了便于研究，罗德米尔克来华前从美国国会图书馆中查阅了中国及其他类似中国的国家和地区的干旱、洪水情况及森林、土地的使用情况。罗德米尔克表示"中国是战时美国强大而又资源丰富的盟国之一"，通过研究这个古老的国家，可以对保持世界水土研究工作作出贡献，因为"这是一个用 2 亿亩地长期养活约 4.5 亿人口的国家"。①

到达中国后，罗德米尔克马上开展了工作。在对中国各省、市、县的具体情况有了一定了解后，他专门对山西省进行了系统考察，他的足迹遍布汾河流域、五台山地区及平遥、太原、宁武等地。1943 年，他撰写了文章《中美合作对抗土壤侵蚀Ⅰ：山西北部的水土保持》（*China and America Against Soil Erosion:I. The Fate of Conservation in Northern Shansi*）、《中美合作对抗土壤侵蚀Ⅱ：失与得》（*China and America Against Soil Erosion:II. Losses and Gains*）。文章中插入了许多实景照片，都是罗德米尔克实地勘察所得的第一手资料，对保护生态、防治水土流失具有实际的指导意义。罗德米尔克还进行了一次为期 7个月的"危险旅行"，风餐露宿 6000 余里，综合考察了中国整个西北地区，足迹远至西藏、新疆。在这次艰苦的调查中，他获得了许多有关水土

① Wilma Fairbank, *America's Cultural Experience in China*, 1942—1949（Washington, D.C.: Bureau of Educational and Cultural Affairs of U.S. Department of State, 1976）.

保持的资料。后来他向中国政府递交了一份长达50页的初步报告，并提出5项可实行的建议。

中国传统农业模式延续了数千年，导致水土流失呈几何比率增长。罗德米尔克详细考察了陕西省，系统研究了泾渠（郑国渠），重点对黄土高原的水土流失情况进行了分析，并进行了示范性操作：在黄土坡上种植与土地轮廓相吻合的带状植物，使之能充分吸收雨水和养分，防止水土流失、防风固沙。为了提高农作物的产量，他们从飞机上播撒用雨水浸泡过、包裹着种子和肥料的黏土球，并自豪地把这项举措称为作物的"再生长计划"。罗德米尔克着迷于中国的水利工程史，认为渭河灌溉工程是"一段令人着迷的历史"，但也是"悲哀"的，因为水渠中的水逐渐稀少，淤泥越来越多，作物在洪水中颗粒无收，灌溉用水反而成了灾难的根源。有鉴于此，罗德米尔克计划在河流上游建立冲蚀防治工程，控制淤泥的淤积。于是，他把大坝中富含有机物的淤泥收集起来，用于种植农作物，使淤泥变废为宝，并顺着河流沿岸在山坡上植树，进而保持水土，防范灾害。但大坝清淤只是暂时的疏导，中国古老的灌溉系统迫切需要更新换代。罗德米尔克进行多次考察和调研，提出了一系列可行性方案。当然，中国的梯田也赋予了他一定的灵感，他曾对四川历史悠久的梯田赞叹不已："我对在这（四川）的经历无比怀念。我在四川的高山上研究错综复杂的梯田，这真是一个宏大的劳动场景。世纪变迁，几百万人民对他们的土地产生了无限的爱。在大范围耕作劳动时，田里溢出的水不会腐蚀和淹没其他地方。对我来说，中国梯田是人类历史上的辉煌成就，甚至超过了古埃及著名的金字塔，而金字塔也是10万奴隶用了20年时间完成的人间奇迹。梯田可以改变地形坡度，拦蓄雨水，增加土壤水分，提高产量，有效防止水土流失。"作为从事水土保持、土壤保护方面的专家，他被中国人民的创造力所折服。因此，罗德米尔克撰写了《更新中国古老的灌溉方式》(*Ancient Irrigation in China Brought up to Date*) 一文，总结了中国几千年来的灌溉技术。①

为改造中国古老的灌溉系统，罗德米尔克提出一个伟大的设想：为中国西北建设一个大规模的引水灌溉工程。他说："我们处在一个崭新的时代，水土保持是当务之急，而这需要政府机关的支持和赞助。"1943年，他向中国行政院政府递交了一份报告，建议修造22个配套引水工程，购买农业机械，进而搭建设备修理网络，以便在灌溉路线上可以及时维修故障设备。

罗德米尔克是一位和平主义者，他坚信中国人民必将战胜侵略者，并且在战后重建中取得卓越成就。他认为战争结束、和平到来后，中国就会全力投入建设，美国人民也会为其提供力所能及的帮助，同时学到中国的成功经验。他说："中美两国人民的共同理想就是努力保护自然资源。在科学的指导下，两国人民携手合作保护旧世界和新世界，先哲的梦想一定会实现。"

第三节　烽火中的对话：战时东西方的科技交流

抗日战争期间，中国作为世界反法西斯东方主战场，科学家面对急迫的战时需求所展开的工作，得到了全世界的关注。通过李约瑟、沈同等人的共同努力，战时中西方科学家之间双向交流的桥梁得以建立起来。

一、未曾因战火离开的西方科学家

抗战时期，一些战前就曾在中国工作的西方科学家，如北京协和医学院的斯乃博（Isidore Snapper）、燕京大学的窦威廉、上海雷士德医学研

---

① 孙洋：《太平洋战争时期美国对华文化援助研究》，博士学位论文，吉林大学历史学系，2012，第44页。

究所的伊博恩等人（图5-14），除了将西方的生理、生化、营养理论的相关研究传入中国，同时也把他们在中国所从事的相关工作和所了解到的战时中国科学家的相关研究情况介绍到西方，引起了西方科学界对战时中国科学研究的关注。

图5-14　在中国的西方科学家斯乃博（左）、窦威廉（中）、伊博恩（右）

1941年，斯乃博[①]总结了他在北京协和医学院期间和中国同人一起进行的研究工作，并结合自己的所思所感，完成了专著《中国对西方医学的贡献》(*Chinese Lessons to Western Medicine*,1965年再版)(图5-15)。这本书一共有11章，在第一章"营养问题和营养缺乏症"中，斯乃博开宗明义地指出："虽然一些问题不是营养造成的，但是在目前状况下，因为营养的影响导致了疾病或减缓疾病的恢复，这些情况太需要注意了。"斯乃博根据北京协和医学院同人吴宪、刘士豪等人的研究，从中国人和西方人的膳食营养构成切入，分析了中国人存在的营养问题，他重点分析了北平民众对蛋白质、钙、维生素A、维生素C、维生素D的摄入，以及营养物质摄入不足所导致的疾病和营养问题。此外，斯乃博还发现，当某种营养物质摄入不足时，人体的新陈代谢会尽可能地调节以适应这种变

---

①伊萨多·斯乃博（Isidore Snapper），著名生理学专家，1889年出生于荷兰阿姆斯特丹，1913年在格罗宁根大学取得博士学位。1938年，由于纳粹在欧洲的扩张，斯乃博来到美国，经美国同事介绍，他来到北京协和医院，并担任内科主任。

化。这项具有突破性的研究源于战时中国国民营养不足的状况，也让斯乃博比他的西方同事掌握了更为详尽的数据。[1] 这本书出版不久，珍珠港事件爆发，斯乃博被日军关入监狱，后来通过战俘交换才得以出狱并返回美国。

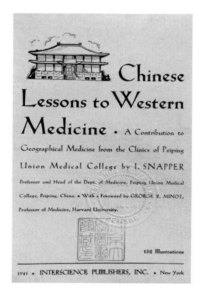

图 5-15　斯乃博 1941 年的著作 *Chinese Lessons to Western Medicine*[2]

1947 年，已经在美国的斯乃博根据其在中国的研究成果，并借鉴了战时中国营养学家的研究，如汤佩松和张龙翔战时所进行的国民膳食调查[3]，在《内科学进展杂志》(*Advances in Internal Medicine*) 上发表了《东方之营养问题及其缺乏症》(*Nutrition and Nutritional Diseases in the Orient*)（图 5-16）一文。在这一研究中，他仍然从东西方的膳食差异入手，通过对被研究人群每日摄入食物的分析，讨论营养组成和存

---

① Isdore Snapper, *Chinese Lessons to Western Medicine*（Interscience Publishers, 1941）, pp9-32.

② 此书现藏于北京大学图书馆，此页有两个藏书章，其一为英文的"清华大学　北平"，其二为中文的"北京大学图书馆藏"。

③ Tang P.S. and Chang L.H, "A Calculation of the Chinese rural dietary from crop people," *Chinese Journal of Physiology*, No. 14（1939）: 497.

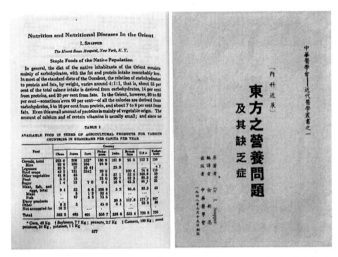

图 5-16　斯乃博 1947 年的文章及中华医学会 1948 年翻译的中文版

在的问题及可能造成的疾病。1948 年 7 月，中华医学会将这篇文章全文
翻译，与另外两篇关于青霉素及链霉素的文章一起组成"近代医学丛书"
出版，这篇文章作为该丛书的第一本分册①。另外，他将东西方膳食组成
与东西方人群的心脏病发病率、血胆固醇含量、胆结石疾病等进行对比，
指出在中国的植物性饮食中亚油酸和亚麻酸的摄入较高，而动物脂肪的摄
入较低，这是中国人上述疾病患病率低的重要原因。斯乃博的观点对上述
疾病的治疗具有极大的意义，他的这些著作和文章在西方医学界、生理学
界、营养学界产生了极大的影响。1950 年起，哈佛医学院的梅纳德·格
莱德（Menard Gertlerd）②、纽约大学的博格（Maurice Bruger）③、纽约康奈尔
医学中心的巴尔（Barr）和大卫（Daivad）④ 等冠状动脉疾病研究专家，先

---

① 斯乃博：《东方之营养问题及其缺乏症》，余新恩译，中华医学会，
1948，第 1-18 页。

② Menard Gertlerd, Diet, "Serum Cholesterol and Coronary Artery
Disease," *Circulation*, No.2（1950）: 696-704.

③ Maurice Bruger, Elliot Oppenheim, "Experimental and Human
Atherosclerosis: Possible Relationship and Present Status," *Bulletin of
the New York Academy of Medicine*, No.9（1951）: 539-559.

④ David P.Barr, "Some Chemical Factors in The Pathogenesis of
Atherosclerosis," *Circulation*, No.5（1953）: 641-654.

后引用了斯乃博的文章，认为其研究成果对冠状动脉疾病研究有重大的意义。

除了北京协和医学院，燕京大学也是较早展开营养学研究的院校。其中，化学系教授窦威廉①开展了大量营养学研究，且十分关注中国营养学的研究进展。窦威廉在燕京大学讲授生物化学等课程，并结合当时中国社会状况和生物化学学科发展状况，开设了蛋白质化学、营养化学等课程，龚兰真、陈慎昭、许鹏程、蓝天鹤、王应睐、杨恩孚等后来从事营养学研究的学者，都曾先后跟随窦威廉学习和工作。在营养研究方面，窦威廉对中国食物与人体代谢的关系、钙在人体代谢中的作用、中国的黄豆和红薯等食物的营养价值等问题进行研究。珍珠港事件爆发后，窦威廉被日军监禁，1943 年通过战俘交换回到美国，任耶鲁大学生物化学与营养学教授。战后于 1946 年返回北平，任燕京大学代理校长②。

窦威廉关于中国人膳食及营养的研究文章也得到了国际学界的极大关注，他关于中国人膳食及营养组成③及中国食物蛋白质含量及代谢④⑤的研究被多次引用。此外，1945 年，窦威廉还撰写了《战时中国的生理学研究》（*Physiological Research in War-time China*）一文，介绍了战时中国科学家开展的前线士兵营养调查、全国营养学会议、野生植物调查和利

① 窦威廉（William H. Adolph），1890 年出生于美国费城，1915 年取得宾夕法尼亚大学博士学位，即来齐鲁大学任教，至 1926 年回美国，1928 年再次来华，出任燕京大学化学教授，并长期担任系主任。

② 张玮瑛等主编，燕京大学校友校史编写委员会编《燕京大学史稿 1919—1952》，人民中国出版社，1999，第 895 页。

③ Bert G. Anderson, "An endemic center of mottled enamel in China, " *Journal of Dental Research*, No.12（1932）：591-593.

④ David Ashley, "Factors affecting the selection of protein and carbohydrate from a dietary choice, " *Nutrition Research*, No.5（1985）：555-571.

⑤ Ernest Geiger, "The Role of the Time Factor in Protein Synthesis, " *Science*, No.2892（1950）：594-599.

用、大豆蛋白质应用等营养相关研究及战时中国营养学发展的重要事件。

除了燕京大学和北京协和医学院，上海雷士德医学研究所也是由外国人建立的较早从事营养学研究的机构。前两者由美国人创办，雷士德医学研究所则是由英国人创办的，其营养研究主要由生理组进行，伊博恩是该组的负责人。1932年伊博恩接受了上海雷士德医学研究所所长安尔教授（Herbert Gastineau Earle）的邀请，前往上海担任雷士德医学研究所生理组的负责人。珍珠港事件爆发后，伊博恩被日军监禁，直到1945年抗战胜利后才重获自由①。

伊博恩来到雷士德医学研究所后，先后聘请了侯祥川、李维鑅、鲁桂珍等人，这些学者在他的领导下从事营养学研究。伊博恩等人所开展的研究主要为上海地区食物营养成分研究。这是中国较早的食物成分分析，他们先后出版了《上海食物》《上海蔬菜》《上海鱼类》等调查手册。这些研究和当时吴宪的北平食物分析南北呼应，为后来中国科学家从事的战时食物分析研究提供了极好的参考数据。

此外，伊博恩还进行了大量的中国植物和草药研究。基于中国古代《救荒本草》等典籍并结合自己的研究，他翻译写作了《荒年可食之植物》(此题名由王吉民译)（*Famine Foods Listed in the Chiu Huang Pen Ts'ao*）一书。伊博恩指出："战争最大的危害之一就是食物短缺"，他把英国现代经验和中国传统经验结合起来，认为"狭小的英国因管理完善，很幸运地避免了战争中饥荒的蹂躏。相比之下，中国领土辽阔，而且有很多尚未开发的天然植物，中国古人就曾依靠它们度过饥荒，应研究这些植物的价值，将这些不平常的植物做成可口、易消化的食物，为战时中国人

---

① "Guide to the Bernard and Katherine Read Papers," Yale University Divinity School Library, http://web.library.yale.edu/divinity/special—collections.

提供替代食品"①。这本书和伊博恩关于上海食物的分析研究，除对战时中国营养学家的研究提供了很大的帮助外，还被西方学者引用了数十次，对植物学、营养学研究产生了重要影响。

二、战火中漂洋过海的结晶维生素

1939 年 6 月，沈同在取得康奈尔大学动物营养学和生物化学博士学位后，就动身回到了战火中的祖国。回国后，沈同先后在中国红十字会总会救护总队和西南联合大学开展了战地士兵和战时学生的营养调查，并在汤佩松主持的清华大学生理研究所从事战时营养学研究。

虽然战火纷飞，但是沈同和美国师友们一直保持着密切的通信。对于沈同回国后的工作和中国战场的情况，他在康奈尔大学的师友们一直密切关注。沈同也向康奈尔大学的师友们介绍了他的工作和在前线所遇到的情况。通过沈同的来信，康奈尔大学的中国留学生和沈同的老师们获知，由于维生素等营养素摄入严重不足，许多中国士兵体质虚弱并患有一系列疾病。了解到这一情况后，正在康奈尔大学生物化学系攻读营养学博士的中国留学生许鹏程②和美国人尼尔森（Walter Nelson）一同倡议发起了向中国捐赠维生素以支援中国抗战的活动（图 5-17）。这次募捐得到了康奈尔大学全体中国留学生的积极响应，他们纷纷捐出自己的生活费，希望能够购买充足的维生素支援抗战。康奈尔大学生物学系的教授们也都参加了募捐，他们还准备了相关的研究资料，希望能为沈同的工作提供帮助。③

---

① Bernard E. Read, *Famine Foods listed in the Chiu Huang Pen Ts'ao*（Shang Hai: Henry Lester Institute of Medical Research, 1946），pp.1-8.

② 许鹏程（Peng-Cheng Hsu, 1911—1976 年），生物化学家和营养学家，1911 年出生于福州市，1939 年去美国康奈尔大学学习生物化学及营养学，1942 年取得博士学位。曾任中山医学院生物化学教研室主任。

③ "Buy Vitamins for China," *The New York Times*, December 16, 1940.

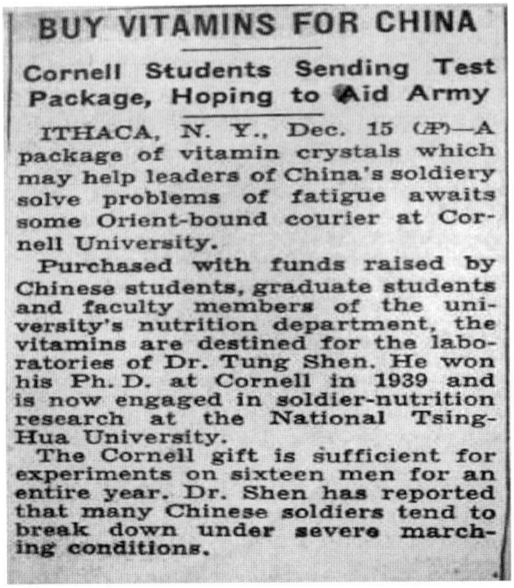
BUY VITAMINS FOR CHINA

Cornell Students Sending Test Package, Hoping to Aid Army

ITHACA, N. Y., Dec. 15 (AP)—A package of vitamin crystals which may help leaders of China's soldiery solve problems of fatigue awaits some Orient-bound courier at Cornell University.

Purchased with funds raised by Chinese students, graduate students and faculty members of the university's nutrition department, the vitamins are destined for the laboratories of Dr. Tung Shen. He won his Ph. D. at Cornell in 1939 and is now engaged in soldier-nutrition research at the National Tsing-Hua University.

The Cornell gift is sufficient for experiments on sixteen men for an entire year. Dr. Shen has reported that many Chinese soldiers tend to break down under severe marching conditions.

图 5-17 《纽约时报》刊登的康奈尔大学学生向中国前线捐赠维生素的报道

沈同的老师麦凯教授根据沈同信中提到的中国士兵的症状，有针对性地筛选了几类中国战场急需的结晶维生素。结晶维生素是将普通维生素提纯、结晶而得，是纯度很高的维生素，除了可以补充人体需求，还可以作为标准试剂应用在生物化学和营养学的相关实验中。当时，结晶维生素的产量十分稀少，价格也十分昂贵。麦凯教授选择的维生素中包括大量的维生素 C 和许多种 B 族维生素，这对提高中国军队中士兵的体能、防治坏血病和脚气病具有重要意义。这些维生素的重量接近 900 克（当时每 50 克维生素足够一个成年男子一年的用量）足够 18 个成年男子一年之用。[①]

在准备好捐赠给中国的维生素之后，所有参与捐赠活动的中国留学生和沈同的老师梅乃德、麦凯、桑德森等人联名给沈同写了一封信（图 5-18）。信中写到：“虽然你在信里对自己取得的成绩总是轻描淡写，但是我们都知道你是在为改善中国士兵和民众的营养状况而努力工作着。我们准备寄给你一些结晶维生素以帮助你的工作。就大量的需求而言，这点

① “Vitamins to China,” *Cornell Alumni News*, April 30, 1942.

维生素微不足道，但是一想到这些维生素有可能被用来拯救中国士兵和民众的生命，特别是对你的工作可能是一种鼓舞的时候，我们都会很高兴。"[1]

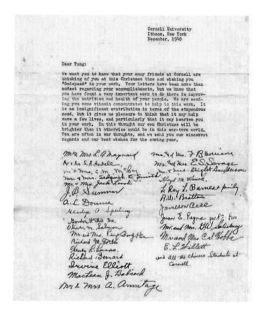

图 5-18　1940 年 12 月康奈尔大学的中国留学生和沈同的师友寄给沈同的联名信

他们把这些结晶维生素装在一个钉好的木箱里，并登报请求前往中国援助的医生把这批维生素带到贵阳中国红十字会总会救护总队。美国纽约州各高校的师生得知这一消息后，也纷纷开展捐赠物资和文献资料的活动。最终这批维生素由纽约援华机构协助运往中国。

沈同得知康奈尔大学师生捐赠维生素的消息后，既感动又十分期待。此时，营养状况的改善问题已从战场前沿的问题扩展为战时重大的社会问题。国民政府内政部与军政部于 1940 年 12 月连续两次联合召开全国营养问题讨论会，行政院院长孔祥熙在会上明确指出："国民营养问题，关系民族健康极巨，亟应改进。因国家之强盛缘于民族之健康，民族之健康缘

① 此信件由沈同家人提供，另有副本保存在康奈尔大学图书馆，收藏号：RMM02129。

于食物之营养。应以我国现有之物资，用科学方法使国人以极经济之代价获得最高之食物营养。"①

沈同深知这些维生素对解决当时全国性营养问题的重要意义。1941年2月，他在给老师桑德森的信中写到："我还没有收到来自康奈尔的珍贵礼物，我希望能够好好利用这些珍贵的结晶维生素，我想我一定能够收到它们。"②沈同还计划利用暑假再次前往贵阳进行士兵营养改善的后续工作，他认为自己到达贵阳的时候这批维生素应该也到了，因此可以将这些维生素用于伤病士兵的治疗。同时他相信，他的老师梅乃德教授和麦凯教授会十分关注他的这项工作。③

1941年暑期，沈同再次来到了贵阳图云关，救护总队总队长林可胜很遗憾地告知沈同，这批维生素还没有送到。当时，中国东南沿海的大部分地区都已被日军封锁，送往中国的物资大都通过东南亚转运到中国，而滇越铁路此时也已经被日军控制，援华物资只能先海运到缅甸，再经滇缅公路送到中国。然而，滇缅公路也并不通畅，大量物资积压在缅甸，其中有很大一部分物资是战场急需的药品。④

林可胜对包括康奈尔大学师生捐赠的维生素在内的医药物资十分重视。他告诉沈同，救护总队已多次同美国红十字会等援华机构讨论运送积压在缅甸的援华医药物资的方法。此外，救护总队曾多次派遣医疗队前往

①《内政部、军政部食物营养问题讨论会会议记录、会议报告及有关文书》，中国第二历史档案馆藏内政部档案（1940—1942年），档案号：11/7553。

②《沈同写给桑德森的信》（1941年2月24日），康奈尔大学图书馆藏桑德森档案沈同书信（Tung Shen letters）卷（1938—1949年），收藏号：RMM02129，第4档案盒。

③《沈同写给桑德森的信》（1941年4月6日），康奈尔大学图书馆藏桑德森档案沈同书信（Tung Shen letters）卷（1938—1949年），收藏号：RMM02129，第4档案盒。

④《沈同写给桑德森的信》（1941年8月13日），康奈尔大学图书馆藏桑德森档案沈同书信（Tung Shen letters）卷（1938—1949年），收藏号：RMM02129，第4档案盒。

缅甸为中国远征军救护，林可胜也同他们多次提起这箱从康奈尔大学寄来的维生素。[1]

1942年2月，救护总队的外科医生王贵恒[2]在缅甸工作期间发现了寄给沈同的一个木箱。他知道这一定是沈同期盼已久的维生素。他利用一次回国的机会带上了这个木箱，虽然一路上日机轰炸不断，同行的另一辆汽车不幸中弹损毁，但幸运的是，这箱维生素终于被带到昆明，送到了沈同的手上（图5-19）。

Gift Vitamins Reach China Safely

Word has been received at Cornell from Dr. Tung Shen, Cornell 1939, of China, that the package of crystalline vitamins which Cornell students sent as a gift to aid Dr. Shen's research in the improvement of nutrition for Chinese soldiers, has arrived safely.

Sent as a Christmas gift in December, 1940, and about the size of a two-pound box of candy, the vitamins are sufficient for a year's experimentation with 16 men. A two-ounce bottle of the substance contains all the vitamins needed by a man for a year.

The box was forwarded through a Chinese relief agency in New York City and the acknowledgment from Tsinghua University, at Kunming, China, was dated Mar. 3, 1942.

图 5-19　关于维生素安全抵达中国的报道
（资料来源：《伊萨卡日报》1942 年 4 月 22 日第 2 版）

收到这箱维生素，沈同十分激动。他在1942年3月3日寄往美国康奈尔大学的信中写到："这包维生素对救治中国前方士兵因维生素缺乏而产生的疾病和我的研究工作具有巨大的帮助，而且也表达了在美国的中国留学生和美国科学家们对中国的巨大支援和深厚友谊，邪恶的日本侵略者是不能使我们屈服的！"康奈尔大学师生得知沈同收到维生素的消息后十分欢欣鼓舞，《康奈尔大学日报》和当地的报纸都以《维生素安全抵达中国》(Vitamins to China)为题报道了这一事件（图5-20）。

---

[1]《沈同写给桑德森的信》（1941 年 9 月 23 日），康奈尔大学图书馆藏桑德森档案沈同书信（Tung Shen letters）卷（1938—1949 年），收藏号：RMM02129，第 4 档案盒。

[2] 王贵恒（Basil Wang），生卒年不详，是在英国学习过的华侨医生，曾担任救护总队的外科医生，多次赴缅甸为中国远征军进行救治工作。

VITAMINS TO CHINA

Gift of crystalline vitamins, sent as a Christmas present in 1940 to Tung Shen, PhD '39, at Tsinghua University in Kunming, China, to assist in his research toward improving the nutrition of Chinese soldiers, travelled the Burma Road and has now reached its destination.

Dr. Tung acknowledged receipt of the gift March 3, 1942. In a letter to Professor Clive M. McCay, Animal Nutrition, he writes:"Through the kindness of Dr. Basil Wang of Chinese Red Cross, an England-trained surgeon whose friendship I acquired when I worked in the Red Cross, I got the package of vitamins in good condition. Dr. Wang had traced it along the Burma Road and brought it to Kun-ming. Yet I am sorry to learn that one truck in his convoy had an accident and wrecked on the road.

"I hurry to write this brief note, wishing you to know that I am overwhelmed by the happiness of having the gift from Cornell finally come to me. I have been longing for the vitamins for many months already, and was somewhat disappointed last summer when I went to Kwei-yang, planning to fetch it and work on the nutritional 'dysentry' problem with soldiers about which I wrote Professor Maynard last summer. Now I get the vitamins finally, and am glad to find that there are many members of Vitamin B family and plenty of Vitamin C which will prove to be most useful in the work on Chinese soldiers. And the pamphlets on vitamins I received ahead of the crystals are so useful.

"To me comes not only the package of vitamins which will help me very much in my work you so encourage, but also the warmth of friendship and sympathy from U.S.A. for China, which the wicked Japanese militarists can not sever or sieze."

The package, about the size of a two-pound candy box, contained enough vitamins for a year's experiments with sixteen men. Tung had been a student of McCay's, and knowing of his work for the Chinese National army, other students headed by Walter L. Nelson, Grad, of Norwich and Peng Cheng Hsu, MSA '32, of Foochow, China, collected funds and with Dr. McCay's help purchased the crystals and shipped them through a Chinese relief agency.

图 5-20　康奈尔大学报道维生素抵达中国
（资料来源：《康奈尔校友新闻》1942 年 4 月 30 日）

　　康奈尔大学师生向中国抗战前线捐赠维生素的消息产生了很大影响，中美双方对中国前线及后方急需大量维生素的情况十分重视。1942 年，美国援华机构通过中国驻纽约总领事于焌吉（Tsune-chi Yu）向中国提供了 2800 盒维生素，用于战时需求（图 5-21）。[①]

Vitamins Given for China

Dr. Tsune-chi Yu, Chinese Consul General here, accepted yesterday a gift of 2,800 boxes of vitamin capsules in behalf of the American Bureau for Medical Aid to China, for transmission to Mme. Chiang Kai-shek. Each box contains 100 capsules, and the entire shipment, the gift of the Esco Fund Committee, was said to be enough to provide needed vitamins for one year to 1,000 orphan children.

图 5-21　《纽约时报》关于向中国捐赠维生素的报道
（资料来源：《纽约时报》1942 年 1 月 21 日第 6 版）

　　利用这些珍贵的维生素，沈同对缺乏营养的西南联大学生进行肌内注射结晶维生素 C 的治疗，获得了较好的效果。在此基础上，沈同根据战时营养的需要，开展了结晶维生素替代品的研究。通过不断探索，沈同发现昆明当地有一种野果余甘子，其维生素 C 含量极高。他利用来自康

────────

① "Vitamins Given for China，" *The New York Times*, January 21, 1942.

奈尔大学的结晶维生素，对不同种类余甘子所含的多种维生素进行了精确测量。他将这项实验的数据整理成报告，寄给了康奈尔大学教授梅乃德和中国红十字会总会救护总队总队长林可胜，希望能以此解决士兵和民众缺乏维生素C的来源问题。林可胜将这项工作介绍给了正在加尔各答进行战时营养研究的全印度公共健康和卫生研究所所长兰安生，后者给沈同写信说他们也正在进行余甘子利用的相关研究，"我们的生物化学专家告诉我，你的报告十分精彩，而且你的数据证明了我们此前的一些工作……（余甘子的）一些相关的制剂已经被在印度作战的英军使用了"。[①]

得到这个消息后，沈同不断尝试，终于利用余甘子成功试制了能够被人体吸收、利用的维生素C制剂。他在1944年5月14日写给桑德森的信中写到："这一学期在我的土实验室里，我们进行了一系列维生素C的研究，最令人高兴的是我们现在已经能够利用余甘子生产维生素C制剂了。"[②]

沈同在战时的研究工作得到了反法西斯同盟国学者的高度赞扬。1944年7月，在清华大学校长梅贻琦的陪同下，美国副总统华莱士和飞虎队司令陈纳德来到了沈同的实验室。他们对沈同利用余甘子研制的维生素C制剂非常感兴趣。陈纳德称赞，这里所开展的工作正是在解决战场急需的问题（图5-22）。[③]美国营养化学家窦威廉在介绍战时中国生理学研究的文章中写到："清华生理研究所曾长期对士兵的膳食进行营养学方面的研究，大豆和一些本地植物是士兵蛋白质和维生素的主要来

---

① 《沈同写给桑德森的信》（1943年5月3日），康奈尔大学图书馆藏桑德森档案沈同书信（Tung Shen letters）卷（1938—1949年），收藏号：RMM02129，第4档案盒。

② 《沈同写给桑德森的信》（1944年5月4日），康奈尔大学图书馆藏桑德森档案沈同书信（Tung Shen letters）卷（1938—1949年），收藏号：RMM02129，第4档案盒。

③ 《沈同写给桑德森的信》（1944年7月15日），康奈尔大学图书馆藏桑德森档案沈同书信（Tung Shen letters）卷（1938—1949年），收藏号：RMM02129，第4档案盒。

源，他们就从这一点出发，进行大豆、蚕豆、花生、小麦、桐油等农作物的相关研究。”[①] 而曾在西南联大考察过的英国著名生物化学家李约瑟也曾提到沈同发现余甘子富含维生素 C 后，吃余甘子风靡一时。[②]

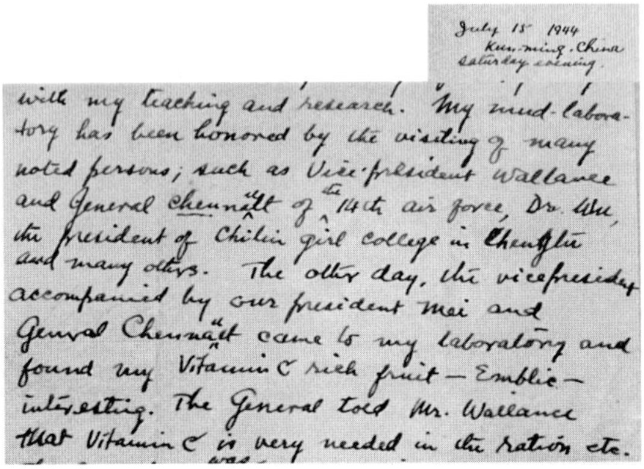
July 15 1944
Kun-ming, China
saturday evening.

with my teaching and research. My mud-labora-
tory has been honored by the visiting of many
noted persons; such as Vice-president Wallance
and General Chennault of the 14th air force, Dr. Wu,
the president of Chilin girl college in Chengtu
and many others. The other day, the vicepresident
accompanied by our president Mei and
General Chennault came to my laboratory and
found my Vitamin C rich fruit — Emblic —
interesting. The General told Mr. Wallance
that Vitamin C is very needed in the ration etc.

图 5-22　1944 年 7 月 15 日沈同写给桑德森的信
（资料来源：康奈尔大学图书馆藏沈同书信，收藏号 RMM02129）

三、架桥者：李约瑟与跨越“驼峰”的科技桥梁

1943 年 2 月 24 日，一架穿越“驼峰航线”的运输机降落在昆明机场，机舱内走出了一位身材高大、目光深邃的外国人，他就是英国著名胚胎生物化学家，后来成为著名中国科学技术史专家的李约瑟。当时，中国正处于抗日战争最艰难的阶段，科研机构在战火中东迁西徙，学术交流几近断绝。李约瑟的到来，开启了一段横跨文明与战火的科学探索和文明对话的新篇章。

李约瑟，1900 年出生于英国伦敦，1917 年进入剑桥大学学习，受做过医生的父亲影响，他原本打算学医，然而导师霍普金斯（Frederick G.

① William H. Adolph, “Physiological Research in Wartime China, ” *Scientific Monthly*, No.1（1945）.

② 易社强：《战争与革命中的西南联大》，饶佳荣译，九州出版社，2012，第 184 页。

Hopkins）引导他转向生物化学。霍普金斯是 20 世纪英国生物化学的开创者，1914 年成为英国剑桥大学生物化学系的首任系主任，1929 年凭借在蛋白质和维生素研究中的成果获得诺贝尔生理学奖。1920 年，李约瑟进入霍普金斯的生物化学实验室，从事胚胎学和形态发生学方面的研究（图 5-23）。在这里，他遇到了多萝茜（Dorothy Mary Moyle，中文名李大斐）。多萝茜年长他 5 岁，两人于 1924 年结为夫妻。1925 年，李约瑟获得博士学位，并留在霍普金斯实验室继续从事研究工作。1931 年，他的 3 卷本专著《化学胚胎学》（*Chemical Embryology*）在剑桥大学出版社出版。该书梳理了自古埃及至 19 世纪胚胎学发展的历史，并被认为是现代胚胎学的奠基性著作。1934 年，李约瑟在剑桥大学出版社出版了《胚胎学史》（*A History of Embryology*）一书，该书采用文字、图表等多种方式展示了胚胎学的发展历程。1936 年由剑桥大学和耶鲁大学联合出版的《秩序和生命》（*Order and Life*）一书，帮助他获得耶鲁大学特里讲席（Terry Lectures）教授的荣誉。1942 年，他的《生物化学与形态发生学》（*Biochemistry and Morphogenesis*）一书被认为是"继达尔文之后具有划时代意义的生物学著作之一"。

图 5-23　1930 年的剑桥大学生物化学系教员合影
（前排左六为霍普金斯，左三为李约瑟，左二为李大斐）

1935 年，3 名年轻的中国学者鲁桂珍、沈诗章和王应睐来到了剑桥大学，他们对李约瑟日后将研究重心转向中国古代的科技与文明产生了重要影响。其中，鲁桂珍 1926 年毕业于金陵女子大学并到北京协和医学院进修，1928 年赴上海圣约翰大学任教，1930 年起在上海的雷士德医学研究所工作。该研究所首任所长是英国生理学家安尔，安尔在英国时就曾听过霍普金斯的讲座。在雷士德医学研究所时，安尔安排鲁桂珍从事维生素 B 的营养研究。进入剑桥大学后，鲁桂珍跟随李大斐继续从事维生素的营养研究。1939 年，李约瑟和鲁桂珍一起完成了《中国膳食的历史贡献》(*A contribution to the history of Chinese dietetics*) 一文。在这篇文章里，他们通过对中国古代医书《饮膳正要》中所记载的脚气病 (Beri-Beri) 分类和治疗方法进行总结，对脚气病的成因进行分析，指出中国古代医药文献对治疗脚气病的贡献。鲁桂珍还向李约瑟展示了《庄子》《墨子》等中国古代典籍中的科学思想，促使李约瑟开始学习中文。基于这些因素，作为造诣深厚的生物化学专家，李约瑟对中国古代的科技文明十分着迷，并且对战时中国的科学研究格外关注。

1939 年，李约瑟有了来中国考察的想法，他甚至计划利用年假自费来华。尽管这次来华的尝试没能成功，但其来华的计划引起了中国学界的关注。得知李约瑟有来中国的打算时，中国著名生理学家汤佩松便会同清华大学农业研究所的同人联名写信，欢迎李约瑟来研究所考察。

1941 年，李约瑟当选为英国皇家学会会员。同年，日本袭击了当时被英国殖民统治的香港。英国随即对日本宣战，并决定向中国派遣科学家，目的是建立中英科学界的广泛联系，增进两国民众间的相互了解，进而结成包括中国科学界在内的更广泛的世界反法西斯科学联盟。由此，李约瑟开始了中国之行（图 5-24）。

1943 年 2 月 24 日，李约瑟经驼峰航线到达中国，他的第一站是云南昆明。日军攻占缅甸后，昆明由大后方变成前线，日军飞机不时空袭昆明。战时物资紧缺、物价飞涨，但科学家们的精神状态依旧饱满而振奋，他们在艰苦卓绝的环境中充分发挥创造性以弥补物质条件的不足，继续进行教学和科研工作。

图 5-24　李约瑟在中国的驾照

李约瑟在昆明的首次考察便震撼于中国科学家开展研究的场景。在清华大学农业研究所，汤佩松团队面向战时需要开展的从蓖麻子提取油脂、士兵营养调查与改良、制造乳酸钙等研究，支持着战时工业和医药制造需求。在西南联大铁皮屋顶的教室里，吴大猷用破旧的光谱仪坚持原子物理研究，华罗庚在牛圈旁演算，并写了一本《堆垒素数论》。在藏身于山谷洞穴的中央机器厂的精密机床旁，工程师用炮弹壳刨下来的碎屑替代电炉丝开展研究。北平研究院物理学家钱临照团队用脚踏机械切割水晶，为军用光学仪器提供核心材料。费孝通的人类学研究所栖身宝塔，顶层供奉魁星，底层开展田野调查。李约瑟为此留下了文字记录："塔建在石基上，最底层是厨房和食堂，上面一层是图书馆和工作室，再上层供奉魁星的像，存放着书籍，摆着两张床。"

1943 年 3 月 21 日，李约瑟抵达作为战时中国陪都的重庆。抵达重庆后，他就为自己定制了一件中式长衫（图 5-25），他希望像他的中国同行那样，开启战时工作。他马不停蹄地访问了重庆附近的歌乐山、北碚和沙坪坝三处科教机构聚集之地，包括中央研究院、中央大学和中央地质调查所等机构。地质学家李善邦用废金属自制地震仪，并记录了109次地震，中央大学生物系在防空洞内培育出抗疟疾菌种，兵工厂工程师用卡车弹簧锻造手术器械。这些成果令李约瑟惊叹不已。随后，他开启了川西之行，在成都，他被这座"仿若巴黎"的文化古城所吸引。李约瑟考察了四川农业试验站，该站利用木制抽水机械和实验梯田开展作物遗传研究，李约瑟拍摄了小麦生长实验、碾米机等，记录了中国科学家在资源匮乏情况下的创新实践。李约瑟感慨道："中国科学家在荒野中跋涉上千里，在没有电力、煤气和自来水系统的泥灰房子里做研究，几乎是超出我们理解能力的成就。"李约瑟进一步指出，将超自然、实用、理性与浪漫因素结合起来，在这方面任何民族都不曾超过中国人。

图5-25　1947年夏，返回欧洲的李约瑟身着中式长衫在法国拉卡普特留影[1]

　　按照英国政府的派遣计划，李约瑟在重庆创建了中英科学合作馆。该馆旨在保持中国和西方的科学情报交流：一方面，向中国科学界提供科研文献、药品、仪器等物资援助，同时为战时中国需要的科学信息和特殊问题提供相关解决思路；另一方面，将中国战时的科学研究内容以论文、

––––––––––––––––––––––

[1] 本图经剑桥大学李约瑟研究所授权使用。

手稿、消息、备忘录等多种方式输出到西方，大力促进中西科学家之间的广泛接触，进而推动中西科学交流。在接下来对战时中国科学的广泛而深入的考察中，李约瑟从上述两个方面出发，开始与中国科学家进行密切接触和交往。李约瑟按照计划，以中英科学合作馆为基地，在中国进行了4次较大的考察，访问了战时中国的众多科研机构。1944年2月，李约瑟的妻子李大斐来华，作为中英科学合作馆的工作人员，和李约瑟在中国进行了大量的调查访问。

1943年8月，川西之行结束不到两个月，李约瑟又远赴西北考察。他从重庆出发，经汉中、天水抵达兰州，随后深入敦煌。在兰州，李约瑟身着当地的羊皮大衣（图5-26）考察了西北卫生防疫处的疫苗生产，捐赠图书并举办讲座，还拍摄了防疫处和培黎学校的影像。在敦煌，因卡车故障，李约瑟滞留近一个月，他拍摄了莫高窟壁画、三危山汉唐遗迹及当地生活场景，并推测榆林窟的西夏"蒸煮图"为早期蒸馏酒技术。西北考察不仅推动了战时科技交流，还让李约瑟全面接触了中国古代科技遗产，为其后续研究提供了实证素材。尤其是滞留敦煌期间，他得以近距离领略中国古代文化艺术的伟大成就。

图5-26　身着羊皮大衣在西北考察的李约瑟①

① 本图经剑桥大学李约瑟研究所授权使用。

1944 年 4 月，李约瑟开启了漫长而惊险的中国东南之旅。他从重庆出发，穿越了日军封锁线，到访了广东、福建等地的中山大学、厦门大学和福建省研究院等大学和科研机构，既看到了战争、瘟疫造成的破坏，也感受到了浓厚的地方传统文化及科学工作者不屈不挠的精神。他专门记录了岭南大学一位院长在校舍重建中因操劳过度而不幸以身殉职一事，凸显战时知识分子的牺牲精神。在福建长汀，厦门大学迁校于此，校长萨本栋带领师生用竹篾搭建实验室，坚持半导体研究，李约瑟对此深表钦佩。

1944 年 8 月，李约瑟开启西南之行，此行他和李大斐一起从重庆出发，先后到达贵阳、安顺、昆明、保山。李约瑟夫妇先后到访了战时卫生人员训练所、中央卫生防疫处、湘雅医学院、军医学校、西南联大、北平研究院，以及兵工署下属的一些兵工厂。此后，他们又从云南返回贵州，到达遵义、湄潭等地，到访了浙江大学。在浙江大学，李约瑟见到了清瘦的校长竺可桢，看到了物理系王淦昌在极其简陋的条件下开展的中微子研究、罗登义利用贵州野果刺梨开展的维生素替代品研究、苏步青的数学研究……李约瑟称赞中国学者做出了水平极高的研究，称赞浙江大学为"东方剑桥"。

1945 年 8 月，李约瑟开启了北方之旅，先到绵阳，后折向东北，走川陕公路到宝鸡、西安，再向西抵达天水，他重点考察了迁至北方的科研机构。在甘肃天水，李约瑟访问了西北医学院和防疫机构，关注战时医疗资源的调配。李约瑟考察了"工合"①组织起来的小型工厂，这些工厂生

---

① 全民族抗战爆发后，在中国共产党的推动下，1937 年 11 月，国际友人埃德加·斯诺（美国记者）及其夫人海伦·福斯特·斯诺（Helen Foster Snow）和新西兰实业家路易·艾黎（Rewi Alley）同中国进步人士胡愈之、沙千里、章乃器、徐新六等 7 人，在上海发起成立"工合"设计委员，得到了毛泽东、周恩来、博古、彭德怀、贺龙、宋庆龄、叶挺等人的支持，形成了世界反法西斯统一战线中独特的一支经济力量。1938 年 8 月 5 日，中国工业合作协会在武汉正式成立，由路易·艾黎出任技术顾问，并建立了理事会，宋庆龄任名誉理事长。"工合"的主要任务是同日寇争夺工业、手工业阵地，组织各种工业合作社，组织难民生产军需、民需物资，支援抗战。

产蜡烛和机械零件等战时急需的军需物资。

李约瑟突破日军封锁线，先后为中国提供了大量图书文献、实验药品和设备。李约瑟为中国学界提供了 6775 册科技书籍及 200 种期刊缩微胶卷，营养学家万昕关于鱼类蛋白质生理价值的研究就参考了李约瑟提供的《营养学文摘与评论》(Nutrition abstracts and reviews) 和《生物化学杂志》(Biochemical Journal)。在考察过程中，李约瑟还记下中国科学家急需的实验物品和设备，先后为清华无线电研究所提供稀有气体，替北京协和医学院采购 X 射线管，向中央地质调查所赠送经纬仪。燕京大学家政系的俞锡璇利用李约瑟提供的生物染色药剂，顺利地开展了蔬菜水果中维生素 C 含量测量的研究。

在提供物质援助的同时，李约瑟还通过演讲和报告等形式，将战时西方的科学研究介绍给中国学界。根据《科学前哨》和《李约瑟镜头下的战时中国科学》等著作记载，抗战期间李约瑟夫妇在中国共进行了 123 次正式讲座，另有 80 余次非正式座谈。通过这些讲座和座谈，李约瑟将国际科学前沿知识传递到中国，同时也与中国学者展开了更深入的交流。1944 年 4 月 29 日，李约瑟在岭南农业学院以《战时英国的食物和营养——1942》(Food and Nutrition in Wartime England——1942) 为题（图 5-27），系统介绍了英国如何通过调整食物配给、优化营养政策保障军民健康，并根据中国可利用的本土资源提出建议，还特别提到中国科学家吴宪的蛋白质变性理论对英国战时食品工业发展的贡献。李约瑟在西南联大校园露天的石头讲坛上，向 2700 名学生发表了题为《科学在大战中之地位》的演讲，讲稿的最后一页他使用中文演讲，强调科学在反法西斯战争中的核心地位，在场的师生听得热血沸腾。

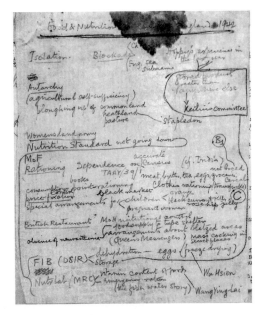

图 5-27　李约瑟《战时英国的食物和营养——1942》提纲 [1]

　　为了进一步促进战时东西方科学家之间的相互交流，在将战时西方的科学研究介绍给中国科学家的同时，李约瑟也格外注意通过多种渠道将战时中国科学家的工作和所取得的独特成果推介到西方世界，以进一步建立起战时中西方科学家之间双向交流的桥梁。

　　自 1943 年 7 月起，李约瑟陆续在英国著名学术杂志《自然》上发表了 8 篇介绍战时中国科学的文章，分别为《中国西南的科学（1、2）》（*Science in South-West China* I, *Science in South-West China* II）、《中国川西的科学（1、2）》（*Science in Western Szechuan* I, *Science in Western Szechuan* II）、《中国贵州和广西的科学》（*Science in Kweichow and Kuangsi*）、《重庆的科学》（*Science in Chungking*）、《中国西北部的科学技术》（*Science and Technology in the North-West of China*）、《重庆工业博览会》（*Chungking Industrial and Mining Exhibition*）。这些

---

　　① 本图经剑桥大学李约瑟研究所授权使用。

文章都是李约瑟在中国考察的过程中完成的。李约瑟认为，中国科学家在困苦条件下坚持从事科学研究的事实，对反法西斯同盟而言就是一种巨大的鼓舞。

1944年12月，李约瑟回国述职，他在伦敦的广播中向英国科学家和民众介绍了战时中国科学家的工作，对中国科学家在反抗法西斯侵略的战时工作中所取得的成果和所体现出的不屈精神大为赞叹。

李约瑟在中国考察期间，多次利用保密渠道向英国政府发回报告。在这些报告中，李约瑟介绍了中国科学家在抗战中将西方科学知识与中国的战时实际情况相结合，在服务战时中国前线和后方需求的同时也取得了重要的理论成果。李约瑟在报告中指出："认为战时仅仅是西方帮助了东方是多么错误，中国科学家取得了大量的成就，其中一些正被盟国所利用。"

为了更好地传播战时中国科学家的成果，李约瑟将《中国科学通讯杂志》等中国的学术杂志递送到西方的学术机构，还将中国学者的战时成果投稿到西方学术期刊发表，其总量超过100篇，其中包括许宝騄的《复正交矩阵的基本运算》（*On a factorization of pseudo-orthogonal matrices*）、张宗燧的《量子化哈密尔顿算子理论》（*A Note on the Hamiltonian Theory of Quantization*）、王淦昌的《测定中微子质量及放射线的一种方法》（*Radioactivity of the Neutron*）、汤佩松的《战时中国的生物学》（*Biology in War-Time China*）等，不少文章发表在《自然》、《科学》（*Science*）等知名杂志上，被国外学界参考和引用，成为战时学术的重要组成部分。

1943—1946年，李约瑟跋涉数万公里，考察了战时中国的300余所科研机构，拍摄1400余张珍贵照片，运送贵重的科学物资，架起了战时中国科学与世界沟通的桥梁。这段历程不仅成为中西科学交流史上的壮丽篇章，更在世界反法西斯战争的宏大叙事中谱写了一曲文明互鉴的史诗。

李约瑟在战时东西方科学界之间架起的桥梁，一方面支持了战时科学服务于反法西斯战争，另一方面也促进了战时科学在东西方反法西斯科学共同体交流中的发展。

1946年2月，在李约瑟的呼吁下，联合国教育文化组织将"科学"一词加入组织名称，成为如今的"联合国教育、科学及文化组织"，李约瑟成为科学部门的负责人。1948年，李约瑟从联合国辞职，在剑桥大学的书桌前，他回想起在中国的一幕幕，他想起了自己在中国身着长衫的日子，想起了他的好友汤佩松、竺可桢、叶企孙、万昕和汤飞凡，也想起了自己的道号——"胜冗子""十宿道人"。不久后，李约瑟向剑桥大学出版社寄出了《中国的科学与文明》(Science and Civilisation in China)（也译作《中国科学技术史》）的选题建议，从此开启了他对中国科技与文明的探究（图5-28）。

图5-28　李约瑟著《中国科学技术史》

结　语

习近平总书记指出："在艰苦卓绝的抗日战争中，全体中华儿女为国家生存而战、为民族复兴而战、为人类正义而战，社会动员之广泛，民族觉醒之深刻，战斗意志之顽强，必胜信念之坚定，都达到了空前的高度。"

中国有着 5000 多年的科技文明史，中国人民以非凡的创造力形成了农、医、天、算等系统化的传统科学知识体系，取得了以四大发明为代表的一系列重大科技成就，为人类文明进步作出了不可磨灭的贡献。近代以来，西方国家抓住科技革命的难得机遇，实现了综合国力的快速提升，并对中国原有的科技发展体系产生了巨大冲击。面对西方列强的侵略和封建统治的腐朽，中国饱经沧桑磨难，中国人民遭受深重苦难。近代中国知识精英提出了"师夷长技以自强"等口号，先后从器物、制度、思想文化等层面开启了对西方先进科学知识的学习，试图通过引进西方科技实现救亡图存。中国共产党的早期领导人陈独秀创办了《新青年》杂志，高举"民主"和"科学"两面大旗，并提出以此救治中国在政治、道德、学术、思想上的一切黑暗。经过先行者的不懈努力，中国于 20 世纪 20 年代建立了科研机构，中国的大学也从科学教育走向科学研究，并形成了中国的第一代科学家群体，中国现代科学事业出现了新的发展局面。

然而，1931 年 9 月 18 日，日本帝国主义发动"九一八"事变，侵占中国东北，打破了上述局面。胡适、顾毓琇、丁文江、吴有训、萨本栋、吴宪、周先庚、郑集等当时中国的有识之士再一次喊出了"科学救国"的口号。日军不断蚕食华北地区，于 1935 年制造了华北事变。1935 年 8 月 1 日，中国共产党发布了《八一宣言》，率先号召全国人民团结起来，停止内战，抗日救国。从井冈山到延安，科技事业始终是中国共产党事业的重要组成部分。在中国共产党的领导下，战时通信、防疫、农业、军工等相关科技部门先后建立起来，一批科技人员开展了战时科学研究。面对日本的侵略，京津地区的中国科学家也动员起来，一方面为战场提供必要的物资和技术支援，另一方面也开始进行战时特种研究。

1937 年 7 月 7 日，日军炮轰宛平县城，进攻卢沟桥，发动全面侵华战争，妄图变中国为其独占的殖民地，进而吞并亚洲、称霸世界。日本军国主义的野蛮侵略给中国人民造成空前的灾难，中国众多的大学校园和科研机构饱受炮火摧残。南开大学被日军飞机集中轰炸 4 个多小时，轰炸后还把没有炸毁的楼房浇上汽油焚烧，整个南开大学校园沦为一片焦土。为了保存革命火种，无数科学家和学生不得不含泪惜别刚刚建立不久的实验室和图书馆，开启了"文军长征"。东部的大学和科研机构颠沛流离、几易校址，迁往中国西部，在昆明、贵阳、重庆、成都、李庄、西安形成了战时中国科学教育和科学研究的大后方。

全民族抗战爆发后，中国爆发了历史上规模空前的全民族反抗日本帝国主义侵略的正义之战。中国共产党领导广大中国人民，创建了抗日根据地，针对抗战需求和根据地建设开展科技事业。为了培养抗战救国的科技干部和技术人才，1939 年 6 月，中国共产党领导的第一个专门科研机构——延安自然科学研究院正式成立。1940 年 2 月，延安自然科学研究会成立，毛泽东在讲话中指出："自然科学是很好的东西，它能解决衣、食、住、行等生活问题，所以每一个人都要赞成它，每一个人都要研究自然科学。"1941 年 5 月，中共中央政治局通过了《陕甘宁边区施政纲领》，强调"要奖励自由研究，尊重知识分子，提倡科学知识和文艺运动，欢迎科学艺术人才"，使根据地的科学、文化和艺术出现了一个欣欣向荣的局面。1941 年，在延安自然科学研究会成立一周年庆祝大会上，朱德号召广大科技工作者"把自然科学的学识，与我们祖国的土壤和资源结合起来，使它适合于我国的条件，适合于抗战的需要……把科学与抗战建国的大业密切结合起来，以科学方面的胜利来争取抗战建国的胜利"。这些内容体现了革命战争年代中国共产党人对科学技术的高度重视，也展现了中国科技事业在战争中的发展历程。

面对日本侵略者的炮火，中国科学家不畏强暴、众志成城，开启了战时中国的科技事业，在以科学为武器支援抗战的同时，也在抗战中推进中国科技事业的发展。在昆明黑龙潭，北平研究院物理所所长严济慈带领钱临照等同人研制了优质水晶振荡片，极大提升了战时的电信技术水平；在昆明西山高峣村，中央防疫处的微生物学家汤飞凡研制出战时急需的疫苗和血清，并成功突破了青霉素的研制难关；在昆明大普吉，清华大学农业研究所的植物病理学家戴芳澜带领同人调查了云南的多种野生植物资源，在满足抗战需求的同时也推进了植物学和真菌学的发展；在昆明棕树营，中央研究院化学所代所长吴学周和同事们开展了利用当地蓖麻子油替代飞机润滑油的研究课题。在贵州湄潭，农业化学专家罗登义提出了用贵州野生植物刺梨替代维生素的详细方案，数学家苏步青在微弱的油灯下完成了著名的《射影曲面概论》，王淦昌发表了《关于探测中微子的一个建议》。在重庆北碚，中国科学社生物研究所所长钱崇澍在青城山一带采集了大量植物标本，写出了《四川北碚植物鸟瞰》《四川的四种木本植物新种》《四川北碚之菊科植物》等研究论文；中央地质调查所古生物研究室脊椎古生物组主任、中国恐龙研究奠基人杨钟健完成了第一具由中国人自主发掘、研究、装架的恐龙化石——"许氏禄丰龙"骨骼形态复原，其站立姿态，象征着中国人民在抗战中的英勇不屈与必胜信念。在长沙会战前线的湘赣山区，中国红十字会总会救护总队的营养指导员沈同，冒着硝烟和炮火，开启了战地士兵营养调查和保障研究。在广西钟山，中央研究院地质所所长李四光和同人一道，找到了中国自己的铀矿。在成都华西坝，中央大学医学院营养学家郑集开启了战时民众的营养调查和改良研究。在四川乐山，侯德榜在永利碱厂厂长范旭东的支持下，发明了全新的"侯氏制碱法"。在四川李庄扬子江畔，中国营造学社著名建筑学家梁思成利用战火中辗转保存下来的照片、实测草图、记录等，撰写了《中国建筑史》，实现了中国人写中国建筑史的夙愿。

抗日根据地同样进行着轰轰烈烈的科学抗战事业。在中国共产党的领导和号召下，一大批科技人员怀揣爱国热情，走向了科学抗战的战场。在晋察冀军区，张方、汪德熙、熊大缜、高霭亭、阎裕昌等科技人员创造性地将书本中的经典知识与根据地艰苦的条件结合起来，发明的"坩埚蒸锌炼铜法"突破了锌铜合金制造技术，"缸塔法"突破了硫酸制造技术，"雷银纸雷管法"突破了雷管起爆技术。在陕甘宁边区，"坚持到底"的无线电专家李强办起了枪炮厂，生产出中国共产党军工历史上的第一支步枪——"无名氏马步枪"；"无限忠诚"的机械专家沈鸿利用他带到延安的10台机器创办了茶坊兵工厂，制造出抗战所需的各种机器100多套；"埋头苦干"的石油专家陈振夏，和同事们一起排除万难，将延长石油厂建成规模，保证了军车的行驶、机器的运转、枪机炮膛的润滑；"热心创造"的化工专家钱志道，创造性地提高了枪弹、手榴弹、掷弹、筒弹和迫击炮弹的威力，大大提高了军队的战斗力。

抗日战争是中国人民与反法西斯同盟国及各国人民并肩战斗的正义之战。马海德、白求恩、柯棣华、阿洛夫、罗生特、傅莱、高田宜等医务人员，不远万里来到中国，在炮火中挽救中国军民的生命，创造了适宜战地应用的医疗装备，并为中国培养了大量医务人员；物理学家班威廉培养了战时急需的无线电台技术人员，还带领大家组装超外差式接收机，解了燃眉之急；通信专家林迈克依靠极为简陋的设备，在延安的土地上架起了天线，向世界首次发出了"新华社延安"的声音；土壤学家罗德米尔克风餐露宿6000余里，综合考察了中国西北地区，为中国西北的水土保持和生态建设提供了第一手资料。

战前就在中国工作的科学家斯乃博、窦威廉、伊博恩等人并未因战火而中断他们的工作，相反，他们在战火中继续前行，同时还把他们和中国同人的战时研究工作情况介绍到西方，引起西方学界对战时中国科学研究的关注。虽然战火纷飞，但在海外的中国留学生一直惦念着战火中的祖国。了解战时中国的急迫需求后，美国康奈尔大学的中国留学生和富有同情心的国际友人发起了为中国捐献维生素的活动，希望能以此为抗战作出点滴贡献。英国皇家学会会员李约瑟战时来到中国，他跋涉中国数万里，考察了战时中国的300余所科研机构，运送了贵重的科研物资，开展演讲、讲座200余次，拍摄了1400余张珍贵照片。在给中国科学家提供帮助的同时，李约瑟也通过多种渠道将战时中国科学家的工作和所取得的成就宣传、介绍给西方国家的民众和科技界，建立起战时东西方反法西斯科学家之间双向交流的桥梁。

抗日战争的胜利是中华民族近代以来陷入深重危机走向伟大复兴的历史转折点。经历了抗战的中国科学，实现了自然科学知识与中国国情和本土资源的有机结合，推动了近代科学知识的中国化和时代化。中国科学家的战时工作，向世界展示了天下兴亡、匹夫有责的爱国情怀，视死如归、宁死不屈的民族气节，不畏强暴、血战到底的英雄气概，百折不挠、坚忍不拔的必胜信念。中国科学家战时的研究成就，以解决战时前后方军事需要和生产生活需求为目标，独具战时中国的特色，成为世界科学发展的重要组成部分。中国科学家的战时工作和取得的卓越成就，是其参与并贡献于伟大的抗日战争的实证。如同伟大的中华民族的抗日战争是世界反法西斯战争的重要组成部分一样，战时中国科学家也是世界反法西斯科学共同体的重要组成部分，战时中国的科技成就也是世界科技发展的重要组成部分。

后　记

　　2025 年是伟大的中国人民抗日战争暨世界反法西斯战争胜利 80 周年。80 年前，中华民族经过 14 年之久的艰苦卓绝的斗争，取得了抗战的最终胜利。抗日战争是中华民族近代以来从深重危机走向伟大复兴的重要历史转折，是世界反法西斯战争的重要组成部分。在这场战争中，广大的中国科技工作者，以科学为武器，与爱好和平与正义的中国人民一道，同破坏和平与人类文明的日本法西斯侵略者进行了殊死搏斗，对战争的最终胜利起到了极大的促进作用，并在抗战中推动了中国科学的发展和人类文明的进步。

　　今年也是我从事抗战科技史研究的第 15 个年头。15 年前，我有幸拜入清华大学杨舰教授门下，得杨师开蒙，选择抗战科技史作为研究方向。彼时，国内学界抗战史研究正兴起，而关于抗战时期科学技术的研究还不丰富。在杨师的指导下，我以 8 年之期获博士学位，入中国科学院自然科学史研究所从事中国近现代科学技术史研究。自工作以来，抗战科技史研究这座"富矿"一直是我探索、挖掘的重要内容，近年来我虽略有著述，但仍是以一隅窥视抗战时期科技发展的全貌。

　　2023 年冬日，广西科学技术出版社黄敏娴副总编辑在中国科学史学会年会召开之际与我谈起抗战科学技术史的选题，对于这一颇有意义但又极具难度的选题，我既十分兴奋又十分担心。我兴奋的是抗战科技史研究已经逐步得到了重视，若能在中国人民抗日战争暨世界反法西斯战争胜利 80 周年纪念日到来之际整理好前面的研究工作，无论是对学界还是社会来说，都是我能贡献的一份绵薄之力；担心的是自身学力有限，面对这样一项具有开创性的工作，唯恐难以全面把握抗战时期科技发展的全貌。好在这项工作得到了包括黄敏娴副总编辑在内的多位师友的鼓励和支持，我下定决心要以本书展现中国科学家在那段难忘的特殊岁月中的工作事迹。

烽火中科技抗战，硝烟下学脉传承。本书以抗战时期中国科学家以科学为武器投身抗战并在抗战中推动中国科学发展为主线：一方面展现日本侵略者来临时，广大中国科学家奋起拼搏，用科技抵御侵略者，筑起全民抗战的新长城的史实；另一方面展现中国科学家在特殊环境下，将西方先进科技与中国战时需求密切结合，使经过抗战洗礼的科学技术与中国的社会土壤紧密结合，推动了中国科技事业和科技人才队伍的形成。在内容架构上，本书坚持大后方和抗日根据地并举的内容设置，呈现抗战时期在不同时空下的中国科学家因地制宜、以专业所长创造性服务全民族抗战的历史。同时，希望能够以此为读者讲述中国科学家的抗战故事及战时中国科技的发展历程。本书在写作过程中得到了众多师友的帮助和指导，感谢杨舰、刘兵、张柏春、李成智、王大洲、张藜、刘立、王佳楠、刘丹鹤、关晓武、赵力、赵艳、孙烈、姚大志、韩毅、郭金海、贾宝余、方一兵、陈朴、刘金岩、文恒、李明洋、李润虎、王涛、司宏伟、高璐、王彦雨、吴苗、李英杰、李兵、阮英特、张立和等师友在书稿的结构、内容、材料、文字、图片等各方面给予的大力支持和宝贵的意见。

本书在广西科学技术出版社的鼎力支持和积极推动下得以顺利出版，黄玉洁、冯雨云等编辑在本书编校工作中展现的专业素养和高度负责的态度令人难忘和敬佩。

本书得到 2025 年度国家出版基金和国家社会科学基金（抗战时期中国军民营养与卫生保障问题的史料整理与研究，19BZS093）资助，在此一并表示感谢。

由于本人学识有限，书中难免存在不足和疏漏之处，恳请各位专家学者和读者朋友不吝指正。

王公

2025 年 7 月于北京